普通高等教育"十二五"规划教材

职教师资本科计算机科学与技术专业核心课程系列教材

数字媒体实践与开发

齐立森 编著

教育部、财政部职业院校教师素质提高计划职教师资培养资源开发项目
《计算机科学与技术》专业职教师资培养资源开发（VTNE032）

U0310414

科学出版社

北 京

内 容 简 介

全书共 6 章、13 个模块、42 个项目，系统全面地介绍数字媒体的基础认识与操作、数字媒体素材的获取和利用、广播剧的创意设计和案例制作、数字视频短片的剪辑和案例制作、数字视频短片的风格化调色案例、数字视频短片的后期合成案例等内容。此外，本书配备了全面完整的电子化教学资源，帮助师生课前预习与课后复习，开阔专业学习视野和思路，从而提升学习的可操作性和有效性。

本书适合作为普通高校计算机科学与技术、数字媒体等相关专业的教学用书，还可作为高职高专以及培训班的教材，也可供相关领域的工程技术人员和管理人员阅读参考。

图书在版编目(CIP)数据

数字媒体实践与开发/ 齐立森编著. —北京：科学出版社，2016.11
普通高等教育"十二五"规划教材　职教师资本科计算机科学与技术专业核心课程系列教材

ISBN 978-7-03-049488-7

Ⅰ. ①数…　Ⅱ. ①齐…　Ⅲ. ①数字技术-多媒体技术-高等学校-教材
Ⅳ. ①TP37

中国版本图书馆 CIP 数据核字(2016)第 262289 号

责任编辑：石　悦　李淑丽 / 责任校对：邹慧卿
责任印制：张　伟 / 封面设计：华路天然工作室

科 学 出 版 社 出版
北京东黄城根北街 16 号
邮政编码：100717
http://www.sciencep.com

北京中石油彩色印刷有限责任公司 印刷
科学出版社发行　各地新华书店经销
*
2016 年 11 月第 一 版　　开本：787×1092 1/16
2018 年 1 月第二次印刷　　印张：21 1/2
字数：550 000
定价：59.00 元
(如有印装质量问题，我社负责调换)

教育部、财政部职业院校教师素质提高计划成果系列丛书

项目牵头单位： 山东理工大学

项目负责人： 王振友

项目专家指导委员会：

主　　任：刘来泉

副主任：王宪成　郭春鸣

成　　员：（按姓氏笔画排列）

刁哲军　王继平　王乐夫　邓泽民　石伟平　卢双盈

汤生玲　米　靖　刘正安　刘君义　孟庆国　沈　希

李仲阳　李栋学　李梦卿　吴全全　张元利　张建荣

周泽扬　姜大源　郭杰忠　夏金星　徐　流　徐　朔

曹　晔　崔世钢　韩亚兰

出 版 说 明

《国家中长期教育改革和发展规划纲要（2010—2020 年）》颁布实施以来，我国职业教育进入到加快构建现代职业教育体系、全面提高技能型人才培养质量的新阶段。加快发展现代职业教育，实现职业教育改革发展新跨越，对职业学校"双师型"教师队伍建设提出了更高的要求。为此，教育部明确提出，要以推动教师专业化为引领，以加强"双师型"教师队伍建设为重点，以创新制度和机制为动力，以完善培养培训体系为保障，以实施素质提高计划为抓手，统筹规划，突出重点，改革创新，狠抓落实，切实提升职业院校教师队伍整体素质和建设水平，加快建成一支师德高尚、素质优良、技艺精湛、结构合理、专兼结合的高素质专业化的"双师型"教师队伍，为建设具有中国特色、世界水平的现代职业教育体系提供强有力的师资保障。

目前，我国共有60余所高校正在开展职教师资培养，但由于教师培养标准的缺失和培养课程资源的匮乏，制约了"双师型"教师培养质量的提高。为完善教师培养标准和课程体系，教育部、财政部在"职业院校教师素质提高计划"框架内专门设置了职教师资培养资源开发项目，中央财政划拨1.5亿元，系统开发用于本科专业职教师资培养标准、培养方案、核心课程和特色教材等系列资源。其中，包括88个专业项目，12个资格考试制度开发等公共项目。该项目由42家开设职业技术师范专业的高等学校牵头，组织近千家科研院所、职业学校、行业企业共同研发，一大批专家学者、优秀校长、一线教师、企业工程技术人员参与其中。

经过三年的努力，培养资源开发项目取得了丰硕成果。一是开发了中等职业学校88个专业（类）职教师资本科培养资源项目，内容包括专业教师标准、专业教师培养标准、评价方案，以及一系列专业课程大纲、主干课程教材及数字化资源；二是取得了6项公共基础研究成果，内容包括职教师资培养模式、国际职教师资培养、教育理论课程、质量保障体系、教学资源中心建设和学习平台开发等；三是完成了18个专业大类职教师资资格标准及认证考试标准开发。上述成果，共计800多本正式出版物。总体来说，培养资源开发项目实现了高效益：形成了一大批资源，填补了相关标准和资源的空白；凝聚了一支研发队伍，强化了教师培养的"校—企—校"协同；引领了一批高校的教学改革，带动了"双师型"教师的专业化培养。职教师资培养资源开发项目是支撑专业化培养的一项系统化、基础性工程，是加强职教教师培养培训一体化建设的关键环节，也是对职教师资培养培训基地教师专业化培养实践、教师教育研究能力的系统检阅。

自2013年项目立项开题以来，各项目承担单位、项目负责人及全体开发人员做了大量深入细致的工作，结合职教教师培养实践，研发出很多填补空白、体现科学性和前瞻性的成果，有力推进了"双师型"教师专门化培养向更深层次发展。同时，专家指导委员会的各位专家以及项目管理办公室的各位同志，克服了许多困难，按照两部对项目开发工作的总体要求，为实施项目管理、研发、检查等投入了大量时间和心血，也为各个项目提供了专业的咨询和指导，有力地保障了项目实施和成果质量。在此，我们一并表示衷心的感谢。

编写委员会

2016 年 3 月

前　　言

本书是根据教育部和财政部《关于实施职业院校教师素质提高计划的意见（教职成〔2011〕14号）》的精神和"教育部、财政部职业院校教师素质提高计划-本科计算机科学与技术专业职教师资培养资源开发项目"培养方案的要求，结合当前职教师资培养情况编写的主干系列教材之一。本书以"教育部、财政部职业院校教师素质提高计划-项目指南"和"教育部、财政部职业院校教师素质提高计划-本科计算机科学与技术专业职教师资培养资源开发项目"教学大纲为依据，以提高学生的科学文化素养和综合职业能力为目标，为职教师资培养奠定基础。

全书体系完整，可操作性强，共6章、13个模块、42个项目，涵盖音频、视频媒体制作的完整流程，充分吸收了相关领域的新技术、新成果，反映了数字媒体领域的关键技术和创作方法，具有简繁适当、脉络清晰的特点，各章内容相互独立，又兼顾其内在联系和系统性，体现了教学内容的渐进性和层次性，能够满足职教师资本科培养的实际教学需求。

第1章，由2个项目组成，主要介绍数字媒体的基础认识与操作，学习数字媒体的基本概念和知识，掌握获取图像素材、视频素材的主要步骤。

第2章，由6个项目组成，主要介绍数字媒体素材的获取和利用，掌握图像素材、音视频素材的获取途径和制作技术，进而满足不同的需求。

第3章，由4个项目组成，主要介绍广播剧的创意设计和案例制作，学会制作常用的音频素材，认识多轨录音的主要流程，力求实现音频处理和艺术创作的高度融合。

第4章，由10个项目组成，主要介绍数字视频短片的剪辑和案例制作，认识数字影视剪辑的各种关键技术，掌握主要的剪辑手法。

第5章，由9个项目组成，主要介绍数字视频短片的风格化调色案例，掌握达芬奇调色的基本工作过程，提升基本技能和综合素质。

第6章，由11个项目组成，主要介绍数字视频短片的后期合成案例，学会After Effects的各种技术，主要学会综合分析和解决问题。

本书第1章、第2章、第3章由齐立森撰写，第4章、第5章由周大伟撰写，第6章由张长城撰写，孙双盼、王雪、邱梓芥等参与了部分案例的策划、录音、拍摄与撰写工作。全书由张艳丽进行文字校对，由齐立森统稿完成。

本书建议48~64学时，不同学校及地区可以根据实际情况选择使用。本书可以作为职教师资本科计算机相关专业教材，也可以作为普通高校教材或参考书。

　　本书由山东理工大学计算机科学与技术专业项目组编写。本书编写过程中"教育部、财政部职业院校教师素质提高计划职教师资培养资源开发项目"项目组的专家给了悉心指导和建议,在此表示衷心感谢!本书的编写得到了有关职业师资培训基地(中心)、兄弟院校、职业中专同行的支持,在此一并表示感谢!

　　由于编者水平有限,书中难免存在不足之处,恳请读者批评指正。

编　者

2015 年 11 月

目 录

第1章　数字媒体的基础认识与操作

1.1　数字媒体的基础知识

1.1.1　数字媒体的发展概况

1. 学习目标

通过本节的学习，了解传播与传媒的关系，媒体的含义、分类与类型，数字媒体技术的研究内容与范畴，以及数字媒体类相关专业的发展情况。

2. 内容描述

以数字媒体、网络技术与文化产业相融合而产生的数字媒体产业，正在世界各地高速成长。数字媒体产业的迅猛发展，得益于数字媒体技术不断突破产生的引领和支持。数字媒体技术是融合了数字信息处理技术、计算机技术、数字通信和网络技术等的交叉学科和技术领域。数字媒体技术是通过现代计算和通信手段，综合处理文字、声音、图形、图像等信息，使抽象的信息变得可感知、可管理和可交互的一种技术。

3. 内容分析

了解行业和专业的基本概念及其发展情况，有利于树立学习目标，激发学习兴趣。

4. 知识与技能准备

数字媒体技术的研究领域；数字媒体产业的发展概况。

5. 方案实施

1）传播与传媒

传播是人类社会普遍存在的一种现象，与社会文明发展进程相生相伴，息息相关。"传播"一词在西方社会源于拉丁文的 communis，意思是"与他人建立共同意识"，是个人之间、集体之间以及个人与集体之间交换、传递"新闻、事实、意见"的信息过程。传播被看成一种社会性传递信息的行为，只要存在人和人类社会，信息的交换就不可避免。汉语中"传播"一词，较早出现于《北史·突厥传》，原文记载为"宜传播天下，咸使知闻"。在此前，汉语中的"传"与"播"单独使用。与传播对应的英语原文是 communication，最早把它翻译成"传播"的，是台湾的一些大众传播学者。随着对传播研究的逐渐深入，在众多学者的推动下，从20世纪初开始，传播学逐渐形成为一门学科。

传媒是科技进步的产物，特别是信息传播技术的发展为传媒业的扩张提供了物质条件，使其逐渐发展成为一项全球性的经济产业。提到传媒，可以从三个层面对其进行界定：作为技术发明的传媒、作为信息传播机构的传媒、作为经济产业的传媒。传媒变迁是人类文明的里程碑，折射出人类交流与传播的方式和特点。传媒技术的进展是一个螺旋式的过程，而每一次传媒技术的跨越都带给人类社会巨大的想象空间。传媒是信息资源通向信息受众的桥梁，是国家信息基础设施的重要组成部分。

要了解传媒在当代社会的地位，首先要弄清什么是传媒，而传媒包括两层含义：传播和媒体，因而理清传媒和传播的界限，是展开学理分析的首要前提。在20世纪30年代的美国，传播学者将"报纸、杂志、通信社、广播、电视"等一切向人们传递各种信息的技术手段统称为大众传播媒介，简称大众传媒。从20世纪40年代开始，"大众传媒"一词逐渐流行于西方社会。发展到现在，传媒已是耳熟能详、妇孺尽知的名词，泛指传播的工具、载体以及拥有这些传播渠道和资源的机构。显然传媒是传播学领域的专用词汇，是传播学研究的范畴之一。简言之，传播包括传媒，而传媒是传播的一部分，传播现象和行为除了传媒还有其他内容。这也是传播学不能用传媒学替代的原因。

传播是一种社会现象，是一种人类行为。从广义上说，传媒技术是在传播过程中使用的一切技术和方法的总和。从狭义上说，传媒技术主要是指支持人类实现远程信息传播的工具和技术。从一定程度上说，传媒技术不仅包括信息的生产、发送和消费的过程，传送信息本身的编码、构成和类型，受众对信息的认知、消费、互动的使用过程，传媒产业的消费群体、技能要求和商业模式，还包括它对个人、团体和社会的影响力。近年来，传媒技术呈现爆炸式增长的趋势，以网络技术和数字通信为基础的新兴媒体不断涌现，照亮了星光闪耀的传媒技术星空，为用户丰富和创造着新的视听体验，实现着更高的经济增长点和文化兴奋点。

2）媒体的基本类型

（1）媒体的主要含义。

媒体一词来源于拉丁语 medium，音译为媒介，意为两者之间。媒体是指传播信息的媒介，它是指人借助用来传递信息与获取信息的工具、渠道、载体、中介物或技术手段，也可以把媒体看成实现信息从信息源传递到受信者的一切技术手段。

媒体有两层含义，一是指信息的物理载体，即存储和传递信息的实体，如书本、挂图、磁盘、光盘、磁带以及相关的播放设备等；另一层含义是指信息的表现形式，或者说传播形式，如文字、声音、图像、动画等。多媒体计算机中所说的媒体，是指后者，即计算机不仅能处理文字、数值之类的信息，而且能处理声音、图形、电视图像等各种不同形式的信息。

（2）媒体的分类与类型。

传统的四大媒体分别为电视、广播、报纸、周刊（杂志），此外，还应有户外媒体，如路牌灯箱的广告位等。随着科学技术的发展，逐渐衍生出新的媒体，如 IPTV、电子杂志等，它们在传统媒体的基础上发展起来，但与传统媒体又有着质的区别。

国际电话电报咨询委员会（Consultative Committee on International Telephone and Telegraph，CCITT），即国际电信联盟（ITU）的一个分会把媒体分成5类。

①感觉媒体（perception medium）：指直接作用于人的感觉器官，使人产生直接感觉的媒体，如引起听觉反应的声音、引起视觉反应的图像等。

②表示媒体（representation medium）：指传输感觉媒体的中介媒体，即用于数据交换的编码，如图像编码（JPEG、MPEG 等）、文本编码（ASCII 码、GB2312 等）和声音编码等。

③表现媒体（presentation medium）：指进行信息输入和输出的媒体，如键盘、鼠标、扫描仪、话筒、摄像机等为输入媒体；显示器、打印机、喇叭等为输出媒体。

④存储媒体（storage medium）：指用于存储表示媒体的物理介质，如硬盘、软盘、磁盘、光盘、ROM 和 RAM 等。

⑤传输媒体（transmission medium）：指传输表示媒体的物理介质，如电缆、光缆等。

以图 1-1 为例，用户在显示器上看到的这段视频就是感觉媒体。这段视频是 FLV 格式的，这种表示方式称为表示媒体。呈现这段视频的显示器是表现媒体，存储这段视频的计算机硬盘是存储媒体。服务器与显示器之间传输用到的电缆、光缆、路由器等设备，属于传输媒体。

图 1-1　媒体的五种类型

3）数字媒体技术的研究内容

（1）数字媒体技术的特点。

数字媒体（digital media）是以数字化的形式存储、处理和传播信息的媒体，以网络为主要传播载体，并具有多样性、互动性、集成性等特点，使用文本、图片、音频和视频来传递信息。数字信息的最小单元就是比特，通过比特可以表述各种媒体信息。比特没有颜色、尺寸和重量，简记为 0 或 1。比特易于复制，而且复制的质量不会随复制数量的增加而下降。比特可以以极快的速度传播，而且在传播时不受时空的限制。

数字媒体是更加贴近人类观念的媒体，在信息的结构化和数据库功能方面十分强大。在传统的图书中，创作者的思想或知识是动态和非线性地排列的。在数字媒体中，创作者的思想或知识往往是树状排列的。它的传播速度快，实时性强，同时将受众变被动接受为主动参与，是一种趋于个人化的双向交流方式。

（2）数字媒体技术的研究范畴。

在 2006 年 4 月出版的《2006 年中国数字媒体产业发展研究报告》中指出：互联网和数字技术的快速发展正在颠覆传统媒体，使得人们获取信息、浏览信息以及对信息反馈的方式都在发生相当大的变化。数字媒体，已不可否认地成为现代传媒的发展趋势，并且将在未来几年内成为不容忽视的重大经济驱动力。该报告指出，数字媒体就是通过计算机技术存储、处理和传播信息的媒体；或者是以数字化形式传递信息的媒介。数字媒体的种类很多，如数字摄影、数字图像、数字广播、数字电视、多媒体计算机系统、网络媒体、数字出版、数字电影、多媒体会议系统、数字广告、数字娱乐媒体、手机媒体等。

　　数字媒体技术的应用广泛，如家庭娱乐、教育培训、视频会议、远程医疗、数字影视、数字游戏、数字广播、数字出版、数字广告等，到处都可以看到数字媒体技术的身影。数字媒体行业是当前世界上增长最快的行业之一。报纸、广播、电视、电影、网络、通信、广告等行业和部门对数字媒体人才有较大的需求，他们将具备专业的创造才能和技能。未来的职业包括摄影、编辑、数码编辑、音效处理、互动游戏设计、光盘媒体制作、网络设计等。

　　（3）国内外数字媒体相关专业。

　　美国是全球传媒领域的"超级大国"，传媒产业在美国历史悠久，理论和实践都很丰富。美国的很多大学里都有传媒专业，学生如果喜欢可以随时申请。美国传媒专业的课程授课强调从兴趣出发，从实践出发，有创造力。传媒专业在美国属于一个大类，包括新闻类（journalism）、广告营销类（advertising）、大众传媒类（mass communication）、媒体发布类（media production）、创作表演类（creative performance）。根据笔者的统计，在美国，与传媒技术专业相关的专业数目十分可观，不下上百个，但是由于美国大学专业设置的独立性和灵活性，专业的名称不一而足，可大概分为：电视相关类、电影相关类、动画相关类、多媒体技术类、计算机图形学类以及媒体技术类。在国内，数字媒体相关的专业有广播电视工程、广播电视编导、数字媒体技术或艺术等。

　　①广播电视工程。广播电视工程专业始创于北京传播学院，是电子信息工程方面较宽口径的专业，是以视音频技术为核心，并与计算机科学、通信技术、网络技术、视听艺术等学科融合的复合型专业，重点培养广播电视行业所需要的高素质综合型专业技术人才。本专业立足广播影视传媒行业，面向媒体内容处理相关领域，运用计算机软件与现代电子技术等信息处理手段，着重于视音频处理、信源压缩、影视制作与节目管理、节目播出与分发等，具有基础理论与工程实践并重、艺术与技术相结合的特色。开设本专业的大学有中国传媒大学、浙江传媒学院、南京邮电大学、怀化学院等。

　　②广播电视编导（电视编辑方向）。广播电视编导专业（电视编辑方向）着眼于电视发展的学科和产业前沿，致力于培养具有综合素质、全局把握能力、专业精神、团队意识的创造性人才，为主流电视传媒机构输送各类电视节目的主创人员，可以主要从事电视新闻采集与制作、电视纪录片、专题片编导、频道与电视栏目策划、电视新闻类节目的出镜采访、主持等工作。其主要课程有影视精品解读、广播电视概论、视听语言、电视传播概论、电视影像语言、电视画面编辑、解说词写作、电视音乐音响、电视节目策划、纪录片创作、视觉传播、电视节目主持、电视节目导播、电视节目包装和数字节目制作等。

　　③数字媒体技术或艺术。自2002年北京广播学院成立"数字媒体艺术"专业以来，全国范围内兴起了一股兴办"数字媒体"专业的热潮。这股潮流，一方面反映了当今社会发生的深刻变化，即以计算技术应用软件为基础的图形图像处理、动漫制作、视频编辑等领域的崛起；另一方面反映出高等院校对培养社会所需紧缺人才的急迫心态。经过多方面的资料调研和数据考证，"数字媒体"相关专业在高等院校已有较广范围的分布，并呈现逐年增多的趋势。

6. 总结

　　本节介绍了传播与传媒、媒体与数字媒体等的基本概念，介绍了数字媒体产业和专业发展情况，应充分认识到数字媒体技术的主要研究领域，即与数字媒体信息的获取、处理、存储、传播、管理、安全、输出等相关的理论、方法、技术与系统。

7．课业

为什么说数字媒体技术既是一个研究领域，又是一种学科范畴？

1.1.2　数字媒体文件的基本描述

1．学习目标

通过本节的学习，了解图像的基本属性、声音的基本属性、视频的基本属性，把握图像、声音、视频的基本格式，为进一步学习数字媒体创作奠定基础。

2．内容描述

数字媒体是指以二进制数的形式记录、处理、传播、获取过程的信息载体，这些载体包括数字化的文字、图形、图像、声音、视频影像和动画等基本形式。"数字媒体"一般就是指"多媒体"，是由数字技术支持的信息传输载体，其表现形式更复杂，更具有视觉冲击力，更具有互动特性。

3．内容分析

数字媒体包括用数字化技术生成、制作、管理、传播、运营和消费的文化内容产品和服务，具有高增值、强辐射、低消耗、广就业、软渗透的属性。其基本应用包括文本与文本处理、图像与图形、数字音频、数字视频等基本形式。

4．知识与技能准备

数字媒体的技术类型；数字媒体与计算机技术的相互联系。

5．方案实施

1）图像的基本属性

在数字媒体的世界里，文字、图形与图像是最基本的内容，也是信息传递的基本形式。作为抽象的信息表达媒介，文字与符号占有着重要的地位。一般认为，文字是人类用来交流的符号系统，是记录思想和事件的书写形式，是一个民族进入文明社会的重要标志。作为书写文章的视觉表义符号，文字之美蕴涵于方寸之间，它具有视觉属性、约定属性和系统属性。文字是简单的视觉图案，能够再现口语的声音，因而更加清晰，可以反复阅读，可以突破时间和空间的限制，文字是人类约定创造的视觉形式。千百年来，中西方文化不断撞击与融合，形成了丰富的文字书写文化，具有跨越时代的审美特征，如图 1-2 所示。将字体文件安装到 C:\Windows\Fonts 后，可以实现不同的艺术效果。

图 1-2　千姿百态的中英文字体

　　在计算机中，文字与符号可以转化为图形图像信息。表达图像和计算机生成的图形图像有两种常用的方法：一种称为矢量图（vector based image）法，另一种称为点位图（bit mapped image）法。虽然这两种生成图的方法原理不同，但在显示器上显示的结果几乎没有什么差别。

　　（1）矢量图与点阵图。

　　矢量图（vector）是用一系列计算机指令来表示一幅图，包括画点、画线、画曲线、画矩形等，如圆可以是圆心坐标、半径以及粗细和色彩组成的。这种方法实际上是用数学方法来描述一幅图，然后变成许多的数学表达式，再编程，用程序语言来表达。当图变得很复杂时，计算机就要花费很长的时间去执行绘图指令，因此矢量图文件的大小主要取决于图的复杂程度。如图 1-3（a）所示，图像在放大以后仍然十分清晰。矢量图较多地用于图形，是用一组命令来描述图形的，这些命令给出构成图形的各种属性和参数，优点为图形文件占用空间较少；缺点为图形复杂时，耗时相对较长。

　　此外，对于一幅复杂的彩色照片（如一幅真实世界的彩照），恐怕就很难用数学来描述了，因而就不用矢量图法表示，而是采用点位图法（bitmap）表示。点位图法与矢量图法很不相同，它是把一幅彩色图分成许多像素（pixel），每个像素用若干个二进制位来指定该像素的颜色、亮度和属性。因此一幅图由许多描述每个像素的数据组成，这些数据通常称为图像数据，而这些数据作为一个文件来存储，这种文件又称为图像文件。如图 1-3（b）所示，点位图在放大以后出现一定的失真。

　　　　　　　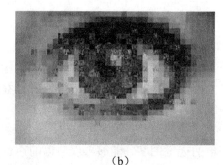

（a）　　　　　　　　　　　　　　　　　（b）

图 1-3　矢量图与点位图

　　点位图是在空间和色彩上已经离散化的图片，通过描述画面中每像素的颜色或亮度来表示该图像，非常适合表现包含大量细节的图片（如明暗、浓淡、层次和色彩变化等）。点位图的优点是色彩和色调变化丰富、景物逼真；缺点是缩放等处理后易失真、文件占据的存储器空间比较大。影响点位图文件大小的因素主要有两个：图像分辨率和像素深度。分辨率越高，就是组成一幅图的像素越多，则图像文件越大；像素深度越深，就是表达单个像素的颜色和亮度的位数越多，图像文件就越大。

（2）图像的属性。

①分辨率（resolution）：即组成图像的像素数目。图像分辨率是指组成一幅图像的像素密度的度量方法。对同样大小的一幅图，如果组成该图的图像像素数目越多，则说明图像的分辨率越高，看起来就越逼真。相反，图像显得越粗糙。在用扫描仪扫描彩色图像时，通常要指定图像的分辨率，用每英寸多少点（dots per inch，dpi）表示。如果用 300dpi 来扫描一幅 8 英寸×10 英寸的彩色图像，就得到一幅 2400 像素×3000 像素的图像。分辨率越高，像素就越多，如图 1-4 所示。

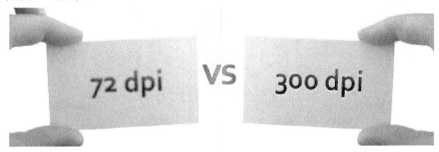

图 1-4　72dpi 与 300dpi 的区别

随着像素数量的增多，其绝对清晰度呈线性增加，但由于人眼的分辨能力有限，其对视觉效果的感知逐渐趋于平稳，如图 1-5 所示。

图像分辨率与显示分辨率，这是两个不同的概念。图像分辨率是确定组成一幅图像的像素数目，而显示分辨率是确定显示图像的区域大小。如果显示屏的分辨率为 640×480，那么一幅 320×240 的图像只占显示屏的 1/4；相反，2400×3000 的图像在这个显示屏上就不能显示一个完整的画面。

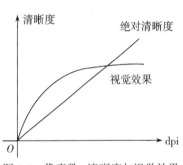

图 1-5　像素数、清晰度与视觉效果

②颜色深度（像素深度）。像素深度决定彩色图像的每个像素可能有的颜色数，或者确定灰度图像的每个像素可能有的灰度级数。例如，一幅彩色图像的每个像素用 R、G、B 三个分量表示，若每个分量用 8 位，那么一个像素共用 24 位表示。即像素的深度为 24，每个像素可以是 2^{24}=16777216 种颜色中的一种。

在这个意义上，往往把像素深度说成是图像深度。表示一个像素的位数越多，它能表达的颜色数目就越多，而它的深度就越深。同样地，对于 16 位的彩色图像，某一像素的颜色数量为 2^{16}=65536 色；对于 24 位的彩色图像，某一像素的颜色数量为 2^{24}=16M 色。对于一幅 640×480 的图像，其文件大小可估算为 640×480×256 色（即 8 位）≈300K。

像素深度越深，所占用的存储空间越大。相反，如果像素深度太浅，那么会影响图像的质量，图像看起来让人觉得很粗糙和很不自然，如图 1-6 所示。标准 VGA 支持 4 位 16 种颜色的彩色图像，多媒体应用中推荐至少用 8 位 256 种颜色。由于设备的限制，加上人眼分辨率的限制，一般情况下，不一定要追求特别深的像素深度。

图 1-6　8 位和 32 位颜色深度游戏画面对比

③真/伪彩色。

真彩色。显示图像时，真彩色由 R、G、B 直觉决定显示设备的基色强度，而伪彩色则通过颜色查找表来决定。真彩色是指在组成一幅彩色图像的每个像素值中，有 R、G、B 三个基色分量，每个基色分量直接决定显示设备的基色强度，这样产生的彩色称为真彩色。例如，用 RGB 5∶5∶5 表示的彩色图像，R、G、B 各用 5 位，用 R、G、B 分量大小的值，直接确定三个基色的强度，得到的彩色是真实的原图彩色，如图 1-7 所示。

伪彩色。每个像素的颜色不是由每个基色分量的数值直接决定的，而是把像素值当成彩色查找表（color look-up table，CLUT）的表项入口地址，去查找一个显示图像时使用的 R、G、B 值，用查找出的 R、G、B 值产生的彩色称为伪彩色。

彩色查找表是一个事先做好的表，表项入口地址也称为索引号。彩色图像本身的像素数值和彩色查找表的索引号有一个变换关系。使用查找得到的数值显示的彩色是真的，但不是图像本身真正的颜色，它没有完全反映原图的彩色，如图 1-8 所示。

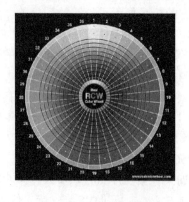

图 1-7　真彩色轮图

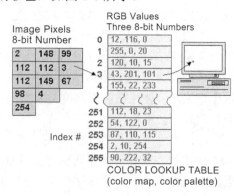

图 1-8　伪彩色的彩色查找表

直接色。直接色的每个像素值分成 R、G、B 分量，每个分量作为单独的索引值对它进行变换。也就是通过相应的彩色变换表找出基色强度，用变换后得到的 R、G、B 强度值产生的彩色称为直接色。总之，直接色的特点是对每个基色进行变换。

真彩色与直接色系统相比，相同之处是都采用 R、G、B 分量决定基色强度，不同之处是前者的基色强度直接用 R、G、B 决定，而后者的基色强度由 R、G、B 经变换后决定，因而这两种系统产生的颜色就有差别。实验表明，使用直接色在显示器上显示的彩色图像看起来真实、自然。

直接色与伪彩色系统相比，相同之处是都采用查找表，不同之处是前者对 R、G、B 分量分别进行变换，后者把整个像素当成查找表的索引值进行彩色变换。

（3）图像的格式。

数字化图像以文件的形式存在，其文件扩展名有严格的约定，主要的图像文件格式如下。

JPEG（Joint Picture Expert Group）：有损压缩，多用于照片。

GIF（Graphics Interchange Format）：无损压缩，最多 256 色，可透明，可动画，多用于小图标。

TIFF（Tag Image File Format）：未压缩或简单压缩，多用于扫描及传真。

BMP（Bitmap）：Windows 中的位图，一般未压缩。

EPS（Encapsulated PostScript）：矢量绘图软件和排版软件所使用的格式。

注意：图像文件的扩展名不要轻易修改，否则不能正确使用。文件格式对照表、文件格式与数据量等比较信息如表 1-1 和表 1-2 所示。

表 1-1　文件格式对照表

文件格式	颜色与分辨率	主要用途
.GIF	256/96dpi	动画、多媒体程序界面，网页界面
.BMP	$256\sim2^{24}$/*dpi	Windows 环境下的任何场合
.TIF	$256\sim2^{32}$/*dpi	专业印刷
.JPG	$2^{16}\sim2^{32}$/*dpi	数字图片保存、传送
.TGA	$256\sim2^{24}$/96dpi	专业动画影视制作

表 1-2　文件格式与数据量

文件格式	数据量大小	颜色	特点
.GIF	4501KB	256 色	格式转换容易失真
.BMP	25481KB	真彩色	数据量大
.TIF	25481KB	真彩色	数据量大
.JPG	883KB	损失 15% 色	重复保存，损失加剧
.TGA	25481KB	真彩色	数据量大

（4）颜色模式。

颜色模式，是将某种颜色表现为数字形式的模型，或者说是一种记录图像颜色的方式或规则。利用不同的规则，可形成不同的颜色模式，分别是 RGB 模式、CMYK 模式、HSB 模式、Lab 颜色模式、位图模式、灰度模式、索引颜色模式、双色调模式和多通道模式。

① RGB 颜色模式。它是电子显示领域广泛运用的颜色模式，具有色彩鲜艳的突出特点。因为自然界中所有的颜色都可以用红（R）、绿（G）、蓝（B）这三种颜色波长的不同强度组合而得，这就是三基色原理。因此，这三种光常被人们称为三基色或三原色，如图 1-9 所示。

图 1-9　RGB 颜色模式

② CMYK 颜色模式。它是一种在印刷领域广泛应用的模式。其中四个字母分别指青（Cyan）、品红（Magenta）、黄（Yellow）、黑（Black），在印刷中代表四种颜色的油墨。CMYK 模式在本质上与 RGB 模式没有什么区别，只是产生色彩的原理不同，在 RGB 模式中由光源发出的色光混合生成颜色，而在 CMYK 模式中由光线照到有不同比例 C、M、Y、K 油墨的纸上，部分光谱被吸收后，反射到人眼的光产生颜色，如图 1-10 所示。

图 1-10　CMYK 颜色模式

③ Lab 颜色模式。Lab 颜色是由 RGB 三基色转换而来的，它是由 RGB 模式转换为 HSB 模式和 CMYK 模式的桥梁。该颜色模式由一个发光率（Luminance）和两个颜色（a，b）轴组成。它由颜色轴所构成的平面上的环形线来表示色的变化，其中径向表示色饱和度的变化，自内向外，饱和度逐渐增高；圆周方向表示色调的变化，每个圆周形成一个色环；而不同的发光率表示不同的亮度并对应不同环形颜色变化线。

它是一种"独立于设备"的颜色模式，即不论使用任何一种监视器或者打印机，Lab 的颜色不变。其中 a 表示从洋红至绿色的范围，b 表示黄色至蓝色的范围，如图 1-11 所示。

④ HSB 颜色模式。从心理学的角度来看，颜色有三个要素：色泽（Hue）、饱和度（Saturation）和亮度（Brightness）。HSB 颜色模式便是基于人对颜色心理感受的一种颜色模式。它是由 RGB 三基色转换为 Lab 模式，再在 Lab 模式的基础上考虑了人对颜色的心理感受这一因素而转换成的。因此这种颜色模式比较符合人的视觉感受，让人觉得更加直观一些。它可由底与底对接的两个圆锥体立体模型来表示，其中轴向表示亮度，自上而下由白变黑；径向表示色饱和度，自内向外逐渐变高；而圆周方向，则表示色调的变化，形成色环，如图 1-12 所示。

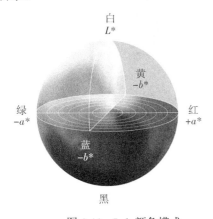

图 1-11　Lab 颜色模式

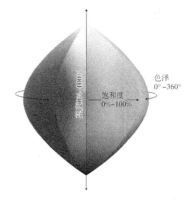

图 1-12　HSB 颜色模式

⑤ 灰度模式。灰度模式可以使用多达 256 级灰度来表现图像，使图像的过渡更平滑细腻。灰度图像的每个像素有一个 0（黑色）~255（白色）的亮度值。灰度值也可以用黑色油墨覆盖的百分比来表示（0%等于白色，100%等于黑色）。使用黑折或灰度扫描仪产生的图像常以灰度显示，灰度图像可用于黑白照片、书籍报纸用照片等领域，灰度图像如图 1-13 所示。

图 1-13　灰色图像（16 个级别）

灰度实际上就是 Lab 中的 L，是从最黑到最白的一个过渡，当选择灰度的时候每个颜色的色彩信息都会丢失，只剩下亮度，这时的饱和度为零。通道位数越高过渡越细腻，容量自然更大；反之通道越低过渡越少，容量也很小。

⑥位图模式。位图模式用两种颜色（黑和白）来表示图像中的像素，每个像素不是黑就是白，其灰度值没有中间过渡的图像。位图模式的图像也称为黑白图像，因为其深度为 1，也称为一位图像、二值图像。由于位图模式只用黑白色来表示图像的像素，在将图像转换为位图模式时会丢失大量细节。在宽度、高度和分辨率相同的情况下，位图模式的图像尺寸最小，约为灰度模式的 1/7 和 RGB 模式的 1/22 以下。位图模式一般用来描述文字或者图形，其优点是占用空间少；缺点是当表示人物、风景的图像时，只能描述其轮廓，不能描述细节，如图 1-14 所示。

图 1-14　位图颜色模式

⑦索引颜色模式。索引颜色模式图像是网络和动画中常用的图像模式，它包含一个颜色表。如果原图像中颜色不能用 256 色表现，则绘图软件会从可使用的颜色中选出最相近的颜色来模拟这些颜色，从而减小图像文件的尺寸。该模式存放图像中的颜色并为这些颜色建立颜色索引，颜色表可在转换的过程中定义或在生成索引图像后修改，如图 1-15 所示。

在计算机的图像处理过程中，通常支持 RGB、HSB、Lab、CMYK 等多种颜色模式及其转换。在图像处理和计算机视觉中大量算法都基于 HSB 颜色模式，只要对亮度信号进行操作就可获得良好的效果。因此，利用 HSB 颜色模式可以大大简化图像分析和处理的工作量。Lab 颜色模式可以表示的颜色最多，颜色更为明亮且与光线和设备无关，不管使用什么设备（如显示器、打印机、计算机或扫描仪）创建或输出图像，这种颜色模型产生的颜色都保持一致，如图 1-16 所示。

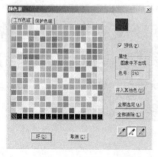

图 1-15　索引颜色模式

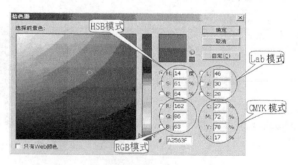

图 1-16　四种颜色模式

⑧色域。色域是一个色系能够显示或打印的颜色范围。人眼看到的色谱比任何颜色模型中的色域都宽。常见的颜色空间如图 1-17 所示，Lab 具有最宽的色域，它包括 RGB 和 CMYK 色域中的所有颜色。CMYK 色域较窄，仅包含使用印刷色油墨能够打印的颜色。RGB 色域包含所有能在计算机显示器或电视屏幕（发出红、绿和蓝光）上显示的颜色。因而，一些如纯青或纯黄等颜色，不能在显示器上精确显示。

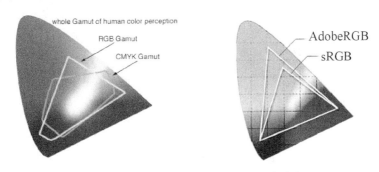

图 1-17　RGB、CMYK、AdobeRGB 颜色空间

现今市面上大多数在售显示器都是普通色域显示器，只有少部分用于专业设计的高端、专业显示器可以拥有 100%的 sRGB 和 Adobe RGB 色域，其区别如表 1-3 所示。

表 1-3　普通色域显示器与广色域显示器的区别

类型	sRGB 标准	Adobe RGB 标准	价格（以 23~24[①]寸为例）
普通色域显示器	100%以下	80%以下	900~1100
广色域显示器	100%及以上	100%及以上	4000 以上

2）声音的基本属性

声音是通过一定介质传播的一种连续波，主要参数包括振幅（音量的大小）、周期（重复出现的时间间隔）、频率（指信号每秒钟变化的次数）。声音按频率可分为次声波、可听声波、超声波，可听声波的频率范围为 20Hz~20kHz。

（1）数字音频的三要素。

采样频率：根据奈奎斯特理论，采样频率不低于声音信号最高频率的两倍。这样就能把数字表达的声音还原成原来的声音，称为无损数字化。采样率有高低之分，如图 1-18 所示。

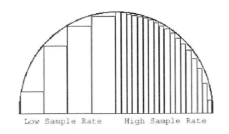

图 1-18　低采样率和高采样率（水平方向）

---

① 1 寸=1/30m。

采样精度（量化等级）：用样本值的二进制位数来表示，位数越多，精度越高，数据也越大。采样精度决定了记录声音的动态范围，它以位（bit）为单位，如 8bit、16bit。8bit 可以把声波分成 256 级，16bit 可以把同样的波分成 65536 级的信号。可以想象，位数越高，声音的保真度越高。采样精度也有高低之分，如图 1-19 所示。

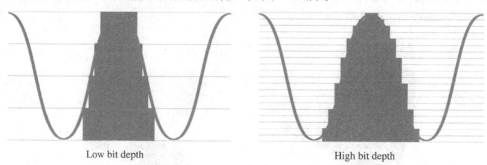

Low bit depth　　　　　　　　　　　High bit depth

图 1-19　不同的量化位数（垂直方向）

声道数：使用声音通道的个数。立体声比单声道的表现力丰富，但数据量翻倍。

数据量＝采样频率×量化位数×声道数/8（字节/秒），如 CD 音质：44.1kHz×16bit×2/8B=176400B/s=172.27KB/s。

注：1kHz=1000Hz；1B（byte，字节）=8bit（位）；1KB=1024B。

例如，语音信号的带宽为 300~3400Hz，采样频率为 8kHz，若量化精度为 8bit，双声道输出，那么每秒钟的数据量和每小时的数据量各是多少？

答：数据传输率=8kHz×8bit×2=128Kbit/s。

每秒钟的数据量=128×1000×1s/8B=16000B=15.625KB。

每小时的数据量=128×1000×3600s/8B=57600000B=50250KB=54.93MB。

（2）数字音频的常见文件格式。

WAV：是 Microsoft/IBM 共同开发的 PC 波形文件，因未经压缩，文件数据量很大。其特点是声音层次丰富，还原音质好。

MP3：按 MPEG 标准的音频压缩技术制作的音频文件。其特点是有损压缩方式，实现高压缩比（11:1），同时保证优美音质。

乐器数字接口（MIDI）：是一组声音或乐器符号的集合，特点是数据量很小，缺乏重现自然音。能够使用电子键盘乐器，达到记录音符、时值、通道等的目的。

APE：是目前流行的数字音乐文件格式之一，是一种无损压缩音频技术，即从音频 CD 上读取的音频数据文件压缩成 APE 格式后，还可以再将 APE 格式的文件还原，而还原后的音频文件与压缩前的一模一样，没有任何损失。APE 的文件大小约为 CD 的一半，受到越来越多音乐爱好者的喜爱。

FLAC：Free Lossless Audio Codec 的缩写，为无损音频压缩编码。FLAC 是一套著名的自由音频压缩编码，不同于其他有损压缩编码如 MP3 和 AAC，它不会破坏任何原有的音频信息。

判别无损的关键：20K 以上的信号完整度，波峰峰尖应该顺滑，看不出一刀切。波峰之下的部分应没有黑洞（黑块或缺失），如图 1-20 所示。

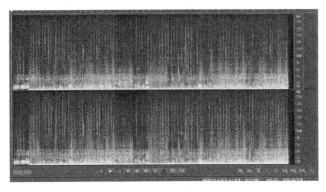

图 1-20　无损压缩的音频频率分布

（3）几个关键概念。

① 320K。即指位速为 320Kbit/s 的 MP3 音乐，表示音乐播放时的比特率。人类听到音频的频响范围是 20~20000Hz，320Kbit/s 正是去除了低于 20Hz 和高于 20000Hz 的频响范围，保留了人类能听到的频响范围内的音乐。一般 MP3 的码率是 128Kbit/s，最高质量为 320Kbit/s，如图 1-21 和图 1-22 所示。

图 1-21　320K MP3 的频率分布

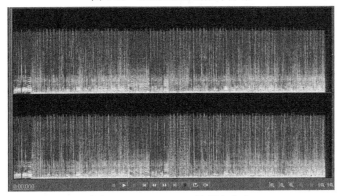

图 1-22　128K MP3 的频率分布

动态比特率的 MP3，平均码率为 138Kbit/s，16kHz 以上的高频部分几乎没有信息了，16kHz 之下的频段也有空洞，而网上的定值 128Kbit/s 频段缺失将更严重。

②码率。码率的单位是 bit/s（bits per second），即比特率、比特/秒、位/秒、每秒传送位数，是数据传输速率的常用单位。在数据传输中，数据通常是串行传输的，即一比特接一比特地传输。数据速率的单位是 bit/s，含义是每秒串行通过的位数。一首四分钟的 320Kbit/s 的歌曲的文件大小是（320/8）KB×60s×4=9600KB=9.375MB。

③立体声。立体声，就是指具有立体感的声音。立体声源于双声道的原理，立体声和双声道不算一个概念，但属于因果关系。立体声一般指双声道立体声，即能够通过两个扬声器表现出声音的方向和深度，从而让听众获得更真实的声场感受。与单声道相比，立体声有如下优点：具有各声源的方位感和分布感；提高了信息的清晰度和可懂度；提高节目的临场感、层次感和透明度。

④环绕声。双声道立体声只能再现一个二维平面的空间感，并不能产生置身其中的现场感。环绕声就是在重放中把原信号中各声源的方向再现，使欣赏者有一种被来自不同方向的声音包围的感觉。环绕声是立体声的一种。环绕声属于球面立体声，至少要有三个声道，并且听众必须处于各声道的发声点包围之中。除了听众前方"左-中-右"三声道外，其他的声道一般称为环绕声道，但是在 7.1 以上声道环绕声中，左中和右中声道不称为环绕声道，环绕声系统 7.1 如图 1-23 所示。

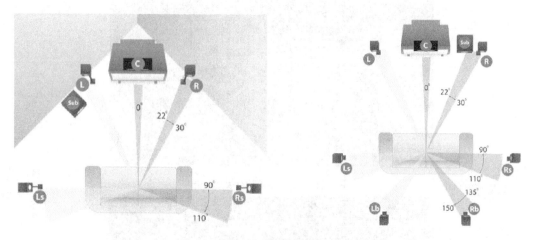

图 1-23　环绕声系统 7.1

⑤全景声。全景声由杜比实验室研发，于 2012 年 4 月发布全新影院音频平台。它突破了传统意义上 5.1、7.1 声道的概念，能够结合影片内容，呈现出动态的声音效果。不同于以往一路音频信号控制影院中一侧音箱发出相同的声音，它可以使一侧的多个音箱逐个发出不同声响，更真实地营造出由远及近的音效；配合顶棚加设音箱，实现声场包围，展现更多声音细节，提升观众的观影感受，全景声系统 Auro 11.1 如图 1-24 所示。

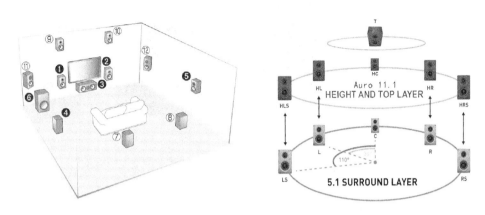

图 1-24　全景声系统 Auro 11.1

3）视频的基本属性

视频，本质上就是动态图像，是一组图像按时间顺序的连续展示。它利用人眼视觉暂留的原理，通过播放一系列的图片，使人眼产生运动的感觉。

（1）视频的基本概念。

①帧。一段视频中的每一幅图像称为一帧。根据视觉暂留原理，要使人的视觉产生连续的动态感觉，每秒钟图像的播放帧数要在 24~30 帧，如图 1-25 所示。

图 1-25　电影胶片的播放速率是 24 帧/秒

②扫描方式。电信号是一维的，而视频图像是二维的，把二维的视频图像转换为一维电信号是通过光栅扫描实现的。电视摄像机的作用就是将视频图像转换为电信号。传送电视图像时，将每幅图像分解成很多像素，按照一个一个像素、一行一行的方式顺序传送或接收。扫描行数（扫描分辨率）越多，电视清晰度越高。

隔行扫描：每一帧由两次扫描完成，即奇数场和偶数场。目前的电视系统大都采用隔行扫描方式，因为隔行扫描能节省频带，且硬件实现简单，如图 1-26 所示。

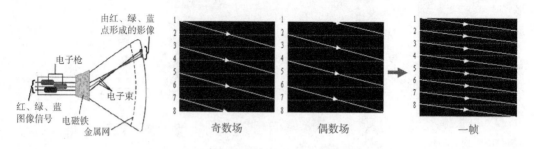

图 1-26　模拟电视的隔行扫描方式

逐行扫描：每一帧由一次扫描完成。逐行扫描能获得更好的图像质量和更高的清晰度，但是是以增加带宽和成本为代价的。

③场频。场频，就是屏幕刷新频率，又称为垂直扫描频率。场频越高，闪烁越不明显。规定 85Hz 逐行扫描为无闪烁的标准，现在已达到 100Hz。

对于传统显示器来讲，刷新频率越低，图像闪烁和抖动得就越厉害，眼睛疲劳得就越快，有时会引起眼睛酸痛、头晕目眩等症状，特别是设置为 60Hz 时。这是什么原因呢？因为 60Hz 正好与日光灯的刷新频率相近，当显示器处于 60Hz 的刷新频率时，会产生令人难受的频闪效应。当采用 70Hz 以上的刷新频率时，可基本消除闪烁，如图 1-27 所示。

图 1-27　屏幕刷新频率的设置

对于液晶显示器（LCD）来说，因为工作原理的不同，不存在刷新率的问题，它根本就不需要刷新。因为 LCD 中每个像素都在持续不断地发光，直到不发光的电压改变并被送到控制器中，LCD 不会有"不断充放电"而引起的闪烁现象。液晶显示器设置为 60 即可。

④行频。行频，就是水平扫描频率，即电子枪每秒在屏幕上扫描过的水平线数量。在 PAL（Phase Alternating Line）制式下，扫描方式为隔行扫描，理论意义上的场频计算公式为

$$理论行频=垂直分辨率×场频/2$$

此时的场频是 50 场/秒,以标清 SDI 信号 625 行的垂直分辨率计算,理论行频=625×50Hz/2=15625Hz。

在 PAL 制式下,扫描方式为逐行扫描,理论意义上的场频计算公式为

$$理论行频=垂直分辨率×帧频$$

此时的帧频是 25 帧/秒,在现实情况中,实际行频=垂直分辨率×(1.04-1.08)×刷新率。

⑤带宽(bandwidth)。带宽是每秒电子枪扫描过的总像素数,其计算公式为

$$理论带宽=水平分辨率×垂直分辨率×帧频(屏幕刷新率)$$

在 PAL 制式下,以标清 SDI 信号 25 帧/秒、625 行的垂直分辨率计算,其理论带宽=625×(4/3)×625×25=13020833.3=13(MHz)。

在实际情况下,为了避免图像边缘的信号衰减,保持图像四周清晰,电子枪的实际扫描范围是要大于分辨率尺寸的,在水平方向通常要大 25%左右,垂直方向要大 4%~8%。

实际视频带宽=(水平分辨率×1.25)×(垂直分辨率×(1.04-1.08))×帧频(刷新率)

对于电视而言,其本质是用电子手段把动态影像传播到远处供人观看。中间播送环节所允许的清晰度,决定了电视观看效果的清晰度,即电波信道带宽是决定清晰度的瓶颈。电视清晰度标准的制定,充分考虑了观众的观看需要、带宽资源的占用以及某一频段所能容纳电视台的数量。第二次世界大战后美欧最终确定甚高频(VHF)、特高频(UHF)频道信道带宽为 6~8MHz,扫描线为 526~625 行。

对于计算机显示器而言,宽的带宽能处理的频率更高,图像质量自然也更好。专业的显示器和一般应用的显示器其带宽的差距是巨大的,带宽越高,显示器的价格也越贵。一般来说,可接受带宽的简单公式为:可接受带宽=水平分辨率×垂直分辨率×最大刷新频率×1.5。

例如,一台显示器支持 800×600×85Hz,那么它的带宽就是 800×600×85Hz×1.5=61.2MHz;另一台显示器支持 1024×768×85Hz,那么它的带宽就是 1024×768×85Hz×1.5=100.2MHz。而一些高水准显示器的带宽更是高达 300MHz 以上。

⑥彩色电视信号的制式。电视信号的标准称为电视的制式,目前有 PAL、NTSC 和 SECAM 三种制式,主要区别在于刷新速度、颜色编码系统、传送频率等。不同制式的电视机只能接收和处理其对应制式的电视信号,彩色电视信号制式对比表如表 1-4 所示。

表 1-4　彩色电视信号制式对比表

项目	NTSC 制式	PAL 制式	SECAM 制式
帧频/Hz(传送频率)	30	25	25
行数/帧	525	625	625
亮度带宽/MHz	4.2	6	6
场频/Hz(刷新频率)	60	50	50
扫描方式	隔行扫描	隔行扫描	隔行扫描
使用国家	美国、日本、其他国家	中国、西欧	法国、俄罗斯、东欧

⑦视频的技术类型与应用。视频的技术类型按信号组成和存储方式的不同，分为模拟视频与数字视频。模拟视频是由连续的模拟信号组成的图像序列，数字视频是一系列连续的数字图像序列。

数字视频有着广泛的优点，如便于存储和传输、适合于网络应用，抗干扰能力强、再现性好，便于计算机编辑处理，增加交互性等。数字视频的应用领域，涵盖广播电视，包括地面、卫星电视广播、有线电视（CATV）、数字视频广播（DVB）、交互式电视（ITV）、高清晰度电视（HDTV）；通信，包括可视电话（videophone）、视频会议（videoconferencing）、视频点播（VOD）等；个人娱乐领域，如 VCD、DVD、电视购物、家庭摄像、视频游戏等。

（2）数字电视的基本参数。

①基本定义。数字电视（DTV）：指从电视节目采集、录制、播出到发射、接收全部采用数字编码与数字传输技术的新一代电视技术。它可以划分为 3 大部分：信源部分（发送端）、信道部分（传输/存储过程）和信宿部分（接收端）。根据图像比特率的大小，数字电视可分为标准清晰度数字电视（SDTV）和高清晰度数字电视（HDTV）。

②基本参数。分辨率：HDTV 画面水平和垂直的像素数差不多是常规系统的两倍。垂直方向的高清晰度是由 1000 多行的扫描线获得的，需要传统的 5~8 倍的视频带宽。宽高比：HDTV 画面的指定宽高比为 16：9=1.777，这有别于 SDTV 的 4：3=1.333。

③色彩模型。PAL 彩色电视制式中，采用 YUV 模型来表示彩色图像，即视频格式都是 YUV 信号，而不是 RGB。了解 YUV 分量是了解视频格式的基础。YUV 有三个分量，即 Y 分量、U 分量和 V 分量。Y 是亮度分量；U 和 V 是两个代表颜色的分量，它们分别代表红色减去亮度的差和蓝色减去亮度的差；Y 分量与 U 和 V 分量可以经过"运算"转换还原出 RGB 分量。YUV 分量的做法，优点是将亮度信号与色差信号分离，其根本原因在于人眼对亮度的敏感大于色度，可以通过损失部分色度信息达到节省存储空间，减少芯片计算处理的数据量的目的。而 RGB 信号的任意一个分量一旦有损失，将会造成画面缺失，乃至难以弥补的损失，YUV 分量的分解示意图，如图 1-28 所示。

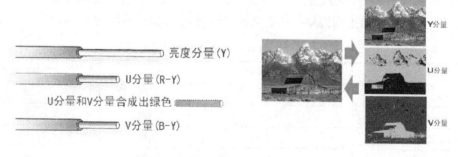

图 1-28　YUV 分量的分解示意图

显示器采用 RGB 模型，因此需要把 YUV 彩色分量值转换成 RGB 值。RGB 和 YUV 的对应关系近似地表示为　Y=0.299R+0.587G+0.114B，U=-0.169R-0.331G+0.5B，V=0.500R-0.419G-0.081B。可见，在上述公式中，不同颜色的权重系数是不同的，绿色最多，其次是红色，最后是蓝色。其根本原因在于人眼对绿色的敏感大于红、蓝色，可以达到优化信息的目的。

④彩色电视的视频接口。电视接收机能够将所接收到的高频电视信号还原成视频信号和低频伴音信号，并能够在其荧光屏上重现图像，在其扬声器上重现伴音。目前常见的数字接口有分量视频信号接口和数字视频信号接口。

分量视频信号，是把每个基色分量作为独立的电视信号，每个基色可以分别表示为 Y、U、V，在近距离传输时能保证视频信号质量。YUV 分量有两种标示方法：一种称为 Y Pb Pr，另一种称为 Y Cb Cr。VCD、DVD、电视机等都带有分量视频信号，如图 1-29 所示。

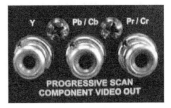

图 1-29　分量视频信号接口

高清晰度多媒体接口（High Definition Multimedio Interface，HDMI），是数字化的视频和音频信号，是目前少数能够同时传输未压缩高清视频和未压缩多通道音频的接口，HDMI、三种类型数据线如图 1-30 所示。

图 1-30　HDMI、三种类型数据线

和 HDMI 一样，Display Port 也允许音频与视频信号共用一条线缆传输，支持多种高质量数字音频。但比 HDMI 更先进的是，Display Port 在一条线缆上还可实现更多的功能，如图 1-31 所示。

图 1-31　Display Port 和数据线

⑤数字视频的采样规格与压缩编码。视频数字化是将模拟视频信号经过模数转换和彩色空间变换，并经编码使其变成计算机可处理的数字信号。视频图像既是空间的函数，也是时

间的函数，所以其采样方式比静态图像的采样复杂得多。其基本过程包括采样、量化、编码和压缩等几个过程。

采样是计算处理感光器件（CCD）信息并生成画面"采样格式"的过程。采样是由摄像机的"图像处理器"（image processor）负责的。采样就像一把"筛子"，这把筛子的"筛孔数量"就决定了输出画面的像素。假如筛子有 1920×1080 个筛孔，那么"筛"出来的画面就是 1920 像素×1080 像素。如果筛子是 1280×720，出来的画面就是 1280 像素×720 像素。"筛孔数量"的专业称呼是"采样率"（sampling rate）。采样类型分为 RGB 采样和 YUV 采样，后者产生了相应的 YUV 视频分量信号。

奈奎斯特采样定理规定，采样频率必须大于或等于信号最高频率的两倍，实际操作中一般要求为 2.2 倍。彩色电视信号的上限频率为 6MHz（PAL 制式），因此要求采样频率为 13.2MHz 以上，现实中经常采用 13.5MHz。国际电信联盟（ITU）建议的分量编码标准的亮度采样频率为 13.5MHz，色度信号为 6.75MHz。

采样得到的是隔行样本点，要把隔行样本组合成逐行样本，然后进行样本点的量化，再将 YUV 转换到 RGB 色彩空间，才能得到数字视频数据。采样是把模拟信号变成时间上离散的脉冲信号，其具体规格不同，有 4∶4∶4、4∶2∶2、4∶1∶1 和 4∶2∶0 等采样规格。采样规格虽然不尽相同，但在亮度上的采样是一致的，没有任何损失。在色度采样上，4∶2∶2 损失了 50%的色度信息，4∶1∶1 损失了 75%的色度信息。4∶2∶0 其本质上是 4∶1∶1，也损失了 75%的色度信息，如图 1-32、图 1-33 所示。

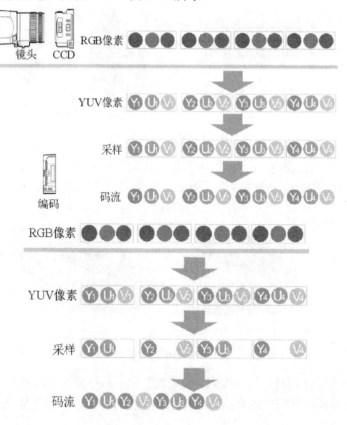

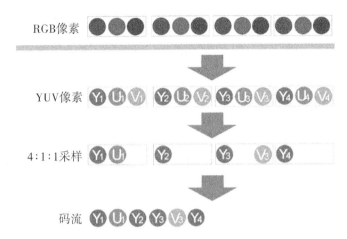

图 1-32　4：4：4 的原始采样、4：2：2 的半损采样、4：1：1 的多损采样

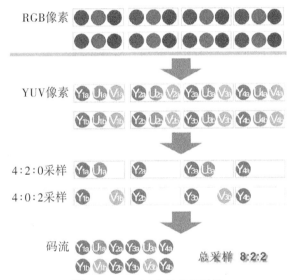

图 1-33　4：2：0 的多损采样

量化则是进行幅度上的离散化处理。量化位数越多，层次就分得越细，但数据量也成倍上升。量化的过程是不可逆的，这是因为量化本身给信号带来的损伤是不可弥补的。一般现在的视频信号均采用 8bit、10bit，在信号质量要求较高的情况下采用 12bit 量化。采用 8bit 量化，未经压缩的数据量，对比如下：4：4：4 的采样量化为 40.5MB/s，4：2：2 的采样量化为 27MB/s。

以 4：2：2 采样为例，亮度信号的取样频率是 13.5MHz，两个色差信号的取样频率是 6.75MHz，如每样值采样 8bit 量化，则总码率为 13.5×8+6.75×8×2=216（Mbit/s）。在我国数字高清电视采样中，亮度信号的取样频率是 74.25MHz，两个色差信号是 37.125MHz，采用 10bit 量化，传输总码率高达 1.485Gbit/s。

可见，对 RGB 信息进行采样后，YUV 分量信息的数据依然十分庞大，因此，必须对视频进行压缩。采样、量化后的信号转换成数字符号才能进行传输，编码与压缩的过程是同步进行的，这一过程称为编码。数据压缩后，SDTV 的码率可从 216Mbit/s 降到 8.44Mbit/s，仅为之前的 3.7%。

　　信息压缩编码就是从时间域、空间域两方面去除冗余信息，将可推知的确定信息去掉。视频编码技术的国际规范主要包括 MPEG 与 H.26x 标准，编码技术主要分成帧内编码（信源编码）和帧间编码（信道编码），如图 1-34 所示。前者用于去除图像的空间冗余信息，后者用于去除图像的时间冗余信息。

　　数据压缩的核心是计算方法，不同的计算方法产生不同的压缩算法。一般根据不同的冗余类型，采用不同的编码方法即数据压缩算法。数据编码过程是将原始数据进行压缩，压缩编码后的数据有利于传输和存储；数据解码过程是将压缩数据还原成原始数据提供使用。编码和解码过程不应该产生很大损失，否则此算法不合理。压缩数据还原后，与原始数据一致，无损失，称为无损压缩编码。压缩后再还原的数据有损失，称为有损压缩编码。大多数图像、声音、动态视频等数据的压缩采用有损压缩，如图 1-35 所示。

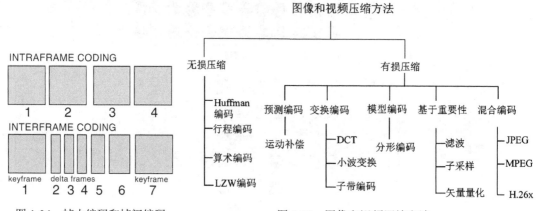

图 1-34　帧内编码和帧间编码　　　　　　　图 1-35　图像和视频压缩方法

　　（3）数字视频文件格式。为了适应存储视频的需要，人们设定了不同的视频文件格式来把视频和音频放在一个文件中，以方便回放。在高清视频编码格式方面，MPEG-2 TS、DivX、Xvid、H.264、WMV-HD、VC-1 等最为知名。编码与文件格式之间，存在着一定的对应关系。以下视频格式是较为常见的。

　　MPG：采用 MPEG 组织制定的视频压缩编码算法生成的视频文件，平均压缩比为 50∶1，最高可达 200∶1。VCD、SVCD、DVD 均采用 MPEG 视频标准。

　　AVI：微软公司推出的一种音频视像交插记录的数字视频文件格式。

　　MOV：Apple 公司在其生产的 Macintosh 机（后移植于 PC/Windows 环境）推出的视频格式，可以采用不压缩或压缩的方式。

　　RMVB：Real Networks 公司所制定的音频视频压缩文件格式，根据网络数据传输速率的不同制定了不同的压缩比率，能用于流媒体播放。

　　WMV：Microsoft 公司出品的视频格式文件，具有本地或网络回放、可伸缩的媒体类型、流的优先级化等特点。

6. 总结

本节介绍了图像媒体、声音媒体、视频媒体的基本属性及其格式等基础知识。

7. 课业

数字媒体的主要文件格式有哪些?

1.2　数字媒体设备的认识和操作

1.2.1　项目 1　数码单反相机的基本操作

1. 学习目标

通过本项目的学习, 了解数码单反相机的主要操作要领, 认识其获取图像素材的主要步骤。

2. 项目描述

数码相机是一种利用电子传感器把光学影像转换成电子数据的照相机, 按用途分为单反相机、微单相机、卡片相机、长焦相机和家用相机等。它是集光学、机械、电子一体化的产品。它集成了影像信息的转换、存储和传输等部件, 具有数字化存取模式、与计算机交互处理和实时拍摄等特点。

3. 项目分析

数码相机是集光学、机械、电子一体化的产品。它集成了影像信息的转换、存储和传输等部件, 具有数字化存取模式、与计算机交互处理和实时拍摄等特点。了解其工作原理, 掌握其使用方法, 学会利用其捕捉高质量的媒体素材, 在数字化工作流程中具有十分重要的意义。

4. 知识与技能准备

数码相机的工作原理和发展历史。

5. 方案实施

1) 数码单反相机的基本原理

数码相机是一种以数码方式记录成像的照相机。"单反"表明其取景方式为单镜头反光式 (Single Lens Reflex, SLR), 为当今最流行的取景系统。在这种系统中, 反光镜和棱镜的独到设计, 使得摄影者可以从取景器中直接观察到通过镜头的影像, 如图 1-36 所示。光通过①, 被②反射到⑤中; 通过一块⑥并在⑦中反射, 最终图像出现在⑧中; 当按下快门时,反光镜沿箭头所示方向移动，②被拾起，图像被摄在③与④上，与⑧上所看到的一致。因此，可以准确地看见感光器件捕捉到的影像，即前期取景与后期成像无视差的现象。

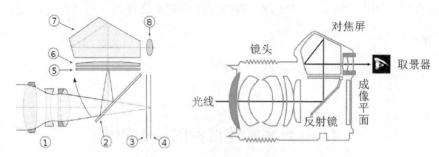

图 1-36　五棱镜取景原理示意图

①透镜；②反光镜；③CCD；④LCD；⑤磨砂取景屏；⑥凸透镜；⑦五棱镜；⑧取景框

先进摄影系统（APS）诞生于胶片时代，是一种胶片规格标准。APS 胶卷有 3 种尺寸——H、C、P。H 型是满画幅（30.3mm×16.6mm），长宽比为 16∶9；C 型则是在满画幅的左右两端各挡去一部分，长宽比为 3∶2（24.9mm×16.6mm）。P 型是满幅的上下两边各挡去一条，使画面长宽比例为 3∶1（30.3mm×10.1mm），称为全景模式。DSLR 开发人员借用了 APS 尺寸的概念，将配备了接近 C 尺寸的 22.5mm×15.0mm 或 23.6mm×15.8mm 感光元件的数码单反相机（DSLR）称为 APS-C 画幅。APS-H 型能够集成更多的像素，它的面积要比 APS-C 大一些，放大倍率也降低到 1.3 倍左右。该尺寸的感光元件被佳能生产的 CMOS（Complementary Metal Oxide Semiconductor）采用，其感光元件的尺寸为 28.7mm×19.1mm。全画幅指 DSLR 感光元件的实际尺寸和传统的 135 相机底片基本相同，为 36mm×24mm 工艺复杂顶级产品，如图 1-37 所示。

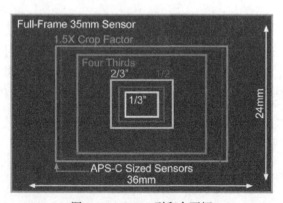

图 1-37　APS-C 型和全画幅

佳能 70D 是佳能于 2012 年 8 月发布的一款 APS-C 画幅的数码单反相机，定位是家用入门级。它借用了许多现有的佳能单反相机的最佳位，包括 EOS 7D 的自动对焦传感器，以及 EOS 700D 触摸屏和内置的 EOS 6D WiFi。下面以这一型号为例，介绍其基本操作，如图 1-38 所示。

图 1-38　佳能 70D 入门级单反相机

2）数码单反相机的基本操作

（1）模式转盘。佳能 70D 的整体设计布局，简单清晰，在顶部可以看到电源开关和模式转盘。它涵盖四种最常见的曝光模式，即程序模式、光圈优先、快门优先、手动模式。模式转盘可 360°自由旋转，中间有一个锁定按钮。SCN 位置整合了各种场景模式，还有为用户设置常用的快门、光圈、ISO 等数据的单一模式（C）。

场景智能自动（A+）：在该模式下，能自动分析场景并设定最佳设置，甚至可以自动调节对焦。

程序自动曝光（P）：相机自动确定快门速度和光圈值组合的拍摄模式。组合值的计算，是根据被摄体的亮度和使用镜头的种类进行的。该模式适合于日常抓拍与纪念照等，如图 1-39 所示。

图 1-39　场景智能自动和程序模式

光圈优先自动曝光（Av）：首先由拍摄者确定光圈值（拨动拨盘），然后再由相机根据该设置值自动决定快门速度。适于拍摄非运动被摄体，如拍摄人物与风光等，如图 1-40 所示。

快门速度优先自动曝光（Tv）：与光圈优先自动曝光相反，首先由拍摄者确定快门速度（拨动拨盘），然后由相机决定光圈值。适于需要在画面中表现动感时使用，如拍摄动物、流水等。

手动曝光模式（M）：由拍摄者根据自身判断确定快门速度和光圈值的拍摄模式。在使用大型闪光灯对光线进行调整的摄影棚和不希望受相机内置测光表影响的情况下使用，一般经常应用于夜景摄影和运动摄影，如图 1-41 所示。

图 1-40　Av、Tv 和 M 拍摄模式

图 1-41　液晶显示屏与曝光参数

　　B 门曝光：B 门是一种完全由摄影者所控制的快门释放方式，快门时间长短完全由摄影者按下快门的时间长短来决定，因此也称为"手控快门"。该模式适于拍摄夜景、烟火、天文以及需要长时间曝光的被摄体，如图 1-42 所示。

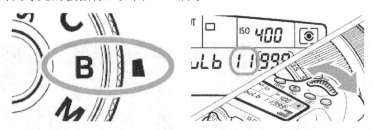

图 1-42　B 门与快速拨盘

　　（2）镜头与对焦。它搭载的是佳能 EF-S 18-200mm f/3.5-5.6 IS 镜头，实际焦距：f=18~200mm。其对焦点数是 19 点（全部为对应 F5.6 的十字型，中央为对应 F2.8 的双十字型自动对焦）。将镜头的白色或红色安装标志，与相机的相同颜色的安装标志进行对齐，按箭头所示方向转动镜头，直到其卡入到位。如需拆卸镜头，先按下镜头释放按钮，按箭头方向转动镜头即可，如图 1-43 所示。

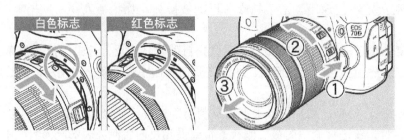

图 1-43　镜头安装与拆卸

镜头上的 AF 与 MF 切换按钮，可以在自动对焦与手动对焦之间进行切换。该款镜头还带有图像稳定器的功能，切换到 ON 的状态，可以校正相机抖动以拍摄更为清晰的影像，如图 1-44 所示。

图 1-44　对焦方式切换、防抖开关按钮

将数码相机的镜头切换到自动对焦 AF 模式下，按下 AF 按钮，借助于快速拨盘，选择需要的自动对焦模式，分别是单次自动对焦（ONE SHOT）、人工智能自动对焦（AI FOCUS）和人工智能伺服自动对焦（AI SERVO），如图 1-45 所示。

单次自动对焦为最常用的对焦方式，适合大多场合下的静止被摄体。人工智能伺服自动对焦是解决拍摄运动主体时，经常对不上的问题，开启后会自动跟踪来完成对焦。适合拍摄焦距不断变化的运动主体，多用于移动的物体，如昆虫、蝴蝶等。人工智能自动对焦是一种能切换自动对焦操作的对焦模式，即静止被拍摄体开始移动后，相机将从单次自动对焦切换到人工智能伺服自动对焦。

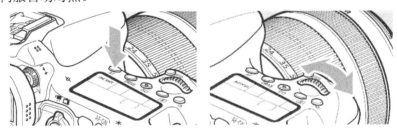

图 1-45　自动对焦 AF 模式选择、快速拨盘

在快门键旁边 70D 有一个对焦区域选择键，可以对相机自动对焦的区域进行快速选择，十分便捷，如图 1-46 所示。按下 AF-ON 按钮，将激活相机的自动对焦按钮。在"自动曝光锁/闪光曝光锁"按钮的旁边是 AF 点选择器，按下它可以轻松改变 AF 区域的模式，有点测、区域和全自动三种切换模式，如图 1-47 所示。

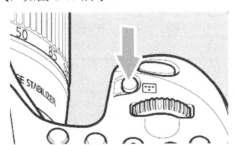

图 1-46　自动对焦 AF 按钮、自动对焦区域选择模式

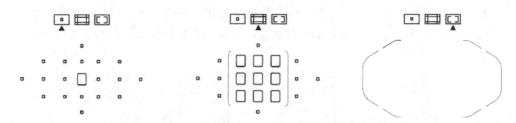

图 1-47　点测、区域自动对焦、19 点自动选择自动对焦

　　Canon 70D 在对焦系统上，大幅提升了对焦速度，同时降低了反复寻找焦点的可能性（也就是拉风箱现象），从而极大程度上提高了连续对焦性能，如图 1-48 所示。

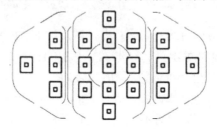

图 1-48　光圆与自动对焦点

　　（3）测光方式。目前大多数的数码相机都支持测光方式的选择，如图 1-49 所示。Canon 70D 所支持的测光有评价测光、局部测光、点测光、中央重点平均测光等，如图 1-50 所示。评价测光是一种最常见的测光方式，由相机自动判断画面的整体亮度情况，从而提供相应的曝光参数。局部测光偏重于取景器中央部分，即使是逆光条件下背景较亮时也十分有效。点测光仅测量画面中心很小的范围，把照相机镜头多次对准被摄主体的各部分，逐个测出其亮度，最后由摄影者根据测得的数据决定曝光参数。中央重点平均测光放在画面中央，约占画面的 60%，同时兼顾画面边缘。它可大大减少画面曝光不佳的现象，是目前单镜头反光照相机主要的测光模式。

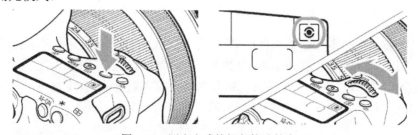

图 1-49　测光方式按钮与快速拨盘

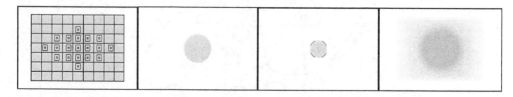

图 1-50　评价测光、局部测光、点测光与中央重点平均测光

（4）光圈、快门与感光度。光圈是控制通光面积，以便限制通过镜头的光线量的部件。光圈的大小一般用光圈系数进行衡量，通常标记为 F/2、F/4、F5.6、F8、F11、F16 等，如图 1-51 所示。

图 1-51　快速拨盘改变光圈参数

快门则是控制光线照射在感光器件上时间长短的部件。快门按钮有两级，半按快门是为了实现画面的对焦，全按则是释放快门，实现最终的感光成像，如图 1-52 所示。Canon 70D 可以连续不断拍摄 7 帧每秒（fps）的多达 65 张 JPEG 或 16 张 RAW。在快门优先 Tv、手动 M 等模式下，均可改变快门速度，如图 1-53 所示。

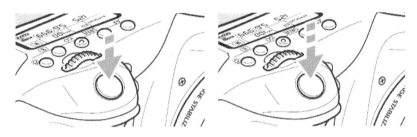

图 1-52　半按快门与全按快门

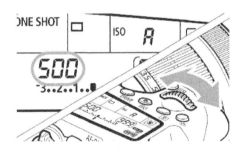

图 1-53　快速拨盘改变快门参数

它的标准感光度范围涵盖 100~12800，以及 ISO 25600 的扩展选项。按下 ISO 感光度按钮，转动速控转盘，可以快速设置具体的参数。通过调节 ISO 值，可以使 CCD 的感光敏感度改变，并且 ISO 越高，CCD 感光速度越快。也就是说，曝光量一定的条件下，ISO 越高，曝光需要的时间越短。一般而言，感光度（ISO）越高，相片的噪点越多，锐度下降，整体画质下降，如图 1-54 所示。

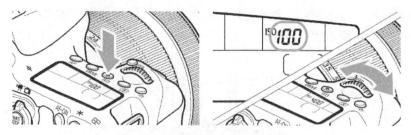

图 1-54　快速拨盘改变 ISO 参数

　　通过主菜单，可以手动设置 ISO 的感光度范围，在 100~12800 的范围内设定下限，在 200~25600 的范围内设定上限。当设定了自动 ISO 时，可以设定最低快门速度，其范围是 1/250~1s，以确保快门速度足够快，ISO 感光度设置如图 1-55 所示。

曝光补偿/AEB	-3..2..1..0..1..2.:3	ISO感光度设置	
ISO感光度设置		ISO感光度	自动
自动亮度优化		ISO感光度范围	100-12800
白平衡	AWB	自动ISO范围	100-6400
自定义白平衡		最低快门速度	自动
白平衡偏移/包围	0,0/±0		
色彩空间	sRGB		

图 1-55　ISO 感光度设置

　　（5）主菜单与多功能控制钮。Canon 70D 的主要参数绝大多数体现在主菜单中。按下 MENU 按钮，将显示菜单屏幕。借助于多功能控制钮和 SET 按钮，能灵活地选择菜单选项并进入设置，如图 1-56 所示。

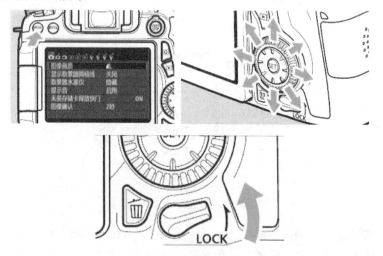

图 1-56　主菜单、多功能控制钮、锁定按钮

　　多功能控制器有一个 8 向控制转盘，可用于移动自动对焦点、导航菜单、滚动播放等功能。除了通常的左/右和上/下键，对角线也很灵活。将锁定按钮拨到锁定状态，可以防止速

控转盘、多功能控制钮等的误操作。

其中，较为常用的设置选项如下。

①图像画质设置。可以选择 JPG、RAW 等图像类型，其像素数差异较大。画质有压缩和原始之分，JPEG 中一共有八种设置，RAW 又有三种设置。RAW 保存了图像里的原始信息，将来可以借助于 Digital Photo Professional 等软件进行各种参数调整，进而输出为其他图像格式，图像画质设置如图 1-57 所示。

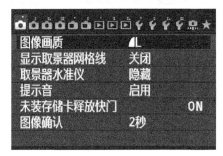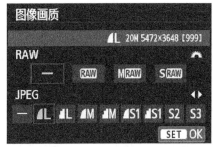

图 1-57　图像画质设置

②照片风格设置。照片风格是获取图像的整体特征，设为"自动"，色调将被自动调节以适应场景变化，对于自然界的景物刻画有较好的效果。设为"标准"，图像显得清晰明快。设为"人像"，能很好地表现肤色。设为"单色"，则能拍摄黑白照片。按下 Info 信息键，将可调整锐度、反差、饱和度、色调等参数。例如，锐度为 0，则轮廓柔和；设为 7，则边界锐利。反差为-4，则反差低；设为+4，则反差高。饱和度为-4，则饱和度低；设为+4，则饱和度高。色调为-4，则肤色偏红；设为+4，则肤色偏黄，如图 1-58 所示。

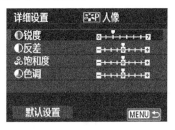

图 1-58　照片风格设置

③白平衡设置。白平衡就是数码相机对白色物体的色彩还原，可以根据不同的天气和不同的室内环境采用不同的白平衡模式。其目的是适应各种不同的光线条件，尽量使拍出照片的色彩与人眼看到的效果相一致，即真实还原度。在 MENU 中，可将白平衡设为自动白平衡（AWB）、日光、阴影、钨丝灯、荧光灯、闪光灯、自定义等模式，从而正确校正色彩，拍出具有自然色调的照片，如图 1-59 所示。在自定义模式下，可根据特定光源手动设置白平衡。其基本步骤是先通过取景器取景，拍摄一个无图案的白色物体，手动对焦并实现标准曝光；选择自定义白平衡模式；在回看该白色物体照片时，按下 SET 按钮，再单击"确认"按钮即可，如图 1-60 所示。

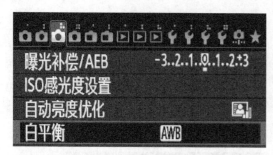

图 1-59　白平衡设置

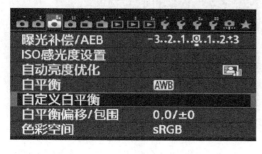

图 1-60　自定义白平衡设置

④曝光补偿。数码相机的测光曝光系统在处理图像时，有很基本的准则，就是将所有被摄对象都按照 18%的中性灰亮度来还原。在相机的感光系统中，无论对象原来是黑的还是白的，它都力争将其表现为中间影调的灰色。在实际拍摄时，仍然需要摄影者根据拍摄现场的复杂情况做出相应判断，只有这样才能够确保获得理想的密度和色彩还原。曝光补偿能使相机设定的标准曝光值更亮（+Ev）或更暗（–Ev）。在 P、Av、Tv 拍摄模式下，均可设置曝光补偿。其基本口诀是"白加黑减，遇强光减"，如图 1-61 所示。

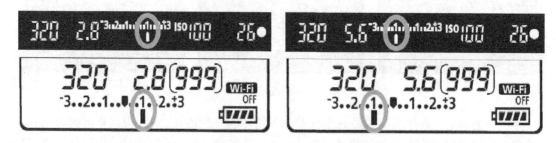

图 1-61　曝光正补偿和负补偿

拍摄对象比较重要的摄影，自己对曝光也确实难以把握的内容时，还可将相机调节到"包围曝光"模式（上下加减 Ev 值各一张），多拍摄几张后进行比较，这样更有把握得到真正意义上曝光准确的数码图像。进入主菜单，利用快速拨盘，可设置为包围曝光。需要注意的是，"包围曝光"需要与"连拍"功能配合使用，如图 1-62 所示。

 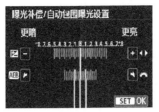 

图 1-62　自动包围曝光与液晶屏提示

⑤多重曝光。多重曝光（multiple exposure）是摄影中一种采用两次或者更多次独立曝光，然后将它们重叠起来，组成单一照片的技术方法。可以进行 2~9 次曝光拍摄以合成为一张照片，由于其中各次曝光的参数不同，所以最后的照片会产生独特的视觉效果。多重曝光功能需要事先启用，如图 1-63 所示，然后设置方法和次数、拍摄数量，如图 1-64 所示。在拍摄过程中，液晶屏上会显示剩余的曝光次数。最后，通过相机内的"选择要多重曝光的图像"按钮，进行多重曝光照片的合成，如图 1-65 所示。

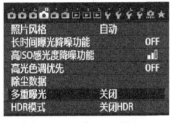

图 1-63　启用多重曝光

图 1-64　多重曝光控制方法和曝光次数

  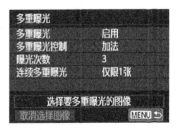

图 1-65　连续多重曝光、剩余曝光次数、选择多重曝光的图像

6. 项目效果总结

本项目介绍了数码单反相机的主要使用要领。

7. 课业

数码单反相机的主要拍摄模式有哪些？

1.2.2 项目 2 数字高清摄像机的基本操作

1. 学习目标

通过本项目的学习，了解数字摄像机的主要操作要领，从硬件设备的角度认识其获取视频素材的主要步骤。

2. 项目描述

数字摄像机是把光学图像信号转变为电信号，以便于存储或者传输的一体化设备，主要性能指标有信噪比、最低照度、灵敏度、解析力、几何失真、重合误差等。数字摄像机的主要用途是获取高质量的视频信息，为数字媒体处理提供原始素材。

3. 项目分析

数字摄像机采用先进的感光器，使图像细节更加清晰，更加细腻，可以录制高质量、高清晰的影像，可以降低开发成本，提高开发效率。可以保证"原汁原味"，播放录像的时候不降低图像质量。1080i 和 720p 都是在国际上认可的数字高清晰度电视标准。其中字母 i 代表隔行扫描，字母 p 代表逐行扫描，而 1080、720 则代表垂直方向所能达到的分辨率。

4. 知识与技能准备

数字摄像机的工作原理和主要用途。

5. 方案实施

1）数字摄像机的基本类型

数字高清摄像机，即可以拍摄高质量、高清晰影像的摄像机，拍摄出来的画面可以达到 720 线逐行扫描方式、分辨率 1280 像素×720 像素，或达到 1080 线隔行扫描方式、分辨率 1920 像素×1080 像素的数码摄像机。根据性能和用途的不同，可分为广播级、业务（专业）级和家用（民用）级。广播级主要用于高端电视台制作领域，可分为演播室型、现场节目制作和电子新闻采访用三种。根据制作方式的不同，摄像机可分为 ENG、EFP 和 ESP 三种，如图 1-66 所示。

ESP（Electronic Studio Production），即电子演播室制作，主要是指演播室录像制作。这种制作方式常用于演播室节目的制作中。特点是设备齐全，特技手段丰富，技术质量高，但手续烦琐，需要做大量的前期准备工作。

EFP（Electronic Field Production），即电子现场制作，它是将一整套设备连接为一个拍摄和编辑系统，进行现场拍摄和现场编辑的节目生产方式。常用于电视直播节目的制作以及文艺节目、体育节目的拍摄。特点是制作方便，现场感强，可以节省创作时间，但对编导的现场操控能力要求较高。

ENG（Electronic News Gathering），即电子新闻采集，这种方式，指的是使用便携式的摄像、录像设备，来采集电视新闻。通常用于新闻采集、纪实拍摄以及电视剧节目的制作中。特点是操作简单，灵活轻便，制作周期长。

ESP摄像机　　　　　　　EFP摄像机　　　　　　　ENG摄像机

图 1-66　　不同制作方式的摄像机

2）常见高清规格

第一代高清摄像机是记录在磁带上的，分为 DVCPRO HD 和 HDCAM。DVCPRO HD 即数字盒式录像带，由松下公司 1996 年在 DV 格式的基础上推出。HDCAM 即高清录像带，1997 年由索尼（Sony）推出，现多用于电视台节目录制。

XDCAM 为 Sony 在 2003 年所推出的无影带式专业录影系统，2003 年 10 月开始发售 SD 系统商品，2006 年 4 月开始发售 HD 系统。XDCAM 的前两代是 XDCAM 和 XDCAM HD。第三代 XDCAM EX，使用固态 SxS 记忆卡。

松下 P2 系列是一个不断发展的代表方向的专业广播电视产品体系，它利用固体存储器代替磁带记录影像。P2 含义是"专业的多媒体插件"（Professional Plug-in），即可插入的可移动闪存卡。P2 HD 是其高清升级版本，采用 100Mbit/s、4∶2∶2 高品质高清记录格式。

HDV 是由佳能、夏普、索尼、JVC 四大厂商推出的一种使用在数码摄像机上的高清标准。HDV 标准的目的是能开发准专业小型高清摄像机和家用便携式高清摄像机，使高清能够在更广的范围内普及。HDV 堪称便携高清领域的第一家族。

AVCHD 是索尼公司与松下电器（Panasonic）于 2006 年 5 月联合发表的高画质光碟压缩技术。AVCHD 标准基于 MPEG-4 AVC/H.264 视讯编码，支持 480i、720p、1080i、1080p 等格式，同时支持杜比数位 5.1 声道 AC-3 或线性 PCM 7.1 声道音频压缩。

3）数字摄像机的基本操作

随着数字摄影机全面替代胶片，在未来的节目制作中，制作者将根据节目的特点（是适合小画幅摄像机抓拍为主的新闻、纪录片，还是适合大画幅摄影机营造画面表现力的电影、电视剧、广告、MV、形象宣传片）、节目的预算和发布方式（影院大银幕放映、电视台高清频道放映、电视台标清频道放映、网络视频分享、手机视频发布），去选择不同档次的拍摄设备。

在形形色色的数字摄像机中，索尼的产品系列十分完整。下面以索尼 PMW-EX1 为例，介绍其基本操作，如图 1-67 所示。PMW-EX1 采用 3 片 1/2 英寸 Exmor CMOS 成像器件，是目前世界上首款使用 1/2 英寸成像器件的手持式摄录一体机，可实现惊人的 1920×1080 全高清图像记录。采用业界标准的 MPEG-2 长 GOP 压缩编码方案，实现高质量、高效率、长时间的记录。采用新一代半导体固态存储媒体 SxS 存储卡，存储高清视音频数据，数据读取速率最高可达 800Mbit/s。

图 1-67　索尼 PMW-EX1

（1）准备工作。

①电池安装拆卸与开机，如图 1-68 所示。

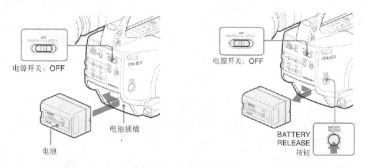

图 1-68　拆装电池

②打开 LCD 取景器和 EVF 电子取景器，如图 1-69~图 1-71 所示。

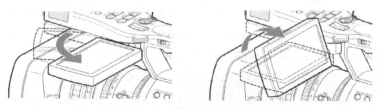

图 1-69　折叠 LCD 取景器

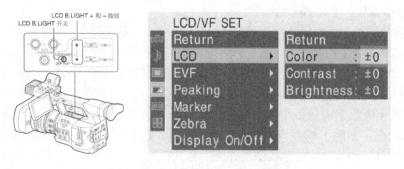

图 1-70　LCD 的背光和色彩设置

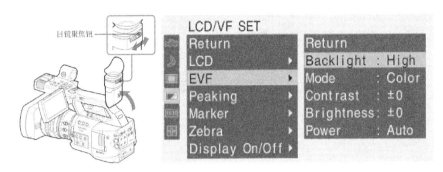

图 1-71　EVF 的参数设置

③插入存储卡。双存储卡插槽设计，可以在正常录制过程中切换，如图 1-72 所示。

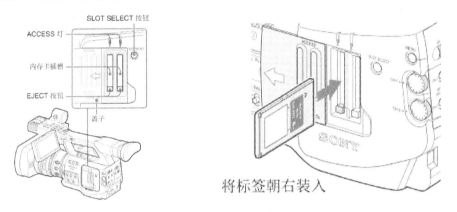

图 1-72　存储卡的拆装

④快速上手步骤，如图 1-73 所示。

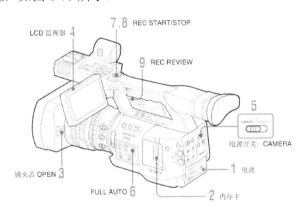

图 1-73　快速上手步骤

（2）高级设置。

①操纵杆、快速拨盘（搜索轮）、主菜单、快捷菜单。

选择 MENU 下 OTHERS 的快捷菜单 Direct Menu，从中可以设置菜单的显示方式。其中，

All 允许所有快捷菜单操作。Part 允许部分快捷菜单操作，但是可能有部分限制。OFF 则不允许快捷菜单操作，操纵杆和 LCD 上的参数显示如图 1-74 所示。

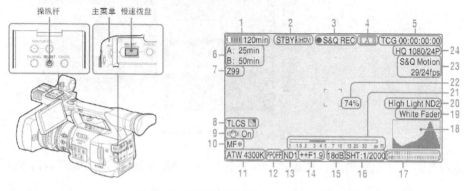

图 1-74　操纵杆和 LCD 上的参数显示

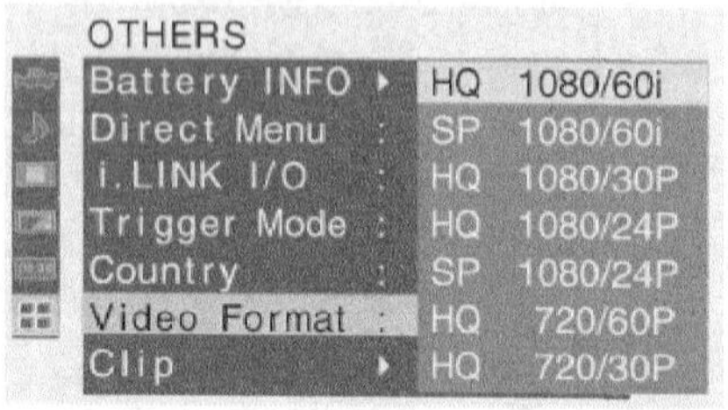

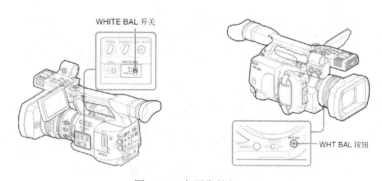

图 1-75　视频格式设置

②画质设置。PMW-EX1 出厂时的默认设置为 HQ 1080/60i 模式，如果需要使用 24P 模式进行拍摄，首先将视频格式设置为 HQ 1080/24P。

将 PMW-EX1 设置为摄像机模式，然后按下 MENU 按键。

使用操纵杆或搜索轮选择 OTHERS，然后选择在视频格式菜单中选择 HQ 1080/24P 模式，如图 1-75 所示。

③白平衡预置调节。白平衡预置功能可让摄影师对色彩平衡进行精确的调整。白平衡调整的目的是使画面中白色的物体看起来更像白色，但是这可能不是摄影师需要的效果。例如，希望让日落的景色具有暖色效果。这时，白平衡预置功能就可以让画面展现出需要的氛围效果，如图 1-76 所示。

图 1-76　白平衡按钮

在白平衡开关中，A 是指存储器 A 模式，B 是指存储器 B 模式或自动白平衡（ATW），PRST 则指预设模式。与此同时，在 LCD 屏幕的左下角会显示当前白平衡的设置信息。白平衡的预置参数可以调节，其基本步骤如下。

a. 在 picture profile 编号中选择 PP1。

b. 选择 SET，显示设置项目。

c. 将"白平衡预置调节"设为 ON。

d. 将"偏移〈A〉""偏移〈B〉"或"偏移〈ATW〉"在 -99~+99 的范围内进行设置。

④光圈调节。光圈 IRIS 在光学系统中称为虹膜，指镜头内部用来控制阑孔大小的机械装置。摄像机的光圈有自动和手动两挡。自动光圈主要用于抢拍时使用，它的平均值可以通过菜单调整，加减 0.5~1 挡的自动光圈量。它使用起来方便，但不准确。不太紧急的情况下，提倡使用手动挡，它配合瞬时自动按钮测光，曝光比较准确，光圈开关、光圈环与光圈参数如图 1-77 所示。

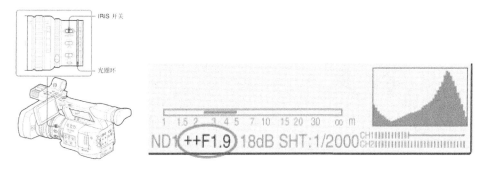

图 1-77　光圈开关、光圈环与光圈参数

⑤快门调节。电子快门（electronic shutter）是比照照相机的机械快门功能提出的一个术语，它相当于控制 CCD 图像传感器的感光时间。CCD 感光的实质是信号电荷的积累，感光时间越长，信号电荷的积累时间就越长，输出信号电流的幅值也就越大。当电子快门关闭时，对于 NTSC 摄像机，其 CCD 累积时间为 1/60s；对于 PAL 摄像机，则为 1/50s，快门开关与参数设置如图 1-78 所示，快门速度显示如图 1-79 所示。

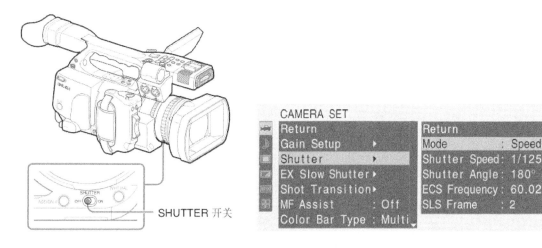

图 1-78　快门开关与参数设置

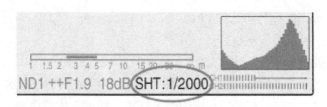

图 1-79　快门速度显示

⑥变焦操作。变焦操作的开关和调节设置如图 1-80 所示。

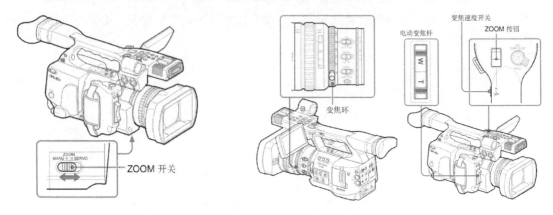

图 1-80　变焦操作的开关和调节设置

　　将对焦环向后拉，即靠向摄像机机身的位置，可将摄像机设置为 FULL MF 模式，它只可以通过对焦环进行手动调焦。向前滑动对焦环，并将对焦按钮切换到手动，可设置为 MF 模式。注意该模式下 FULL AF 下辅助按钮的使用。向前滑动对焦环，并将对焦按钮切换到自动，可设置为 AF 模式，如图 1-81 所示。

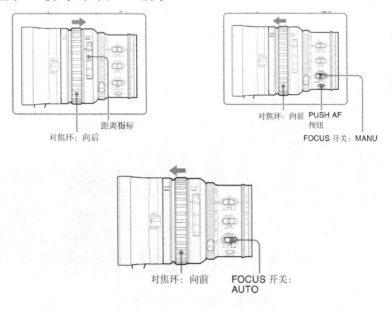

图 1-81　三种对焦模式：全手动 FULL MF、手动 MF 和自动 AF

　　扩展聚焦按钮通过在 LCD 上勾勒物体边缘的方式，显示所拍摄的物体何时处于焦点中。一键自动对焦 PUSH AF 功能在按下按钮时，在手动模式中启动 AF 功能。这一功能为手动聚焦提供了便利的支持。按下峰值按钮后，该项功能将被激活，此时将会在 LCD 或 EVF 取景器上，突出显示图像的轮廓，使得手动对焦更加容易，如图 1-82 所示。

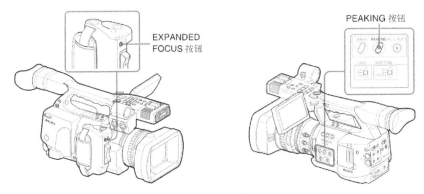

图 1-82　辅助对焦按钮

　　⑦剪辑回放。即时回放与剪辑回放如图 1-83 所示。

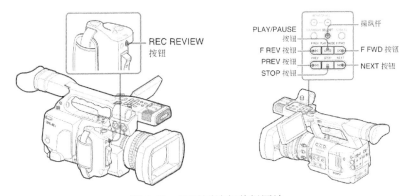

图 1-83　即时回放与剪辑回放

（3）其他辅助功能。

　　①防抖与降低闪烁。激活防抖功能，可以降低摄像机抖动产生的图像模糊，该设置可通过搜索杆打开。而闪烁降低功能，主要是将帧速率设置为该地区的电源频率，如图 1-84 所示。

使用闪烁降低功能

将 CAMERA SET 菜单的"Flicker Reduce"（闪烁降低）设置为"Auto"或"On"，然后根据电源频率设置"Frequency"（50 Hz 或 60 Hz）。

图 1-84　消除抖动和降低闪烁

②ND 滤镜调节。ND 镜，又称为中灰密度镜，其作用是过滤光线。这种滤光作用是非选择性的，起到减弱光线的作用，而对原物体的颜色不会产生任何影响，因此可以真实再现景物的反差。主要有三挡开关：OFF、1 挡和 2 挡，如图 1-85 所示。

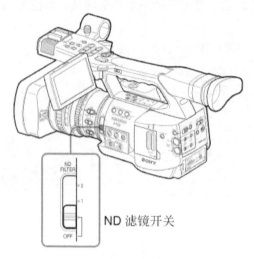

图 1-85　ND 滤镜开关

③显示斑马彩色条纹。打开"斑马纹"（ZEBRA）开关，使寻像器中出现"斑马纹"，根据"斑马纹"提示调整光圈就可获得合适的曝光值。"斑马纹"出现的地方接近过曝光，就要考虑减小光圈或其他办法，使画面曝光准确，斑马纹按钮及其设置如图 1-86 所示。

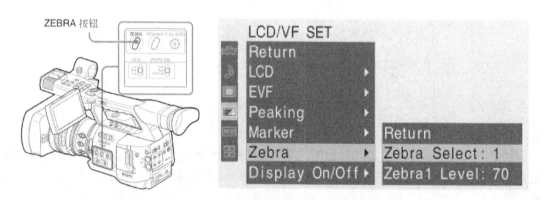

图 1-86　斑马纹按钮及其设置

④电子增益。摄像机拍摄需要一定量的光线才能工作成像。当光线不足时，摄像机就不能获取足够的光线信息来成像。对采集的光线信息进行增强处理，这就是增益，也就是提高摄像机的感光度。专业摄像机往往有高、中、低三挡增益设置，分别用 H/M/L 来表示。提高增益能够在光线不好时进行摄像，但同时也有带来画面质量明显下降的弊病，增益开关及其设置如图 1-87 所示。

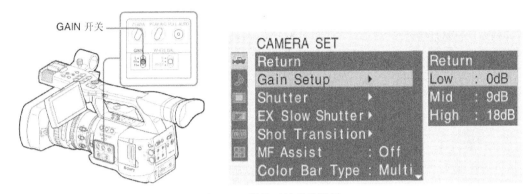

图 1-87　增益开关及其设置

（4）特殊拍摄模式。正常电影拍摄（24fps，25fps 或 30fps）是指胶片电影拍摄中采用的速度，数字摄像机可以以 24fps 的速度摄像。注意 25fps 和 30fps 是电视广告、音乐视频编辑和视频媒体的制作中采用的标准帧速。

①慢&快动作拍摄功能。当一个短片拍摄时，使用 60i 格式，以每秒 30 帧的速率进行拍摄和播放，球拍和它击打羽毛球时，看起来都是正常的速度。但当使用"慢&快动作"功能的时候，摄像机以每秒 48 帧的速度进行拍摄，以每秒 24 帧的速度播放时，就获得了慢动作效果。这时候模特的动作就会显得非常突出，球拍的运动弧线和击球的动作也显得更有力，更具动感。所以说，高速拍摄产生慢动作效果。这对于追车或撞车等激烈动作场景的拍摄，或者创造场景中的戏剧化视觉效果特别有效。慢速拍摄可以获得快动作的效果。这种技术可以与加快速度效果相结合，来特别强调流水、快速移动的云彩等。基本步骤如下。

a．将 PMW-EX1 设为摄像机模式，按下菜单（MENU）按键。

b．使用操纵杆或搜索轮选择 OTHERS，然后选择视频格式。若需使用慢动作&快动作进行记录，必须选择一个 HQ 逐行视频格式（如 HQ 1080/24P）。

c．使用搜索轮或操纵杆选择摄像机设置，然后选择快&慢动作（S&Q Motion）。

d．将设置放在 On 的位置，在 1~60 选择帧率。根据所选视频格式的不同，帧速率范围也不相同。通过改变帧速率，也可以获得快动作效果。

②定格动画的制作——帧记录功能。帧记录又称间隔记录：以设定的间隔（1s、10s、30s、1min 和 2min）每次记录 1 帧图像。"定格动画"是一种让物理对象，如木偶或泥塑，呈现出活动影像的特效。这个对象在两个单独的镜头帧之间移动或重建，当这些帧以连续的顺序播放时，就出现了目标对象在移动的假象。使用数码相机时，可使用专门的软件进行画面的动画效果制作。使用 PMW-EX1 时则不需要使用这种软件，使用它的帧记录功能就可轻松地制作定格动画。

首先按下记录按键，选择需要拍摄的视频帧数，接着安排希望拍摄的图形，开始记录，然后重新安排下一组镜头的图形。以上步骤重复进行，直到拍摄完成。拍摄结束后，可在液晶监视器上对动画效果进行重放并检查。基本步骤如下。

a. 将 PMW-EX1 设为摄像机模式，按下菜单（MENU）按键。

b. 使用操纵杆或搜索轮选择 OTHERS，然后再选择视频格式（视频格式设为 SP 1080/60i 或 SP 1080/50i、i.LINK I/O 关闭或视频格式为 SP 1080/24P 时均不可进行帧记录拍摄）。

c. 选择"摄像机设置"，随后选择"帧记录"。将设置设为 On，然后从 1、3、6、9 中设置帧数量（每个动画帧的帧数）。视频格式设为 HQ 720/50P 或 HQ 720/60P 时，帧数量，即每个动画帧的视频帧数可设为 2、6 或 12。

d. 退出菜单，按下"REC START/STOP（记录开始/结束）"按键，开始记录。

6. 项目效果总结

本项目介绍了数字摄像机的主要使用要领。

7. 课业

简述数字摄像机的成像原理与拍摄参数。

第 2 章　数字媒体素材的获取和利用

2.1　图像素材的获取和利用

2.1.1　项目 1　截图软件的基本应用

1. 学习目标

通过本项目的学习，学会利用截图软件捕捉图像素材，并对素材进行简单处理。

2. 项目描述

截图软件是获取图像素材的主要途径之一。它可以抓取全屏幕或局部的画面，还具备最常用到的基本图像处理功能。

3. 项目分析

Snagit 是一个非常优秀的屏幕、文本和视频捕获与转换程序。当前最新的版本是 12.4.1.3036。新版 Snagit 12 相比之前的 Snagit 11 在界面上有相当大的变化，风格扁平简约，快速轻巧，给人的感觉非常整洁。它可以捕获 Windows 屏幕、DOS 屏幕及电影、游戏画面和菜单、窗口、客户区窗口、最后一个激活的窗口或用鼠标定义的区域。图像可存为 BMP、PCX、TIF、GIF 或 JPEG 格式，也可以存为系列动画；使用 JPEG 可以指定所需的压缩级（从 1%~99%）等功能。此外，Snagit 保存屏幕捕获的图像前，可以选择是否包括光标、添加水印。另外还具有自动缩放、颜色减少、单色转换、抖动，以及转换为灰度级等功能；可以用其自带的编辑器 Snagit Editor 进行编辑；可以选择自动将其送至 Snagit 打印机，也可以直接用 E-mail 发送。

4. 知识与技能准备

图像的属性和基础知识；图像编辑器的使用方法。

5. 方案实施

1）Snagit 的安装和使用

安装注意事项：双击打开 Snagit 12 安装程序时，勾选"我同意"授权许可，在 Options 选项中设置安装目录和选项，如图 2-1 所示。安装完成后，会在桌面显示出一个浮动的快捷功能区，如图 2-2 所示。从左到右，分别是打开 Snagit 编辑器、开始新的捕获、其他选项和帮助，最下面的一行是查看配置文件。

图 2-1　Snagit 12 的安装选项提示界面　　　　　图 2-2　Snagit 的浮动快捷功能区

　　此外，在任务栏的右下角 Snagit 的图标处，右击也会弹出相应的快捷命令，如图 2-3 所示。当需要捕捉图像的时候，只需要按下 PrtSc 按键，就可实现对屏幕上任何位置处图像的捕捉，如图 2-4 所示。从左到右，分别是图像捕捉、视频捕捉、图像宽度、图像高度、重新选择、撤销。重新选择的意思是重新回到捕捉场景，撤销则意味着退出本次捕捉。

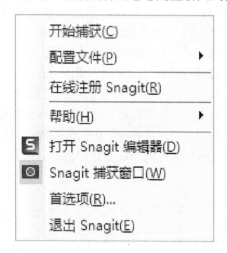

图 2-3　Snagit 的任务栏右键快捷菜单　　　　　图 2-4　即时图像捕捉

　　在捕捉状态下，可以移动、缩放捕捉区域的边框，下面的宽高分辨率会实时显示出来。关于捕捉图像的分辨率在此可以准确设定，如改成 400 像素×300 像素，上方的捕捉画面会立即作出响应，并允许用户移动捕捉区域，如图 2-5 所示。

图 2-5　在图像捕捉过程中重设分辨率

2）Snagit 编辑器的基本使用

单击捕捉对话框的小相机按钮，就会立即生成图像。此时，将进入 Snagit 编辑器界面继续编辑。新版的编辑器改进、增强和优化了很多功能，使得图片的注释和编辑更加方便快捷，注释图形更加现代化。在"工具"菜单的快捷图标中，能够快速添加箭头、图案、钢笔、突出区域、模糊区域、标注、线条、形状、填充、擦除、步骤等元素，从而极大丰富截图后的二次编辑和利用，如图 2-6 所示。

图 2-6　Snagit 编辑器的"工具"菜单

（1）选择——可以在画布上拖拉选择一个要移动、复制或剪切的区域。

（2）提示插图——可以添加一个包含文字的外形，如矩形、云朵等。

（3）箭头——添加箭头来指示重要信息。

（4）印章——插入一个小图来添加重点或重要说明。

（5）钢笔——在画布上绘制手绘线。

（6）高亮区域——在画布上绘制一个高亮矩形区域。

（7）缩放——在画布上左击放大，右击缩小。

（8）文字——在画布上添加文字说明。

（9）线——在画布上绘制线条。

（10）外形——绘制矩形、圆形和多边形等。

（11）填充——使用任意颜色填充一个密闭区域。

（12）抹除——类似于橡皮擦的功能，可以擦除画布上的内容。

在 Snagit 编辑器的"图像"菜单，可以对已经捕捉的图像进行裁剪、旋转、剪切、调整大小、修剪、设置画布颜色等，还可以实现褪色、撕边、鲨齿、卷页、斜面等边缘效果，增加边框、阴影、视角和剪切效果，设置灰度、水印、颜色、放大和变焦效果等，从而大大超越了传统截图软件的概念，而向更强大的图形图像领域开始新的探索，如图 2-7 所示。

图 2-7 Snagit 编辑器的"图像"菜单

（1）裁切——删除捕获中不需要的区域。

（2）切除——删除一个垂直或水平的画布选取，并把剩下的部分合而为一。

（3）修剪——自动从捕获的边缘剪切所有未改变的纯色区域。

（4）旋转——向左、向右、垂直、水平翻转画布。

（5）调整大小——改变图像或画布的大小。

（6）画面颜色——选择用于捕获背景的颜色。

（7）边界——添加、更改、选择画布四周边界的宽度或颜色。

（8）效果——在选定画布的边界四周添加阴影、透视或修剪特效。

（9）边缘——在画布四周添加一种边缘特效。

（10）模糊——将画布某个区域进行模糊处理。

（11）灰度——将整个画布变成黑白。

（12）水印——在画布上添加一个水印图片。

（13）色彩特效——为画布上的某个区域添加、修改颜色特效。

（14）滤镜——可以为画布上的某个区域添加特定的视觉效果。

（15）聚光和放大——放大画布选定区域或模糊非选定区域。

3）其他截图功能的使用

Snagit 是一个极其优秀的捕捉图形软件，和其他捕捉屏幕软件相比，它有以下两个特点。

（1）捕捉的种类多：不仅可以捕捉静止的图像，而且可以获得动态的图像和声音，另外还可以在选中的范围内只获取文本。

（2）捕捉范围极其灵活：可以选择整个屏幕、某个静止或活动窗口，也可以自己随意选择捕捉内容。其中，对于滚动页面的捕捉，是较为突出的功能。

打开"配置文件"→"管理配置文件"菜单，可以设置更为详细的捕捉方案，如图 2-8 所示。可以看到，它默认的捕捉方式是自由模式，单击下拉列表，可以设置区域、窗口、滚动、菜单、自由绘制、全屏等具体方案，还可以进一步进入高级选项，设置更特殊的捕捉方案，如图 2-9 所示。对于捕捉画面，可以包含光标，保持链接等。

捕捉完成后，执行"文件"菜单的"另存为"命令，可以保存为标准格式、SNAG 格式、PDF 格式、SWF 格式等。其中，SNAG 是 Snagit 所独有的格式，将来可以进行后期修改，如图 2-10 所示。除了捕捉图像外，Snagit 还允许捕捉视频，并增加了全新的视频修剪功能，允许从已捕获的屏幕录像中快速删除任何不需要的部分，无论是开始、中间或结束，以及任何需要修改的地方。

  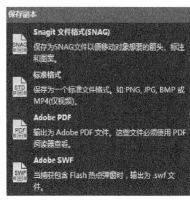

图 2-8 管理配置文件的参数设置　　图 2-9 图像捕捉的模式选择　　图 2-10 输出的文件格式

6. 项目效果总结

本项目介绍了屏幕截图软件 Snagit 的主要功能及其图像编辑器的使用。通过实际操作，应了解 Snagit 的功能特点，掌握运用 Snagit 来获取不同类型图像的操作方法，在实际生活中加以灵活运用。

7. 课业

Snagit 如何捕捉带有上下、左右滚动条的网页截图？

2.1.2 项目 2 利用 SmartDraw 制作流程图

1. 学习目标

通过本项目的学习，学会利用流程图软件制作专业图形，并实现快速的内容设计。

2. 项目描述

流程图制作软件是获取图像素材的主要途径之一。这一类软件操作简便，速度快，非常适合制作示意类流程图，带有大量模板，可以用来制作各种专业流程图等。

3. 项目分析

SmartDraw 是一款专业的图表制作软件。可以用它轻松制作组织机构图、流程图、地图、房间布局图、数学公式、统计表、化学分析图表、解剖图、树形图、网络图、工程用流程图、平面图、甘特图、表格、地图和其他表等类型。目前最新版本是 SmartDraw CI。

4. 知识与技能准备

图像的属性和基础知识；SmartDraw 的使用方法。

5．方案实施

1）SmartDraw 的安装和使用

SmartDraw 安装界面如图 2-11 所示，它采用完全不同的方法实现快速绘图。用户不需要从空白屏幕开始，因为可以从超过 30 种专业类别、成百上千的不同模板中选择，随带的图库里包含数百个示例、数千个符号和外形供直接套用，还可以去该公司的网站下载更多的符号和外形，然后用简单的命令来添加编辑内容即可，如图 2-12 所示。SmartDraw 更容易布局，让流程图看上去工整、严谨，不再需要花更多的时间在画布上排列、对齐那些形状和线条；只需要构思流程图模型以及希望展示出来的内容。可以说，SmartDraw 更为侧重于插图的最终结果，而不是绘制的过程。

图 2-11　SmartDraw 2013 的安装

图 2-12　SmartDraw 2013 的主要功能界面

SmartDraw 的操作非常简单，只要一拖一按等五个步骤便可制作出各种专业图。

（1）打开 SmartDraw 的视窗后，只要拖动工具列上的图形钮，就可新增图形。

（2）在任一图形上双击，就可输入文字。

（3）先在图形上单击就会在图形边缘出现黑色小点，在其上按住鼠标左键拖动，就可以做放大、缩小的动作，在内部的圈圈处做拖动的动作，就可以旋转该物件。

（4）在图形上右击就可弹出修改该图形的选单。

（5）在 Office 中插入 SmartDraw 的图形。

2）SmartDraw 的主要功能（以流程图为例）`

（1）流程图图标的样式和美化。

单击图 2-13 的 Flowchart 图标，进入流程图编辑模式。此时，在主编辑区上会默认创建一个圆角矩形的 Start 图标，该图标可以通过右击弹出的菜单，进行直接编辑或删除，如填充颜色，调整边界的宽度、颜色和样式，以及改变形状；双击可以修改上面的文字。还能将它拖动到屏幕的任意位置上，如图 2-14、图 2-15 所示。

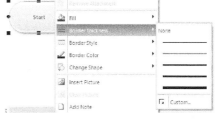

图 2-13　SmartDraw 2013 的模板库　　　　　图 2-14　对默认 Start 图标进行修改

图 2-15　默认的 Start 图标和修改后的开始图标

　　需要指出的是，在默认图标中内嵌了许多样式的定义，一旦对开始图标进行修改，会影响后续其他流程图的美观定义，如图 2-16 所示。当然，SmartDraw 的便利之处还在于，虽然图标的默认创建样式发生了变化，但随时都可以对其进行自定义的修改，且不会影响其他图标的样式。

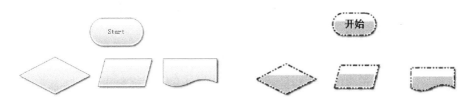

图 2-16　流程图的图标样式的继承（前后对比）

　　（2）丰富的流程图图表的创建和关联。

　　在 SmartDraw 左侧的面板库中，内置了 35 种最常用的流程图图标，任何一种图标都可轻易地单击选中，并直接拖动到主编辑区中。此时，处在编辑区中的图标本身，都是互相独立的，彼此没有任何联系，甚至可以互相叠加。一般的规律是后添加进来的图标叠加在前面的图标上面。要想给一个图标增加上/下或左/右一级的连接，应选择合适的 SmartDraw 面板的流程图标，然后单击 Add Left、Add Right、Add

图 2-17　为开始图标添加上、下、左、右

Above、Add Below 其中一个图标即可。应注意，当前选中并操作的图标是谁，SmartDraw 操作就会针对它展开，进而在正确的位置形成相应的连接，如图 2-17 所示。使用快捷键 Ctrl+方向键，可快速添加形状，并在相应的位置生成连接。

　　细心的读者会发现，"加左"图标的箭头指向 Start，这是由于 SmartDraw 作出的图必须有一个根图标决定的。此图中，"加左"图标是唯一的根图标。对于根图标而言，它只有输出没有输入。相应地，对于最末一级的图标，则只有输入，没有输出。对于中间的图标，则既有输入，又有输出。图 2-18 为扩展后的流程图，试着进行观察，哪个节点是根节点，哪些节点是中间节点，哪些节点是叶子节点。可以看到，有些节点只能接收向左的输入，有些节点只能接收向右的输入，有些节点只能接收向上的输入，有些节点只能接收向下的输入。

　　SmartDraw 提供了分割路径和合并路径的功能，针对一个节点，可实现在左、右、上、下等四个方向的路径拆分，并能对一个节点的路径进行智能合并。此外，还能创建某一节点的分支流程图、视线流程图之间的关联关系，如图 2-19 所示。

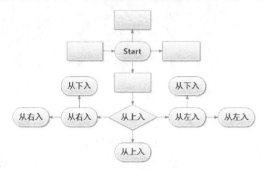

图 2-18　复杂流程图中的三种类型节点

图 2-19　SmartDraw 的路径
和分支流程图功能

　　（3）对节点的删除和移动。

　　在 SmartDraw 中，节点是非常灵活的元素。任何一个节点，都可以从流程中删除或移动，而不影响已经生成的流程图。因为任何一个节点，都有其输入或输出。把根节点删除，其下一级节点（其中之一）会被挑选成为根节点。把中间节点删除，其下一级节点（其中之一）也会被挑选成为连接节点。对于叶子节点的删除，不影响其他节点之间的连接。如果要批量删除节点，可在主编辑区中通过框选的方式，选中多个节点，然后进行删除。

　　对于节点的移动，也是类似的道理。不同之处在于，将节点从流程图中移动出来，这一节点的信息仍然存在。如果要重新安排它的位置，通过拖动的方式可再次让它进入流程图，SmartDraw 会自动生成它与其他节点的关系，重新对齐形状，并格式化图样，如图 2-20~图 2-24 所示。

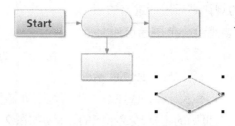

图 2-20　将菱形节点拖动进流程图（前）

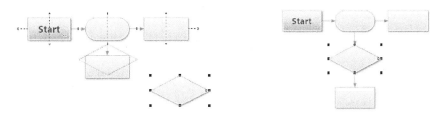

图 2-21　将菱形节点拖动进流程图（中）1　　　图 2-22　将菱形节点拖动进流程图（后）1

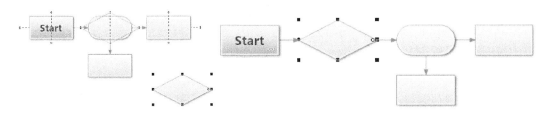

图 2-23　将菱形节点拖动进流程图（中）2　　　图 2-24　将菱形节点拖动进流程图（后）2

（4）对外观的统一设置。

为了确保美观性和视觉舒适度，SmartDraw 制定了一系列的主题和样式，单击 Home 菜单下的 Themes 下拉列表，就可切换到一个新的主题，从而迅速实现美化效果。默认的是 Business 分类，还有 2010 版本中的 16 种样式等，可供选择，如图 2-25 所示。

（5）图形绘制与文本输入技巧。

按住 Ctrl 键可绘制出高度、宽度比为 1∶1 的图形，按住 Shift 键可绘制出高度、宽度比为 1∶2 的图形。在按住 Shift 键的同时单击工具栏上的按钮，就可使其始终处于按下状态，这样就可一次绘制多个同一样式的图形或线条，绘制完后再次单击此按钮使其弹起即可。

若是出于特殊需要，使线条的端点能与图形边界上的任意点相连接，只需在选中想要连接的图形后执行 Shapes 菜单中的 Connection Points 命令，在弹出的对话框中选择"无限连接点（Infinite Connection Points）"模式即可。这样图形边界上就有了无限多个连接点，也就是说线条的端点能与图形边界上的任意一点相接合。

在一个较小的图形中输入较多的文本内容，当文本内容超出当前图形大小时，会发生什么情况呢？SmartDraw 中向用户提供了灵活的设置选择。首先选中要输入文本的图形，在 Design 菜单中执行 Text Entry Properties 命令。在弹出的对框中有 Allow Text to Shrink 一项，将其选中并输入合适的字体大小数值，以后在这个图形中输入过多的文本时，文本会自动逐渐缩小，最小能缩到上述所设置的字体大小。当文本已缩到指定的最小大小后，若再输入，则图形会被自动放大以容纳下所有的文本，如图 2-26 所示。可在上述对话框中设置图形缩放形式：水平方向缩放、垂直方向缩放、水平和垂直方向同时缩放。

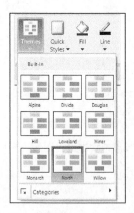

图 2-25　SmartDraw 的主题设计

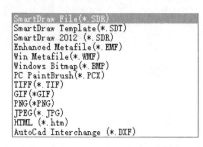

图 2-27　SmartDraw 的输出格式

（6）文件保存与格式输出。

SmartDraw 可以灵活地输出很多常用的文件格式，如 JPG、BMP、TIF、PNG 等，还可以保存为 SDR 格式，这是该软件独有的格式，保存了文件编辑时的很多信息，便于后期修改，如图 2-27 所示。

6. 项目效果总结

本项目介绍了流程图制作软件 SmartDraw 的主要使用方法，可利用模板制作具有丰富表现力的专业图形，实现内容与形式的统一。

7. 课业

SmartDraw 制作专业图表时，如何更加有效地利用模板？

2.1.3　项目 3　利用 MindManager 制作概念图

1. 学习目标

通过本项目的学习，学会利用概念图软件，创作个性化知识图谱。

2. 项目描述

一般传统的讨论至少包含四个步骤：从图表或白板上获得思想；转录成为很难阅读的电子版；在组织信息资料的过程中不可避免地要损失某些思想的重要关系；通过印刷品或者电子邮件分发资料。时间和资源在重复的信息中被浪费了，很难理解会议的结果。但是，MindManager 软件改变了研讨过程，只通过几个步骤就可以在同一页中显示出每个人的观点，从而避免了不必要的重复性工作。以可视化形式迅速获取和组织思想，促进团队内的协作和个体积极性。

3. 项目分析

MindManager 是一款创造、管理和交流思想的通用标准绘图软件，由美国 Mindjet 公司开发。可以将头脑中形成的思想、策略以及商务信息转换为行动蓝图，令工作团队和组织以一种更加快速、灵活和协调的方式开展工作。它是一个可视化的工具，可以用在脑力风暴（brainstorm）和计划（plan）当中，提供给商务人士一种更有效的、电子化的手段来进行捕捉、组织和联系信息（information）及想法（idea）。目前较新的版本是 15.0.016。

MindManager 是一个易于使用的项目管理软件，能很好地提高项目组的工作效率和小组成员之间的协作性。它作为一个组织资源和管理项目的方法，可从脑图的核心，分支派生出各种关联的想法和信息，可以使讨论和计划的过程从根本上发生变化，促进实现思想和方案的视觉化。在互联网时代，兼容性、多平台共享等需求显得越来越重要，它实现了与 Microsoft Office 的无缝集成，单击"输出"（export）菜单，可以得到 PDF、Word、PowerPoint、HTML 和图片格式的文件。此外，它嵌入 Office 中的 Word 输出文档、PowerPoint 生成简介、Outlook 生成会议安排、日程安排、任务安排、题目规划和会议记录、Project 来生成项目计划，从而实现信息图表的导入导出、知识的创新和分享。

4. 知识与技能准备

图像的属性和基础知识；MindManager 的使用方法。

5. 方案实施

1）MindManager 的基本功能

MindManager 15 是目前的最新版本，对中文有良好的支持，但仅适用于 64 位操作系统。它提供了友好、直观、可视化的用户界面和丰富的功能，能够快速、轻松创建优雅、漂亮的思维导图，有效完成信息的捕捉、分析和重新利用。安装完成后，会进入新建导图的页面，提供 12 种空白模板，如图 2-28 所示，选择其中之一，预览其模板效果，单击"创建导图"按钮，开始空白页面的创建，如图 2-29 所示。第一次打开，软件提供了直观的帮助面板，提示下一步的操作，如图 2-30 所示。通过在空白的地方双击，就可方便地创建子主题，如图 2-31 所示。

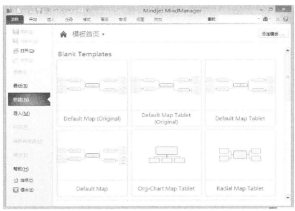

图 2-28　MindManager 的新建页面

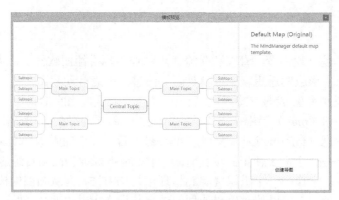

图 2-29　MindManager 的模板预览页面

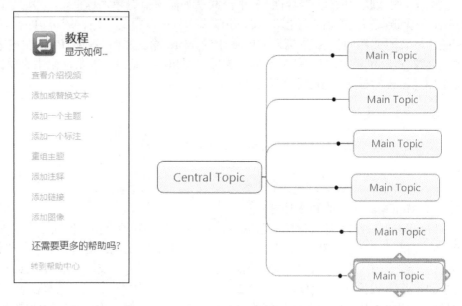

图 2-30　MindManager 的教程面板　　　　图 2-31　MindManager 的主题添加

　　作为一款十分优秀的思维导图软件，MindManager 可作为读书笔记、会议记录等的有效工具。它可以让用户随时记录阅读笔记，梳理曾经读过的书或者工作计划；可以帮助有条理地记录重要会议的相关内容，并能够直接分发会议记录，比以往更快地落实各种设想。可以说，它能有效地提高会议记录的质量，提高工作人员的办事效率，让相关内容变得更加清新、有条理。

　　2）MindManager 的主要特色

　　（1）在短时间内切换项目。它极大地提高了项目管理的效率，这是因为当改变开始日期时，软件会自动更新所有相关任务项目，还可以选择是否要更新或维护里程碑日期。

　　（2）仅凭点击就能捆绑时间线。依靠示意图和甘特图来删除任务中一些不必要的松弛时间，以达到对项目进行加速的修订，从而确定是否调整特定任务或者整个项目的意图。

　　（3）自动创建幻灯片。它不是机械地创建幻灯片，它能够让人关注所展示的内容。可以根据示意图内容自动地创建幻灯片，在可选的 PowerPoint 导出项中包含了图片。

（4）更快地绘图。MindManager 利用多年的最佳实践，通过从一个模板开始绘图，然后添加预构建图像分支以达到快速创建图像的目的。最新 15 版包括更多的模板和 30 个新主题图部分，另外它改进了模板导航，使用户能够更加方便地访问在线图库。

（5）使会议更活跃。个性化的示图主题和额外的超过 150 个崭新的四色手绘图像，能够帮助引导集体讨论和会议。

（6）使经验个性化。MindManager 15 中用户体验的改进，包括改进模板导航、改变旧模板的新模板，更简单地访问在线图库及其示图、崭新的空白模板以及添加可选话题处理过的简单话题。

3）概念图案例制作

背景分析：中央经济工作会议于 2014 年 12 月 9~11 日在北京举行。会议使用大篇幅，全面、系统、深刻地阐述经济新常态，并提出明年经济工作的主要任务。国内媒体进行了广泛报道，并使用图示化的方式进行解读，如图 2-32 所示。

图 2-32　中央经济工作会议图

这个案例比较典型，这里尝试使用本案例进行说明。这种项目式的工作在日常工作生活中很常见，有一定的代表性。在这个过程中，为了充分挖掘软件的功能，尽量多使用一些软件的功能和元素。

（1）创建工程文件。

在工具栏的左上角依次选择"文件"→"新建"→Default Map / Local Templates，从中选择其一，单击"创建导图"按钮，将建立一个新的工程，如图 2-33 所示。

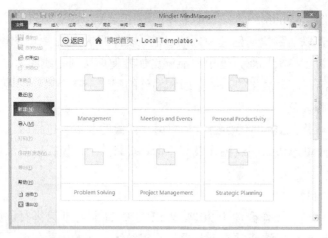

图 2-33 MindManager 的本地模板（6 种）

MindManager 预先定义的模板，如会议事件、问题解决、项目管理、战略规划等，这些模板可以方便用户在类似项目中的应用。

（2）创建主题。

在 Central Topic 框内重新输入文本，命名为"中央经济工作会议说了啥"，单击左、右两侧的加号按钮，可以插入子主题，其快捷键是 Ctrl+Enter，如图 2-34 所示。

图 2-34 重新命名主题并为主题插入子主题

（3）创建子主题。

对于子主题而言，左、右、上、下的加号标记，都有不同的含义。

左：为当前主题插入父主题，快捷键为 Ctrl+Shift+插入键。

右：为当前主题插入子主题，快捷键为插入键或 Ctrl+Enter。

上：为当前主题插入同级主题，位于当前主题之前，快捷键为 Shift+Enter。

下：为当前主题插入同级主题，位于当前主题之后，快捷键为 Enter。

按照图 2-32 左图的内容，输入三级主题及其内容，如图 2-35 所示。

图 2-35 MindManager 的三级主题示例

在这一步骤中，应熟记：选中一个主题，按 Insert 键将新建下一级节点，按 Enter 键，若该节点处于输入状态则确认输入的文字，否则将新建和该节点相同级别的节点；选中一个节点，按 Delete 键将删除这个节点。通过单击加号标记的方式，更简单直观。如果需要改变同级节点的顺序，可以上下拖动。如图 2-36 所示，将"发展动力"由第 4 序列升至第 3 序列。

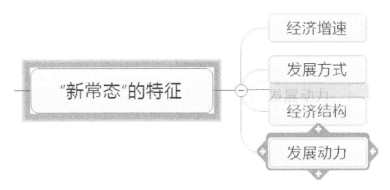

图 2-36　改变同级主题之间的顺序，可以选择并拖动主题

（4）更改主题样式。

MindManager 本质上就是尽量使用图形来表达文字的抽象含义。因此，使用图形化的技术来修饰和美化主题，也是非常有必要的。首先，选中一个主题，依次单击菜单"格式""主题形状"和"填充颜色"选项，如图 2-37 所示。从对话框中可以看到，软件提供了很多样式参数。

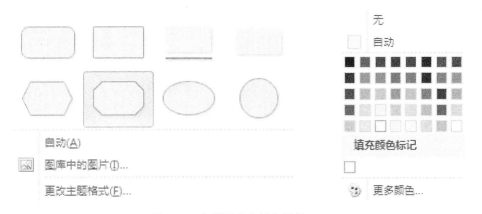

图 2-37　主题形状和填充颜色

除了标准化的多种形状，如椭圆形、矩形和圆角矩形等，还可以选择不同类型的背景图像图、背景图片、图标等进行个性化定义，如图 2-38 所示。对于主题相关的线条样式、边界和关系线条样式等也可自定义，如图 2-39 所示，而线条颜色、边界的增长方向等也可修改，如图 2-40 所示。

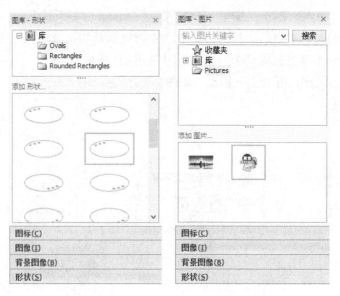

图 2-38　MindManager 主题的样式定义

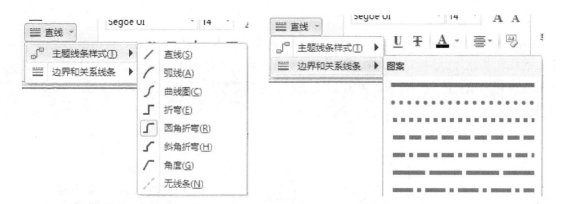

图 2-39　主题线条样式、边界和关系线条

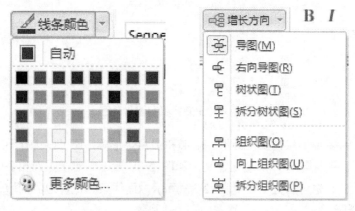

图 2-40　线条颜色和边界的增长方向

（5）插入图标。

选中主题后，在工具栏中选择"插入"菜单下的"图标"选项，弹出对话框，添加相应的图标符号，如图 2-41 所示。

（6）更改思维导图的样式。

选择"格式"菜单下的"导图模板"选项，选择下拉列表中的"导图样式"，对话框中用图形描述了每种样式的简图，从中选择一个，单击"应用"按钮，如图 2-42 所示。

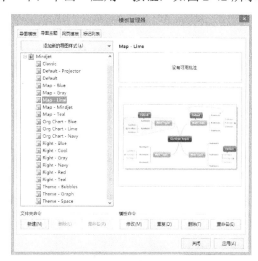

图 2-41　插入图标　　　　　　　　　　图 2-42　更改主题模板

（7）加入备注。

在 MindManager 中可以为每个主题加入备注，加入备注的主要作用是对主题进行解释和说明。选定一个主题，单击"插入"菜单下的"备注"按钮，可插入水平或垂直的备注信息。此时，可以看到在备注编写区，能够使用默认的编辑器进行编辑，表格、超链接、图片、时间日期等元素都可插入，具有完整的信息提示功能，如图 2-43 所示。

图 2-43　为主题添加备注信息

需要指出的是，MindManager 提供的备注具有类似于 Word 的表现形式，可以输入文字、图片、表格等，而且所有的操作和 Word 一致。加入备注后，将制作的 MindManager 图形导入到 Word 后，备注信息可以成为主题下的正文。输入备注之后，在节点右边会出现备注图标，将鼠标放在该图标上，会出现对备注的提示，单击这个备注图标可以打开或者关闭右边的备注编辑区。

（8）添加提醒信息。

选中主题后，在工具栏中选择"插入"菜单下的"主题提醒"选项，弹出对话框，添加相应的提醒信息，如图 2-44 所示。

图 2-44　添加主题提醒

（9）添加任务提醒信息。

MindManager 是制作项目计划的利器。选中主题后，在工具栏中单击"任务"菜单下的"显示任务面板"按钮，弹出对话框，再单击"添加任务信息"按钮，添加相应的任务提醒信息。如图 2-45 所示。在这个主题上，会出现一些图标标记这个任务当前的状态。

（10）为主题添加关联。

两个主题之间可能存在着某些联系，例如，一个主题是另外一个节点的前提，或者一个主题要在另一个主题之后同步进行，可以通过一些曲线来标注这些联系。选中一个主题，单击"开始"菜单中"关联"下的"插入关联"按钮，通过鼠标拖动，将之与另一个主题建立关联，如图 2-46 所示。

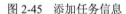

图 2-45　添加任务信息

图 2-46　为主题建立关联

此时，单击"关联"按钮，可更改关联线的形状、箭头样式，还可翻转关联，即颠倒关联关系。单击"关联格式"子菜单，能对关联线进行参数定义，如设置曲线的颜色、形状、箭头等信息。双击曲线，也可以打开此菜单，如图 2-47 所示。用鼠标拉动两个黄色的菱形小方块，可以调整曲线的弧度。

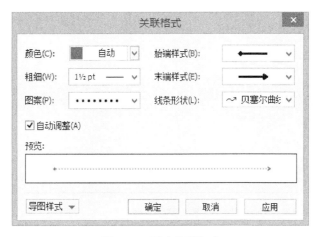

图 2-47　更改关联格式

（11）为主题插入编号。

选中 MindManager 图形中的全部主题，单击"插入"菜单下"编号"的默认五个编号样式，可为当前导图的一级深度（根主题下的二级主题），按照创建的先后顺序和层次关系建立编号。单击"编号选项"子菜单，可以设置编号的具体规则、执行深度、是否重复以及为编号添加自定义的标签，如图 2-48 所示。设置以后，单击"确定"按钮，就能看到最终效果，如图 2-49 所示。

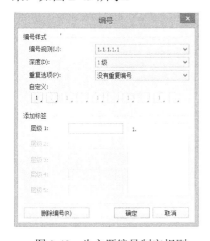

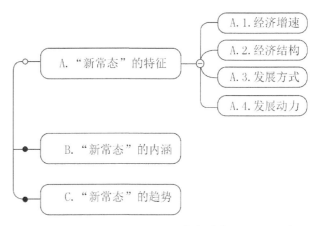

图 2-48　为主题编号制定规则　　　　　　　图 2-49　MindManager 图形的主题编号（二级深度）

（12）为主题插入边界。

在制作 MindManager 图形的过程中，如果需要将几个子主题进行汇总，从而进行归纳说明，可选中该子主题的父级主题，单击"开始"菜单的"边界"按钮，从中选择一个样式，进行边界插入。如图 2-50 所示，包括 7 种边框和 4 种摘要边界。插入边界后，双击边界或者单击"边界格式"子菜单，可进行样式设计，如图 2-51 所示。单击边界的加号按钮，可为该边界插入子主题 Callout 加以解释说明。需要注意的是，边界是一种特殊的主题。

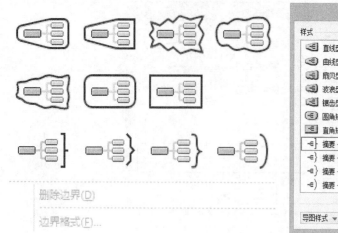

图 2-50 为主题插入边界　　　　图 2-51 为主题的边界设置样式

（13）MindManager 图形的导出或另存为。

MindManager 能够将 MindManager 图形导出成 PDF、SWF、图片、CSV、网页、PPT、Word 等格式，在"文件"菜单的"导出"或者"另存为"页面上提供了功能选项，如图 2-52 所示。

图 2-52 MindManager 图形的"导出"或者"另存为"

6. 项目效果总结

本项目介绍了概念图制作软件 MindManager 的主要使用方法，要注意利用主题模板，规范化制作具有丰富表现力的概念图，实现内容与形式的统一。MindManager 图形运用图文并重的技巧，把各级主题的关系用相互隶属与相关的层级图表现出来，把主题关键词与图像、颜色等建立记忆连接。MindManager 图形充分运用左右脑的机能，利用记忆、阅读、思维的规律，协助人们在科学与艺术、逻辑与想象之间平衡发展，从而开启人类大脑的无限潜能。MindManager 图形因此具有人类思维的强大功能。

7．课业

MindManager 中如何有机架构主题与节点构成的复杂网络关系？

2.1.4　项目 4　企业矢量 LOGO 的设计和制作

1．学习目标

通过本项目的学习，学会利用标识设计软件创作公司 LOGO，进而满足不同的需求。

2．项目描述

LOGO 制作设计工具，专门进行 LOGO 的设计和制作，一般都拥有非常友好的操作界面，内置大量的 LOGO 模板，所见即所得的界面，在预览窗口中可以实时查看 LOGO 图片。通过简单的单击就可以为网站、博客、论坛和邮件创建专业的 LOGO、条幅、按钮、标题、图标和签名等。

3．项目分析

AAA Logo 是一款功能非常强大的 LOGO 设计软件，可以使用户通过简单而强大的方式，设计出专业水准的 LOGO 图标，几分钟内就可以用于网页或者打印出来。也可以对任意单独对象应用不同的样式，得到几乎无限的对象和效果组合。该软件对中文字符支持不好，不过，一般的 LOGO 以字母和字符为主，也可以把需要的汉字用位图格式导入，或者把完成的 LOGO 设计继续用 Photoshop、CorelDRAW 等软件继续加工。

4．知识与技能准备

矢量图形的属性和基础知识；AAA Logo 的使用方法和技巧。

5．方案实施

1）AAA Logo 的图形创建步骤

（1）通过模板窗口新建，或新建空白工程。

打开 AAA Logo 2014 版本后，默认情况下会打开标识模板窗口，从中选择一个比较理想的方案继续编辑，或者直接单击下面的"新建空白工程"，进行工程文件的创建。其默认的格式是 al4，如图 2-53 所示。软件内置了十几种常用的模板分类，100 余种精美模板可供选择。通过"文件"下的"模板库"菜单，可以打开模板库，从而进行创建。

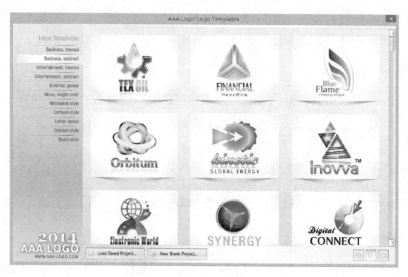

图 2-53　AAA Logo 的默认页面

（2）丰富的对象库。

2000 多种 LOGO 对象和剪贴画的设计素材，提供的所有素材都是基于矢量的向量图，如图 2-54 所示。此外，也可以自己创作素材，用于设计。执行"文件"菜单下的"导入"命令，可以导入 PNG、GIF、JPG、BMP、TIF、TGA、ICO 等格式，作为创作素材。

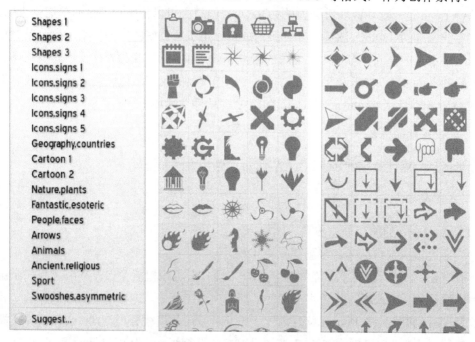

图 2-54　AAA Logo 的素材库

（3）插入文本和图形。

选中并单击对象库中的一个素材，它会出现在主编辑区中。单击"编辑"菜单的新建文本或图形按钮，就可为编辑区创建对象。选中文本对象元素，右击它弹出"编辑文本"菜单，可对文字的样式进行修改，如文字内容、字体、加粗、倾斜、间隔、弯曲、字号等。需要注意的是，文本是一种特殊的图形。在编辑对象浮动工具中，可对字体进行快速选择，如图 2-55 所示。

图 2-55　编辑文本和设置字体

（4）灵活的图形对象编辑功能。

在浮动的编辑对象面板中，可以轻松地实现缩放、旋转、颜色、组合、样式设置等功能。对于缩放，可以单独设置宽度和高度，以及是否保持比例。对于旋转，可以-180°~180°地旋转，还可以分别设置在水平和垂直方向上的旋转。对于颜色，可以设置色调、饱和度及亮度。单击样式按钮，还可以设置图形和文本样式，如图 2-56 所示。

图 2-56　"图形和文本"的一般样式及其他样式

（5）丰富的样式库功能。

选中对象后，在软件的右边面板中，会有直观化的样式库可供选择，从而体现软件易于操控的特性。选择一个样式后，其效果会在编辑区中立刻显示出来。如果对效果稍有不满意，可执行"编辑样式"命令，从而实现对参数的精确修改，如图 2-57 所示。

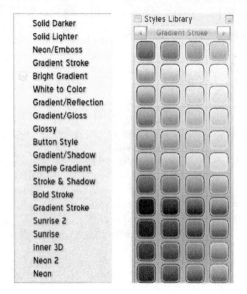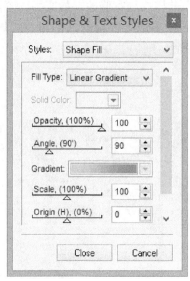

图 2-57　快速选择样式库，并对其进行参数修改

（6）图层排列和组合功能。

对于编辑区中的图形、文本元素，它们之间是层与层的关系，根据编辑的需要，可实现"上翻一层""下翻一层""上翻到最前""下翻到最后"等功能。还可以将多个元素进行组合或解组、移除或复制，实现丰富的组合功能，如图 2-58 所示。

2）AAA Logo 的文件输出

执行"文件"→"保存图像为"命令，然后在弹出的窗口中选择图像保存的格式，主要有 JPG、PNG、GIF、BMP 等格式，最后单击"保存"按钮。

图 2-58　对象元素的
排列和组合

6. 项目效果总结

本项目介绍了标识制作软件 AAA Logo 的主要使用方法。标志作为企业形象识别系统的核心，同时也是平面系统的重要组成部分。标志的发展逐步走向立体化，三维立体的表达手法，使得标志更丰富，视觉效果更为突出。标志的发展是一个设计相互交融，设计风格多样化的过程。标志作为商业产物，设计手段是次要的，目的才是第一位的，更注重的应是其商业传播价值。

7. 课业

（1）需求描述。

①需求描述：经营品牌化妆品的连锁店名，以"AAA 化妆品"为起始，AAA 为 LOGO，需要设计师发挥想象力，企业文化也可以写进设计中，其内容为"爱社会 爱家庭 爱自己"。

②需求描述：早餐叔叔主要经营早餐和午餐的白领时尚快餐，注重食品安全和健康，绝不添加味精、鸡精等工业调味剂。主要装修风格：中式现代风格。

（2）案例效果。

①效果陈述：标志由三个 A 组合而成，三个 A 都是以中间的五角星为共同中心点，这也是 AAA 的设计根源，共建美好，如图 2-59 所示。

②由绿色系颜色组成，兼具黄、蓝色的点缀，使之清新悦目，太阳光的优美线条，孕育着希望与美好，卡通风格的字体效果，讨巧可爱，有小清新的感觉，符合办公人群的审美习惯，如图 2-60 所示。

图 2-59　化妆品参考效果图　　　　　　　　　　　图 2-60　早餐叔叔参考效果图

2.2　音视频素材的获取和利用

2.2.1　项目 1　声音素材的录制和保存

1. 学习目标

通过本项目的学习，了解录音设备的准备和连接；通过设置合适的录音源，对声音进行采集。

2. 项目描述

音频设备主要是对音频输入、输出设备的总称，一般可以分为以下几种：功放机、音箱、多媒体控制台、数字调音台、音频采样卡、合成器、中高频音箱、话筒，PC 中的声卡、耳机等，其他周边音频设备有专业话筒系列、耳机、收扩音系统等。录音是获取音频素材的主要途径之一。

3. 项目分析

音质是判定音频设备好坏的重要标准，其中包括信噪比、采样位数、采样频率、总谐波失真等指标，这些参数的高低决定了音频设备的音质。Audition 是一个完善的多声道录音室，可提供灵活的工作流程并且使用简便。无论是要录制音乐、无线电广播，还是为录像配音，Audition 中恰到好处的工具均可提供充足动力，以创造可能的最高质量的丰富、细微音响。

4．知识与技能准备

录音设备的选型和组成；录音源的正确设定。

5．方案实施

1）专业器材的准备和连接

（1）声卡的作用和类型。

对于多媒体计算机而言，对声音的录制与播放是其基本功能。而获取第一手音频素材的途径，就是录音。要想实现录音功能，离不开多媒体计算机的必备硬件：声卡。声卡是多媒体技术中最基本的组成部分，基本功能是把来自话筒、磁带、光盘的原始声音信号加以转换，输出到耳机、扬声器、扩音机、录音机等声响设备，或通过音乐设备数字接口（MIDI）使乐器发出美妙的声音。

在多媒体计算机系统中，麦克风和喇叭是主要的声音输入和输出的主要外部设备，它们所用的都是模拟信号，而计算机所能处理的都是数字信号，两者不能混用。声卡的作用就是实现两者的转换。从结构上分，声卡可以分为模数转换电路和数模转换电路。模数转换电路负责将麦克风等声音输入设备采到的模拟声音信号转换为计算机能处理的数字信号；而数模转换电路负责将计算机使用的数字声音信号转换为喇叭等设备能使用的模拟信号，如图 2-61所示。

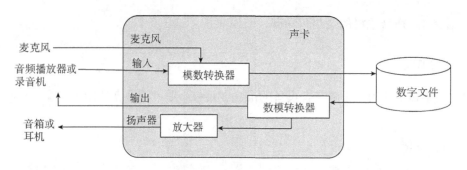

图 2-61　声卡的地位和功能

声卡主要分为板卡式、集成式和外置式三种接口类型，以适应不同用户的需求，三种类型的产品各有优缺点。

①板卡式。板卡式是现今市场上的中坚力量，产品涵盖低、中、高各档次，售价从几十元至上千元不等。早期的板卡式产品多为 ISA（Industrial Standard Architecture）接口，目前已被淘汰；PCI（Peripheral Component Interconnect）是目前的主流，它们拥有更好的性能和兼容性，支持即插即用，安装、使用都很方便。对于高级音频玩家，应该配备单独的 PCI 插槽式声卡，提升计算机的音频综合处理能力，如图 2-62 所示。

②集成式。声卡会影响到计算机的音质，但对用户较敏感的系统性能并没有什么影响。因此，对声卡的要求是能用就行。为了更为廉价与简便，出现了集成式声卡，如图 2-63

所示。它所具有的不占用 PCI 接口、成本更为低廉、兼容性更好等优势，能够满足普通用户的绝大多数音频需求。而且集成声卡的技术也在不断进步，PCI 声卡具有的多声道、低 CPU 占有率等优势也相继出现在集成声卡上，它也由此占据了主导地位，占据了声卡市场的大半壁江山。

图 2-62　板卡式专业声卡

图 2-63　集成式声卡模块

集成声卡是指芯片组支持整合的声卡类型，使用集成声卡芯片组的主板就可以在比较低的成本上实现声卡的完整功能。大致可分为软声卡和硬声卡，软声卡仅集成了一块信号采集编码的 Audio Codec 芯片，声音部分的数据处理运算由 CPU 来完成，因此对 CPU 的占有率相对较高。硬声卡的设计与 PCI 式声卡相同，只是将两块芯片集成在主板上。

在当前的集成声卡中，主要有两种技术标准，分别是 AC'97 和 HD Audio。前者的全称是 Audio Codec'97，由英特尔、雅马哈等多家厂商联合研发并制定的一种音频电路系统标准。它并不是一个实实在在的声卡种类，只是一个标准。目前最新的版本已经达到了 2.3。HD Audio 是高保真音频（High Definition Audio）的缩写，原称 Azalia，是 Intel 与杜比（Dolby）公司合力推出的新一代音频规范。目前主要是 Intel 915/925 系列芯片组的 ICH6 系列南桥芯片所采用，如图 2-64 所示。

图 2-64　Realtek 瑞昱 ALC861 HD Audio 声卡芯片

③外置式。外置式声卡是创新公司独家推出的一个新兴事物，它通过通用串行总线（USB）接口与 PC 连接，具有使用方便、便于移动等优势。但这类产品主要应用于特殊环境，如连接笔记本电脑实现更好的音质等。目前市场上的外置声卡并不多，常见的有创新的 Extigy、Digital Music，以及 MAYA EX、MAYA 5.1 USB 等，如图 2-65 所示。

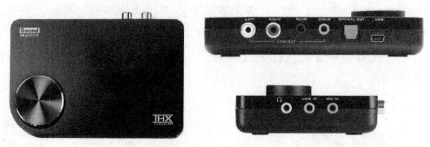

图 2-65　创新 Sound Blaster THX USB 外置声卡

　　在专业声卡的外部面板，会有丰富的输入、输出接口，如图 2-66 所示。比较常见的有光纤接口，可用于数字信号的输入或输出。RCA（Radio Corporation of American）规格的线路输出与输入，不仅可以用来连接音源和回放设备，还可以连接唱机、磁带机等设备，将声音进行录制并输出。此外，还可能有 USB 接口，用来连接台式 PC 或笔记本电脑，实现 USB 声卡功能。

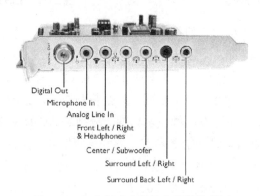

图 2-66　专业级声卡的输入和输出接口

　　（2）传声器的功能与类型。

　　传声器，即麦克风，俗称话筒，是声音拾取的设备。它是将声音信号转换为电信号的能量转换器件。按工作原理，话筒可以分为电动式话筒和电容式话筒，按信号的传递方式分为有线话筒和无线话筒。话筒是声音拾取的设备，价格廉价的如台式细杆话筒或耳机话筒，常在几十元左右。稍有档次的有动圈话筒，售价在百元以上，如图 2-67 所示。

图 2-67　耳机话筒、鹅颈式会议话筒、动圈话筒和鼓话筒

麦克风的接头分为 6.3mm 接头和 3.5mm 接头。按其支持的声道，又分单声道（mono）和立体声（stereo）两种。简单的区分方式是看接头上有几个黑色的绝缘环，两个绝缘环代表立体声，一个绝缘环则代表单声道，如图 2-68 所示。

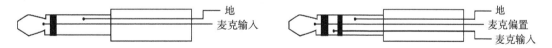

图 2-68　麦克接头的接法

①卡侬接口（XLR 端子）。XLR 端子经常用于连接专业影音器材和麦克风，常俗称为 Cannon 插头或端子，原生产者是 James H. Cannon（加州洛杉矶 Cannon 电子公司创办人，该公司现为 ITT 公司旗下）。最初端子为 Cannon X 系列，之后的版本加入了弹簧锁（Latch）成为 Cannon XL 系列，接着在端子接触面以橡胶包着（Rubber），成为了其缩写 XLR 的来源。XLR 端子的针头数通常是三个，还可以有更大针头数。

卡侬插头有公插与母插之分，插座也同样有公插座与母插座之分。公插的接点是插针，而母插的接点是插孔。按照国际上通用的惯例，以公插头或插座作为信号的输出端；以母插头、插座作为信号的输入端，如图 2-69 所示。由于采用了三针插头与锁定装置，XLR 连接相当牢靠。

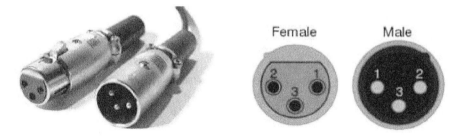

图 2-69　卡侬母头与公头

②大三芯（TRS 端子）。TRS 端子也在家用和计算机用的麦克风中应用到。TRS 的含义是 Tip（signal）、Ring（signal）、Sleeve（ground），分别代表该接口的 3 个接触点（其实与 6.22mm 接口一样）。模拟接头目前最高阶的应用便是平衡电路传输。和非平衡的接口一样，1/4 TRS 平衡接口能提供平衡输入/输出。1/4 TRS 平衡接口除了具有和 6.22mm 接口一样的优点——耐磨损外，还有平衡口拥有的高信噪比、抗干扰能力强等特点。对于一个真正的 1/4 TRS 平衡接口来说，其成本将是非平衡的两倍多。采用 1/4 TRS 平衡接口的设备一般是高档设备，只有在 2000 元以上的专业卡上才可以看到。

平衡式指的是传输手法，单声道指的是通道数量。作为民用耳机插头，它是非平衡/立体声；作为调音台 LINE IN 口，是平衡式/单声道；作为调音台 AUX OUT 口，是平衡式/单声道；作为中低档调音台 INSERT 口，它又是非平衡/二声道。可以说，TRS 大三插头是横跨民用与专业应用的接头。大多数的设备若有 6.35 插头，会是 TRS 平衡式/单声道，传输兼容于非平衡/单声道，如图 2-70 所示。

　　XLR 接口通常在麦克风、电吉他等设备上能看到，它不一定是平衡接口，平衡输入/输出在理论上是令人向往的，但是要实现尽可能的理想化，付出的成本相当高昂，对电路设计和生产工艺都有较高的要求。平衡接口的传输实现方式是比较复杂的，一般在高保真（HiFi）领域才能见到。

　　XLR 接头可与 TRS 端子互相转换。大三芯转卡侬公平衡（XLR）麦克风线/音频线，由特别精细的导体扭绞而成，耐久性较好，适合用于舞台、新闻发布会、KTV、家庭影院等环境，如图 2-71 所示。

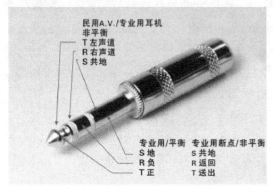

图 2-70　大三芯的多重功用（不一定是立体声）　　　图 2-71　大三芯转卡侬公头音频线

　　③小三芯。RCA 接头就是常说的莲花头，利用 RCA 线缆传输模拟信号是目前最普遍的音频连接方式。一般家用影音器材常使用 RCA 端子传送由前级放大器产生的线路信号。每一根 RCA 线缆负责传输一个声道的音频信号，所以立体声信号需要使用一对线缆。对于多声道系统，就要根据实际的声道数量配以相同数量的线缆。立体声 RCA 音频接口，一般将右声道用红色标注，左声道则用蓝色或者白色标注。一些双声道专用声卡上，常可以见到 RCA 接口。有一些声卡产品，采用了 RCA 模拟输出。与 3.5mm 接口一样，这样的接口同样能够传输数字信号，如图 2-72 所示。

图 2-72　小三芯接头与大三芯转接线

　　现在大部分的计算机、笔记本电脑、掌上电脑都提供了 3.5mm 的接口音频插头，使用这些设备，一般使用插头为 3.5mm 的麦克风。有些话筒所配的音频线接有"大二芯"的插头，与计算机机箱上的 Mic in 插孔不匹配，这时可选择"大转小"的转接头。这个 6.5mm 转 3.5mm 的音频转换头可以不再局限于 3.5mm 的麦克风。通过它，可以把 6.5mm 的麦克风插头转计算机 3.5mm 插头，能将家用话筒插到计算机声卡上使用，如图 2-73 所示。

如果使用"小三芯"插头连接"大二芯"插孔，反而需要"小转大"的转接头，如图 2-74 所示。方便把普通 3.5mm 耳机用到功放机、音响等 6.5mm 音频插孔上，如图 2-75 所示。

图 2-73　6.3mm 到 3.5mm 转接线　　　　　图 2-74　3.5mm 到 6.3mm 转接线

在实际使用中，经常会出现音频接头的转换问题，通过转换技术可以灵活地实现音频输入与输出的问题，如图 2-76 所示。

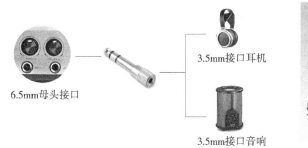

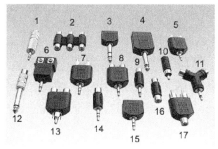

图 2-75　"小转大"转接头的应用　　　　　图 2-76　各式各样的音频转接头

（3）立体声录音的话筒摆放位置。

为保证立体声录制的效果，话筒的摆放位置和角度有一定讲究，常用的摆放方式如下。

① AB 制式。AB 制式的具体定义应该是，两支麦克风有一定的距离，平行放置，指向音源，如图 2-77 所示。指向性多为心形或者是全指向。AB 制式的特点在于对麦克风的要求相对宽松，两只同样型号的麦克风即可。如果要追求最佳效果，需要的是两支同样型号的，并且工厂配对的麦克风。

图 2-77　AB 制式的录音方式

AB 制式录音之所以常用，是因为立体声效果出色，既有时间差的效果，也有声级差的效果。但是，这不代表 AB 录音能够通吃一切，AB 制式最大的缺点在于非常糟糕的单声道兼容性。虽然现在已经多采用立体声录音，但在很多领域，如电视直播等，还是需要单声道的。将立体声变成单声道比较简单，一般就是将左右声道混合成一个单声道。而 AB 制式，只要两支麦克风距离超过 20cm，就会有严重的相位抵消——梳状滤波器效应非常严重。

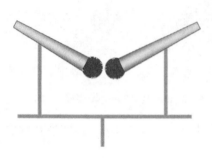

图 2-78　XY 制式的录音方式

②　XY 制式。XY 录音制式是指将两支麦克风交叉在一起的一种录音方式，如图 2-78 所示。交叉在一起有两种情况，一种情况呈 X 形状，一种则呈 Y 形状，因此称为 XY 录音制式。XY 制式录音中，两支话筒位置相同，不存在时间差，只有声级差。XY 制式的突出优点还在于具有出众的单声道兼容性，对于电视直播现场录音很好。但是，XY 制式也有缺点，它对麦克风的素质要求很高。只使用同样型号的麦克风，效果都会差不少。XY 制式要求麦克风必须是同样型号，并且是工厂配对的麦克风才可以。对麦克风的高标准要求，无疑增加了成本。

③ M/S 制式。M/S 制式的具体含义很多，通常解释的英文也很多，大致上有这么几种：单声道/两边（Mono/Side），单声道/立体声（Mono/Stereo），中间/两边（Mid/Side），和/差（Sum/Difference）。这些不同的说法，指的都是一回事——M/S 制式，如图 2-79 所示。

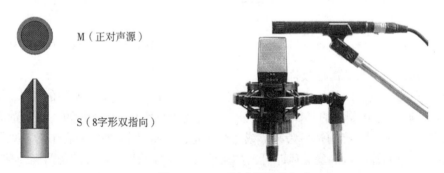

图 2-79　M/S 制式的录音方式

M/S 制式的实现相对复杂不少，从麦克风摆放到解码过程，都需要特殊的过程。M/S 制式要求两支麦克风处于同一点上拾音，一只主麦克风，呈心形指向音源，这只麦克风称为 M。另外一支麦克风，呈 8 字形指向两边，因此看上去是个横着的 8 字，称为 S。录制出的音频有个解码过程才能变成立体声。M/S 制式的优点之一和 XY 制式一样，只有声级差，而没有时间差，并且 M/S 和单声道的兼容性是完美的。M/S 制式最突出的优点可从后期处理的难易程度来说，M/S 制式是最适合后期处理的录音制式，可调整的余地大了很多。

但是 M/S 制式也存在缺点。由于 8 字形并不完全拒绝中间信号，S 声道信号中仍然含有中间部分的信号。与 AB 制式相反的是，M/S 制式存在着中央信号加重的倾向，这样中央信号的位置听起来会相对偏前。同时 M/S 制式对声学环境要求很高，如果控制不好 M/S 制式麦克风所在的位置，会出现加重房间反射和混响声音的现象，因此需要小心处理。

2）录音的流程和素材保存

（1）将话筒正确接入计算机，开机并运行软件，检查声卡是否运行正常。

在 Windows 7 以上的系统中，右击任务栏右下角的音量图标，选择"录音设备（R）"选项，打开声音面板。双击已经激活的麦克风选项，可对麦克风的属性进行设置，如图 2-80 所示。在"麦克风"选项中，可以调整音量参数；"麦克风加强"选项，可以更改信噪比，拾音效果更好。

图 2-80　查看录音设备及其属性

（2）调整录音电平。

在录音之前，要通过电平监视播放和录音时的音量状态，确认音量处于合适的状态中。一般情况下，调整录音电平离不开"试音"，即按照正常录音状态发音，根据电平表面板的示数和变化，调整"入口增益"。试音的原则是确保最大不失真，即不产生削波，也不能让音量太小，否则会降低计算机对声音细节的分辨率。打开 Audition CC 2014 的视图菜单，选择"测量"下的"信号输入表"选项，可以查看当前麦克风的电平高低，如图 2-81 所示。

图 2-81　电平表

应注意，为保证最佳的录音效果，要设置尽量大的电平，又要不超过最高限度，如图 2-82、图 2-83、图 2-84 的电平表对比效果。

图 2-82　过高的电平表

图 2-83　过低的电平表

图 2-84　理想的电平表

对于电平表的测量量程，可以通过右击电平表，在 120dB、96dB、72dB、60dB、48dB、24dB 之间进行切换。正常情况下，"本底噪声"的存在是正常的。如果按 120dB 的量程计算，其值应保持在-30~-90dB。虽然本底噪声可通过后期处理加以消除，但过于明显（高于-30dB）的噪声应检查线路故障，尽早消除，否则会影响正常的音质。录音的电平不能太小，尽量保持在-3~0dB 的最大电平。当红灯亮起时，说明过载导致失真，需要调小录音电平，或者调远话筒与嘴的距离。在录制过程中，仔细检查有没有"破音"，话筒不好，声音稍微一大，就过载了，这样就得重录。

（3）录音源的正确设定。

在准备录音时，应注意一些问题。注意事项：在安静的环境中录音，录音时戴耳机（封闭式）；将音箱扬声器关闭，严防"反馈"。普通的话筒是单声道，因而双声道录音没有意义，反而使录音文件增大一倍。

录音方式的选择：录音过程中，按照设备的组成关系及其声波的传播特点，可以分为外录与内录技术。外录技术指的是声波经过空气传播，被麦克风等拾音设备拾取，然后进入计算机系统中处理后保存起来。内录技术指的是音频波形不经过空气传播，只在设备的电路内部进行传递、处理并被保存的过程。如果音频波形来自于计算机系统的外部设备，称为外内录技术；如果音频波形直接来自于计算机系统本身，则称为内内录技术。不同的录音技术，代表不同的音频处理类型。在正式录音之前，必须恰当地指定录音源的类型。

外录技术的音源指定：一般是麦克风，其输出接头（大三芯或小三芯）必须插入计算机的音频输入接口，通常是 Microphone in 接口，一般为红色，如图 2-66 所示。在 Win 7 系统的任务栏的音量图标上，右击指定录音源，可看到"麦克风"选项为正常工作状态。

外内录技术的音源指定：一般是音频设备，如 MP3 随身听、收音机、功放机、手机、其他便携设备等，其输出接头（大三芯或小三芯）必须插入计算机的线路输入接口，通常是 Line in 接口，一般为蓝色，如图 2-66 所示。在 Win 7 系统任务栏的音量图标上，右击指定录音源，可看到"线路输入"选项为正常工作状态。

内内录技术的音源指定：一般是来自于计算机内部的声音，不需要外部设备与声卡连接，只需要为操作系统指定录音源，在 Win 7 系统任务栏的音量图标上，右击指定录音源，可看到"立体声混合"选项为正常工作状态。

当更改了录音源后，在 Audition 中可看到提示信息，如图 2-85 所示。打开"音频硬件"首选项后，可弹出对话框，从而进行设置。

图 2-85　音频硬件首选项的参数指定

（4）开始录音及过程。

在 Audition 中，通过"文件"菜单"新建"下的"音频文件"，设定文件名字、采样率、声道数、位深度等基本参数，如图 2-86 所示。

单击"编辑器面板控制"或"传输"面板中的录音按钮，开始录音。再次单击录音按钮，可停止录音。执行"文件"→"另存为"命令，可以选择的文件类型有 WAV、MP3、WMA、AAC、APE、FLAC、OGG 等，如图 2-87 所示。

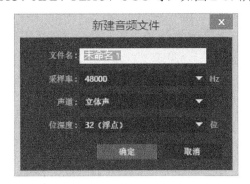

图 2-86　新建音频文件的参数指定

图 2-87　另存为其他音频格式

6. 项目效果总结

本项目介绍了录音软硬件准备的基础工作。录音系统是录音过程中相关的器材组合，这些器材包括录音机、磁录音机、麦克风、监听喇叭、混音器和各式声音效果器材等。录音工作必须了解电声设备的技术指标和音响美学，熟悉人耳和听音特性，才能更好地运用技巧来完成录音作品。在节目录制中电平的调整是很重要的，为了获得最佳的信噪比，充分保持原信号的动态范围并尽可能小地失真，要充分利用标准音量表和峰值表监测。

7. 课业

如何正确设置 Audition 的录音源？

2.2.2　项目 2　视频素材的获取和格式转换

1. 学习目标

通过本项目的学习，了解桌面视频录制软件和视频格式转换软件的使用，对视频进行获取和保存，并能实现格式的转化。

2. 项目描述

桌面视频录制软件，又称屏幕录像软件，是指录制来自于计算机视窗环境桌面操作、播放器视频内容（如 QQ 视频、游戏视频、计算机视窗播放器等）的专用软件，主要用于视频图像的采集、教学操作视频的制作等。

3. 项目分析

Camtasia Studio 是一款专门捕捉屏幕影音的桌面视频录制软件，由顶级开发公司 TechSmith 出品，它能在任何颜色模式下轻松地记录一切屏幕动作，包括影像、音效、解说声音的轨迹等，并允许录制时为鼠标动作等特别需求添加特效。总之，Camtasia Studio 可谓最专业的屏幕录制和编辑软件。

4. 知识与技能准备

录屏软件的主要功能；视频格式的参数意义。

5. 方案实施

1）桌面视频录制软件的使用

（1）Camtasia 的功能简介。

Camtasia Studio 包含了屏幕录像（Camtasia Recorder）、视频编辑（Camtasi Studio）、视频菜单制作（Camtasia MenuMaker）、视频剧场（Camtasi Theater）、视频播放（Camtasia Player）、视频录音配音、视频发布等一系列的强大功能，Camtasia Studio 8.4 的欢迎页面如图 2-88 所示。

图 2-88　Camtasia Studio 8.4 的欢迎页面

①录制屏幕功能。Camtasia 录像器能在任何颜色模式下轻松地记录屏幕动作，包括光

标的运动、菜单的选择、弹出窗口、层叠窗口、打字和其他在屏幕上看得见的所有内容。Camtasia Studio 朝着高品质的方向迈进，包括屏幕高清录制、更专业的视频编辑、更准确的视频输出等，尤其编解码器升级到 TechSmith Screen Codec 2，能够录制高质量的平滑视频。除了录制屏幕，Camtasia Record 还能够允许录制的时候在屏幕上画图和添加效果，以便标记出想要录制的重点内容。

②录制 PPT 功能。作为一款专业录屏与视频创作软件，Camtasia 集成到 Microsoft PowerPoint 中快速录制 PPT 视频并将其转化为想要的视频模式。使用 Camtasia Studio PPT 插件可以快速地录制 PPT 视频并将视频转化为交互式录像放到网页上面，也可转化为绝大部分的视频格式，如 AVI、SWF 等。

它允许录制 PPT 的同时，录制声音和网络摄像机的录像。在最后制作视频时，可以把摄像机录像以画中画格式嵌入主视频中。在录像时，可以增加标记、增加系统图标、增加标题、增加声音效果、增加鼠标效果，也可在录像时画图。还可以为视频添加效果，如创建标题剪辑、自动聚焦、手动添加缩放关键帧、编辑缩放关键帧、添加标注、添加转场效果、添加字幕、快速测验和调查、画中画、添加元数据等。

③视频剪辑功能。Camtasia Studio 还是一款视频编辑软件，支持绝大多数视频格式和 Flash、GIF 的后期编辑创作。它还具有及时播放和编辑压缩的功能，可对视频片段进行剪接、添加转场效果。可以将多种格式的图像、视频剪辑连接成电影，使用该软件，用户可以方便地进行屏幕操作的录制和配音、视频的剪辑和过场动画、添加说明字幕和水印、制作视频封面和菜单、视频压缩和播放。重构的时间轴能够添加任意多的多媒体轨道，帮助更快地剪辑视频。

④丰富的格式输出。Camtasia Studio 的输出格式可以是 GIF 动画、AVI、RM、QuickTime 电影（需要 QucikTime 4.0 以上）等，并可将电影文件打包成 EXE 文件，在没有播放器的机器上也可以进行播放，同时还附带一个功能强大的屏幕动画抓取工具，内置一个简单的媒体播放器。Camtasia Studio 编辑器还可以制作视频为多种格式。

a. 制作 Flash（MPEG-4、FLV 或 SWF）。

b. 制作 Windows 媒体播放器程序（WMV）。

c. 制作 QuickTime Movie（MOV）。

d. 制作 AVI。

e. 制作 iPod、iPhone 或者 iTuner（M4V）。

f. 仅制作音频（MP3）。

g. 制作 RM（Real Media）。

h. 制作 CAMV（Camtasia for RealPlayer）。

i. 制作 Animation file （GIF）。

在输出时，可以进行进一步设置，如视频大小、视频选项、基于标记自定义、后处理（后期制作）选项、制作附加输出选项、保存制作设置为预设、制作时间线上的一个选区为视频、预览制作设置、批量制作打包并且显示可执行文件、打包并且显示 AVI 选项、打包并且显示

SWF 选项、打包并且显示 CAMV 选项等。

（2）Camtasia 的基本操作。

①基本界面。程序安装完成后，在"开始"菜单中能够找到 TechSmith 的文件夹，从中找到两个相关的程序，分别是 Camtasia Studio 8 和 Camtasia Recorder 8，前者对视频文件进行处理，并最终打包输出为封装视频文件格式，如 MP4。后者则是录屏的工具，默认保存为 camproj 格式的项目文件。

打开 Camtasia Recorder 8 的界面，由左至右分为三个功能区：选择区域、音视频输入和录制按钮。在选择区域部分，可自定义宽高比和像素数量。音视频输入可启用摄像头采集画面、启用麦克录制音频。录制按钮同时兼具启动、停止和保存的功能，在录制过程中随时控制，需要注意的是：Camtasia 采用帧切割的方式进行视频捕捉，在启动前后会有 3s 的延迟，应提前考虑该时间差。录制停止后，可预览一下，然后选择"保存并编辑"选项。其输出格式主要有 CAMREC 和 AVI，默认是 CAMREC，具有较好的兼容性。视频捕捉完成，会进入 Camtasia Studio 8 的界面，开始对素材的编辑处理过程。

②导入素材。一般都是从创建工程文件开始，其扩展名是 camproj。单击快捷工具栏的"导入媒体"按钮，可以导入图像文件、音频文件和视频文件，如图 2-89 所示。尤其需要注意的是，对自身格式 camrec 的支持是较好的。

```
所有媒体文件 (*.camrec,*.trec,*.avi,*.mpg,*.mpeg,*.wmv,*.mov,*.mts,*.m2ts,*.bmp,*.gif,*.jpg,*.jpeg,*.png,*.wav,*.mp3,*.m4a,*.mp4,*.wma,*.swf)
图像文件 (*.bmp,*.gif,*.jpg,*.jpeg,*.png)
音频文件 (*.wav,*.mp3,*.m4a,*.wma)
视频文件 (*.camrec,*.trec,*.avi,*.mp4,*.mpg,*.mpeg,*.mts,*.m2ts,*.wmv,*.mov,*.swf)
```

图 2-89　Camtasia Studio 支持的导入媒体格式

导入的视频以缩略图的形式，出现在剪辑箱中，双击该缩略图，会在右侧的视频预览窗口中进行查看。右击该缩略图，会弹出快捷菜单，如图 2-90 所示。选择"添加到时间轴播放"选项，视频素材会快速添加到时间轴上进度线的位置，拖动时间轴上的进度按钮，可以对画面快速预览，从而精确找准剪辑的时间点，便于下一步的裁剪，如图 2-91 所示。

图 2-90　将素材添加到时间轴

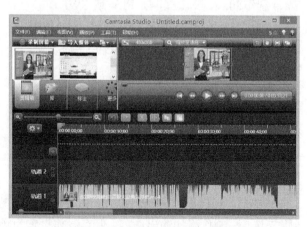

图 2-91　时间轴、素材轨道、预览窗口

③编辑素材和轨道。关于进度线，应注意其所在的位置，右击该进度线，执行"分割"命令，可对当前选中的素材进行分割；或者执行"分割全部"命令，可对进度线掠过的所有素材进行分割，如图 2-92 所示。

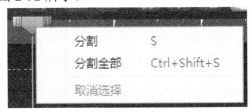

图 2-92　对素材进行分割

在进度线的标尺处，有绿红对称的两个标记，分别是开始标记和结束标记，拖动该标记就会发现能够实现一个选区。一般是绿色标记在左，红色标记在右。进度线标记与红绿色标记可以分离，彼此不影响。单击并拖动标记，可看到它所在的时间点和选区的持续时间。右击该选区，能够实现简单的剪辑命令，如图 2-93 所示。

单击轨道头的加号按钮，可快速添加轨道，并将剪切或复制的素材放到这里，如图 2-94 所示。在轨道头上右击，能够使用一些常用的轨道操作命令，如图 2-95 所示。对于插入的素材本身，右击也可执行一系列的操作，如图 2-96 所示。

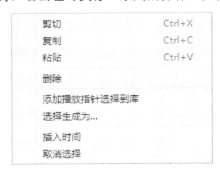

图 2-93　对素材选区的快捷命令

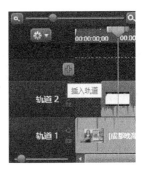

图 2-94　在轨道头插入轨道操作

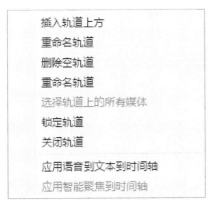

图 2-95　轨道头的快捷操作

图 2-96　轨道素材的快捷操作

④输出视频。选中需要输出的轨道，单击"制作和分享"按钮，将会进入向导窗口，进行格式化视频的输出，如图 2-97 所示。

图 2-97　输出视频的格式化选项

2）视频格式转换软件的使用

Aiseesoft Video Converter Ultimate 是一款非常不错的视频转换软件，程序能够帮助将视频文件转换为其他流行的视频文件格式，如 MP4、H.264、AVI、MP3、WMV、WMA、FLV、MKV、MPEG-1、MPEG-2、3GP、3GPP、VOB、DivX、MOV、RM、RMVB、M4A、AAC、WAV 等，转换速度快而且可以保持出色的声音/图像质量。此外，程序还可以提取音轨出来并保存为 M4A、MP3、AC3、AAC、WMA、WAV、OGG 等格式的音频文件。

打开软件后，可看到快捷工具栏上的 Add Files 按钮，单击添加文件或文件夹，如图 2-98 所示。

图 2-98　添加文件

在软件的主编辑区中，可以看到一个或多个文件的任务列表，如图 2-99 所示。默认转换的是 FLV 格式。单击图中最右侧的格式图标，可更改为其他的输出格式，这里设置为 AVI，如图 2-100 所示。

图 2-99　视频转换任务 FLV 示例（前）

图 2-100　视频转换任务 AVI 示例（后）

与此同时，在软件下方的 Profile 配置中能立刻看到刚刚选择的输出格式，如图 2-101 所示。

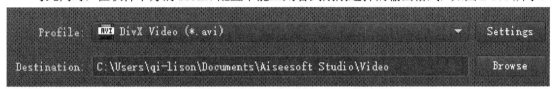

图 2-101　视频输出格式的配置列表

视频输出格式的指定如图 2-102 所示。

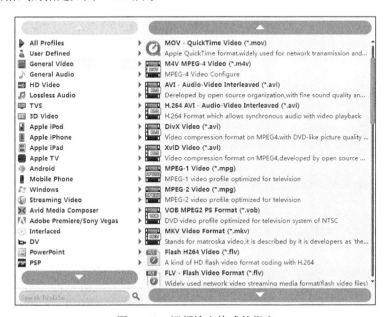

图 2-102　视频输出格式的指定

对于一种具体的转换格式，单击图 2-101 的 Setting 按钮，可进一步地对预置方案进行修订，以 FLV 格式为例，如图 2-103 所示。

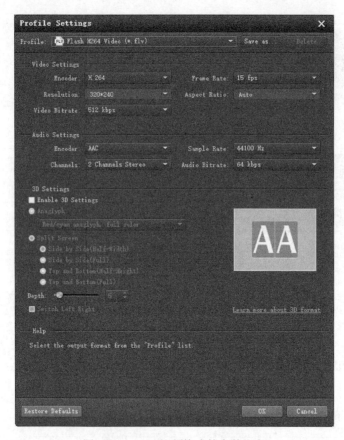

图 2-103　FLV 视频格式的参数指定

　　此外，该软件还支持从网络上分析网络流媒体视频的地址，并进行下载，只需要单击图 2-98 中的 Download 按钮，将视频地址复制到地址栏里，单击 Analyze 按钮即可，如图 2-104 所示。

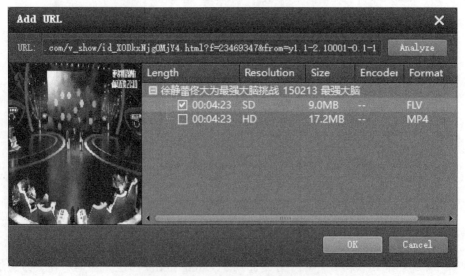

图 2-104　分析视频地址并进行下载

6. 项目效果总结

　　本项目介绍了桌面视频获取的主要技术要领，介绍了视频格式转换软件的简略用法。视频格式转换是指通过一些软件，将视频的格式互相转化，使其达到用户的需求。常用的视频格式有影像（video）格式、流媒体（stream video）格式。一些专业的视频编辑软件，由于强大的非线性视频编辑功能，使其更能胜任多种视频转换功能，同样可以给对视频转换要求较高，但更喜好编辑的人带来方便。

7. 课业

　　视频格式转换软件主要的转换参数有哪些，有何具体意义？

第 3 章　广播剧的创意设计和案例制作

3.1　音频素材的处理技术

3.1.1　项目 1　单轨音频软件制作声音素材

1. 学习目标

通过本项目的学习，学会利用 GoldWave 编辑常用的音频素材，能够生成特定的数字音效，对音频素材进行简单的处理。

2. 项目描述

GoldWave 是数字音频编辑和处理软件，能够选择音频事件，进行剪切、复制、粘贴、删除等剪辑操作，它允许使用很多种声音效果，如倒转（invert）、回音（echo）、摇动、边缘（flange）、动态（dynamic）和时间限制、增强（strong）、扭曲（warp）等，从而制作各种数字音频素材。

3. 项目分析

GoldWave 是一个集声音编辑、播放、录制和转换的音频工具，它还可以对音频内容进行转换格式等处理。它体积小巧，功能却不弱，可以打开的音频文件相当多，包括 WAV、OGG、VOC、IFF、AIFF、MP3、APE 等音频文件格式，也可以从 CD 或 VCD 或 DVD 或其他视频文件中提取声音。内含丰富的音频处理特效，从一般特效如多普勒、回声、混响、降噪到高级的公式计算等。

4. 知识与技能准备

GoldWave 的基础知识；数字音频属性的格式和参数。

5. 方案实施

任务一　GoldWave 的基本介绍

GoldWave 是一款功能相当强大的录音和音频编辑软件，其直观的编辑区域和方便实用的编辑功能，就算是新手也能很快地熟悉操作。软件自带多种音效处理功能，对音频的特效处理做到了简单快捷。利用它还能方便地将编辑好的文件存成.mav、.au、.snd、.raw、.afc

等格式。

　　GoldWave 最新的版本是 6.1，于 2015 年 1 月 19 日对外发布，如图 3-1 所示。GoldWave
默认的主界面，由菜单栏、工具栏、工作区和垂直控制区组成，如图 3-2 所示。单击 Window
菜单下的 Horizontal Control 选项，可将垂直工作区切换成水平工作区，如图 3-3 所示。单击
Classic Control 选项，可切换回传统控制区。

图 3-1　GoldWave 的版权信息

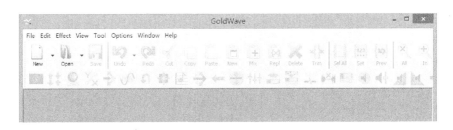

图 3-2　GoldWave 的主界面

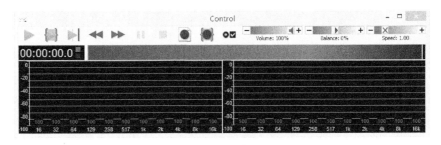

图 3-3　GoldWave 的水平控制区

任务二　GoldWave 的基本使用

1）音频文件的打开和查看

　　通过菜单 File→Open，或者工具栏的快捷图标 Open，可以打开 GoldWave 所支持的音频
文件。同时，在主工作区中显示出音频文件的完整波形图，以及它的波形缩略图，并处于高
亮选中状态。此时应注意，打开的立体声声音文件，通常有两个声道，即左声道和右声道，
如图 3-4 所示。将鼠标浮动到波形图的上方，利用滚轮键进行翻动，可以实现当前鼠标位置
处波形的放大和缩小，如图 3-5 所示。

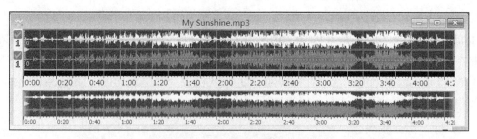

图 3-4　音频文件的初始打开状态

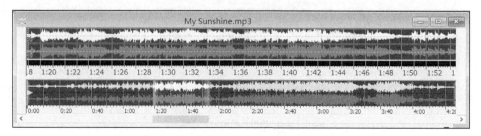

图 3-5　音频文件的放大显示状态

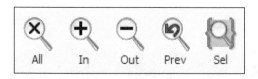

图 3-6　GoldWave 的波形查看按钮

此时应注意，主工作区上半部分的水平刻度发生了变化，即从 0:00~4:20 改变为 1:18~1:54。放大倍率越高，对声音文件的选择精度越高，从而实现准确的声音文件选取，为下面的声音处理做好准备。由于计算机屏幕分辨率的不同，GoldWave 的工具栏可能显示不全，通过拖拉软件的外边缘，可将隐藏的工具栏图标显示出来。其中有五个图标，能对波形进行放大和缩小显示，如图 3-6 所示。它们分别对应：查看完整文件、放大显示、缩小显示、上一步显示、选区完整显示。

2）音频文件的选区选择

对声音文件的部分或全部进行选择，是声效处理的第一步。当音频文件被打开后，默认处于全部选中的状态。最简单的选择，是在波形文件上拖动，即可实现选区。与此同时，在 GoldWave 的状态栏，会有属性信息显示出来，指明选取的时间范围，如图 3-7 所示。

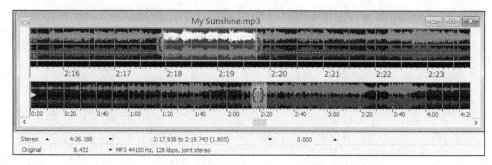

图 3-7　实现选区

此时，在选区的左侧单击，会向左扩展选区至鼠标处；在选区的右侧单击，会向右扩展选区至鼠标处。同理，在选区内部单击，也会相应地缩小选区的左边界和右边界。在工具栏上，也有对象的三个按钮，可以实现对选区的控制，如图 3-8 所示。分别对应：全部选区、精确设置选区、上一步选区。其中，精确设置选区的功能尤其重要，可精确到毫秒，如图 3-9 所示。

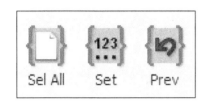

图 3-8　GlodWave 工具栏选区控制按钮　　　　　图 3-9　GoldWave 的精确设置选区

此外，单击属性栏的左侧 Stereo 按钮，可以将默认的立体声双声道（左声道+右声道），改为单声道（左声道或右声道），可以选中选区的单一声道，而不影响另一条声道，如图 3-10 所示。

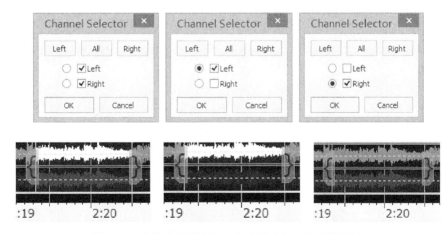

图 3-10　立体声声道选择、左声道选择、右声道选择

3）音频文件的编辑技术

对音频文件进行选择后，就可以进行基本的剪辑操作，包括剪切、复制、粘贴、粘贴为新文件、混合式粘贴、替代当前选区、删除、修剪等。这些常用的操作，都能从工具栏上找

图 3-11　常用的声音剪辑命令

到，如图 3-11 所示。此外，借助于 Edit 菜单，还能找到其他的编辑命令，如复制为新文件、粘贴在（文件开头、选区结尾、文件结尾）、与剪贴板文件的淡入淡出（插入当前选区的尾部）、改写（不改变文件长度）、替换（可能改变文件长度）、修剪静音区、插入静音区等，如图 3-11 所示。

需要特别解释的是以下几点。

（1）混合式粘贴。

不管剪贴板中的文件长度如何，都会与当前选中的选区，进行波形叠加，并且不会改变声音文件的总长度。但是叠加后的波形，会发生增量变化，引起失控，如图 3-12 所示。

（2）淡入淡出式粘贴。

来自剪贴板的波形，会与当前选区的波形进行淡入淡出，即前者淡入，后者淡出，并在当前选区后插入没有淡入的剩余波形，进而从总体上增加声音文件的总长度。通过对话框设置，可以调整淡入淡出的时间长度。图 3-13 的淡入淡出持续时间是 5.34s。

图 3-12　混合式粘贴的对话框

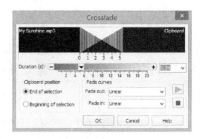

图 3-13　淡入淡出式粘贴

（3）改写式粘贴。

来自剪贴板的波形，会从当前选区的开头部分进行改写，改写的时间长度取决于剪贴板中的声音长度。如果剪贴板中的声音较长，则会延长改写的长度；如果剪贴板中的声音不足选区的长度，则会提前结束改写。改写式粘贴不会改变声音文件的总长度。

（4）替换式粘贴。

来自剪贴板的波形，会对当前选区进行替换。也可以理解为，先将选中的选区进行删除，然后从选区的开始部分进行插入式粘贴。在这种情况下，如果剪贴板中声音的时间长度大于当前选区的时间长度，则文件的时间总长度变长；反之，变小。

（5）修剪静音区。

对选中的波形进行静音区的删除，减少不必要的时间长度。可对静音区的参数进行设定，以正确识别真正的静音区，如图 3-14 所示。

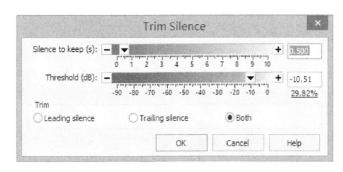

图 3-14　静音区的参数设置

任务三　音频文件的声效处理

1）数字音效的概念

现实生活中，存在着各种各样的声音。通常，将自然界的声音分为几种类型：语言、音乐和音响。在声音中，音效是较为特殊的类型，就是指由声音所制造的效果，是指为增进一个场面的真实感、气氛或戏剧信息，而加于声带上的杂音或声音。声音则包括了乐音和效果音，包括数字音效、环境音效和专业音效。

数字音效简称 EQ 模式，即 MP3 不同的声音播放效果，不同的 EQ 模式带给使用者不同的声音播放效果，同时 EQ 模式也是最能突出个人个性的地方，给使用者带来更多的音乐享受。MP3 的数字音效模式一般分为六种，分别是古典音乐模式（classic）、流行音乐模式（pop）、爵士乐模式（jazz）、摇滚乐模式（rock）、普通模式（nomal）和自动改变模式（auto）。

环境音效主要是指通过数字音效处理器对声音进行处理，使声音听起来带有不同的空间特性，如大厅、歌剧院、影院、溶洞、体育场等。环境音效主要是通过对声音进行环境过滤、环境移位、环境反射、环境过渡等处理，使听音者感到仿佛置身于不同环境中。这种音效处理在计算机声卡上应用非常普遍，使用组合音响方面的应用也逐渐多起来。环境音效也有其缺点，由于对声音处理时难免会损失部分声音信息，并且能模拟出的效果和真实环境还有一定差距，所以有人会感到声音比较"虚假"。

一般来说，专业音效又可分为两类：第一类是针对音频信号在转换、传输、放大、播放过程中，由于音源与设备因素产生的失真进行合理有效的修正与补偿，使听音效果更接近音乐作品本身希望达到的效果（也就是"原汁原味"），杜比降噪、高清晰度音频处理系统（BBE）就是这类音效最出色的代表，这种可以称为还原性音效；第二类是在原来音乐的基础上，进行空间环绕、音场展宽、动态增强等处理，使听音效果更加丰富多彩。增强型环绕立体声（SRS）就属于此类音效的典型代表，可以称为修饰性音效。从技术角度分析，这两类音效的性质是完全不同的。还原性音效所做的工作，是一种改善音乐质量、还原音乐细节、提高音乐清晰度，对重现音乐的"原汁原味"有重要作用的，很必要的工作。而修饰性音效是在现有音乐的基础上，对音乐进行装点、修饰的效果，使得音乐更加讨好人的耳朵，更适合自己的听感。

2）数字音效的制作

对于 GoldWave 来说，它能借助于内置的音效插件，轻松实现很多特效，如多普勒、回声、混响、降噪等。下面一一进行介绍。

（1）删改。

在删改类型中，可以选择低音调、中音调、高音调、叮、叮咚、嗡嗡、汽笛、静电、乱语、剪贴板等。如果需要在正常声音中加入噪声的成分，"源音量"部分可以选择 100%；"删改音量"控制在-10%左右即可；类型可以是静电或者嗡嗡，如图 3-15 所示。

（2）压缩器/扩展器。

在录制声音的过程中，经常出现这样的情况：有几句用力过大，录制出来后声音失真了，而又有几句声音却太小，听不清楚。这时候，就需要用到压缩器、扩展器，通俗地说，就是把高音"压缩下去"，把低音"扩展上来"，对声音的力度起到均衡的作用。有两个概念需要注意：阈值和倍增。阈值就是压缩和扩展的临界点，它的取值就是压缩开始的临界点，超出这个值的部分就被以比值（%）的比率进行压缩。平滑度表示声音的润泽程度，根据自己的感觉和音频文件的不同，增量的大小可以尝试调整。一般情况下，数字越大声音过渡越自然，听上去感觉也越模糊；其取值越小声音越生硬，但越清晰，所以在压缩过程中应选择一个合适的平滑度，以获得最好的效果，如图 3-16 所示。

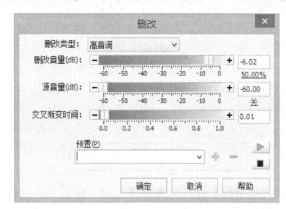

图 3-15　"删改"效果器

图 3-16　"压缩器/扩展器"效果器

（3）多普勒。

多普勒效应是声源和观察者有相对运动时，观察者接收到波的频率与声源发出的频率并不相同的现象。远方急驶过来的火车鸣笛声变得尖细（即频率变高，波长变短），而离去的火车鸣笛声变得低沉（即频率变低，波长变长），就是多普勒效应的现象。在 GoldWave 的效果器中，内置了颤音、更快、更慢、旋转录音、逐渐降速、逐渐提速等预置方案，还可以自定义锚点的数量及其坐标值，实现各种复杂的如声音变尖或变粗等效果，仅仅需要上下拉动锚点。右击锚点，还能对之进行删除，如图 3-17 所示。

（4）回声。

回声，是指声音发出后经过一定的时间再返回被人们听到，就像在旷野上面对高山呼喊一样，在很多影视剪辑、配音中广泛采用。回声是典型的延迟类效果器。其中的选项"延迟"表示数字越大，声音持续的时间也就越长，效果越强。"音量"指持续的回声的音量，它不能太大，否则影响效果。"立体声"与"产生尾音"选项，顾名思义，使回声更真实和有空间感，如图 3-18 所示。

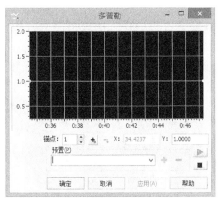

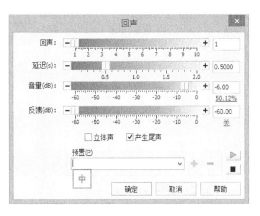

图 3-17　多普勒效果器　　　　　　　　图 3-18　回声效果器

（5）滤波器——均衡器。

这一效果器主要是合理地改善音频文件的频率结构，达到较理想的声音效果。当前为 7 频段的频率均衡。最快捷的调节方法，就是直接拖动各个频段的数字标识，注意每一频段的增益不能过大，以免造成过载失真。在预设方案中，有"减弱低音、中音、高音；增强低音、中音、高音；仅低音；无低音；均衡响度"等选项，如图 3-19 所示。

（6）镶边效果。

镶边效果是在声音原来音色的基础上，再加上一道独特的"边缘"，使其听上去更有趣，更具变化性。执行"效果"菜单下的"镶边"命令就能进入设置界面。设置选项中，主要有"深度"和"频率"两项参数，改变它们各自的不同取值，就可得到很多意想不到的奇特效果。如果想要加强作用后的效果比例，则将混合音量增大，如图 3-20 所示。在预设选项中，有"恐怖、机器人、弯曲、异形"等方案，可以参考以设定合适的效果。

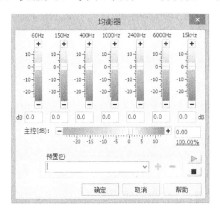

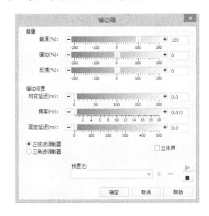

图 3-19　均衡器　　　　　　　　　　图 3-20　镶边器

（7）立体声效果。

立体声效果包括四种效果器，分别是声道混音器、最佳匹配、声像和消减人声。声道混音器可以对左、右声道进行混音。一般是对两个声道同时操作的，上为左声道，下为右声道。

如果需对单一声道操作，可以在"编辑"菜单"声道"选项中选择声道，未被选中的声道，不会被操作，如图 3-21 所示。

声像效果（Pan）是指控制左、右声道的声音位置并进行变化，达到声像编辑的目的。在声像效果器中，交换声道位置和声像包络线十分有用，如图 3-22 所示。

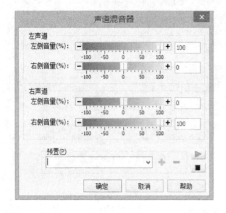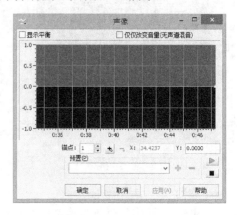

图 3-21　声道混音器　　　　　　　　图 3-22　声像效果器

消减人声是十分有用的效果器。打开效果器对话框，下面有一个预置列表，从列表中可以选择不同的模式，如单纯带阻就是使用带阻滤波消除人声，而单纯消除是利用左右声道消除人声。这两种预置模式有不同的效果，一般都不怎么使用。经常使用的是下面的三种：减少大量、更多、少量立体声人声，而具体使用哪一种模式就要靠耳朵来听了，看看实际哪种效果更好一些，如图 3-23 所示。

此外，利用声道混音器也可以做到消减人声。打开声道混音器以后，调节左声道的左侧音量为 100%，右侧音量为-100%，同样的道理调节右声道。这样做的原理是：不管是左声道还是右声道都有共同的声音，通过让左、右声道都减去共同的部分只剩下不同的部分，而不同的部分中没有人声，所以就消除了人声，如图 3-24 所示。

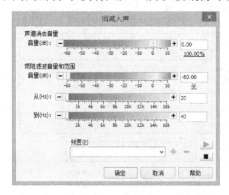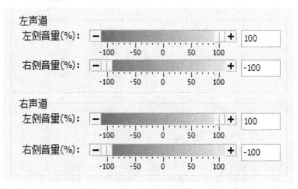

图 3-23　减人声　　　　　　　　图 3-24　声道混音器里的人声消除

（8）音高。

由于音频文件属于模拟信号，要想改变它的音高是一件十分费劲的事情，而且改变后的效果不一定理想。GoldWave 能够合理地改善这个问题，只需要使用它提供的音高变化命令就能够轻松实现。执行"效果"菜单中的"音调"命令进入改变音高设置对话框，其中，比例表示音高变化到现在的 0.5~2.0 倍，是一种倍数的设置方式。而半音就一目了然了，表示音高变化的半音数。因为 12 个半音就是一个八度，所以用＋12 或－12 来升高或降低一个八度。它下方的好声调（Fine Tune）是半音的微调方式，100 个单位表示一个半音。音频格式的固有属性显示，一般变调后音频文件其长度也要相应变化，但在 GoldWave 中可以实现梦寐以求的"变调不变

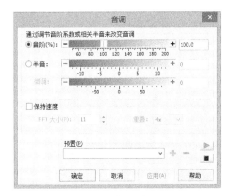

图 3-25　音调效果器

长"功能，只需将对话框中的保留长度的选框选中即可，现在再播放时发现还是原来的文件长度，如图 3-25 所示。

　　除了上面介绍的几种效果之外，GoldWave 还提供了内插、倒转、机械化、偏移、音调、反向、时间弯曲、音量调整（自动增益、更改音量、淡入、淡出、匹配音量、最佳化音量、外形音量）等效果，它们的使用更加简单。

　　6. 项目效果总结

　　本项目介绍了 GoldWave 在处理和制作音频素材方面的主要功能，还可以实现从压缩到延迟再到回声等各种特效。掌握它们的使用方法，能够更方便地在多媒体制作、音效合成方面进行操作，得到令人满意的效果。

　　7. 课业

　　GoldWave 中的音频效果制作菜单主要有哪些，适合于什么素材的制作？

3.1.2　项目 2　多轨音频软件的素材处理

　　1. 学习目标

　　通过本项目的学习，了解 Audition 软件界面的主要组成，学会音频文件的基本剪辑操作，能够认识各面板的主要作用和基本操作，学会声音优化处理的主要技术，如降噪处理、修复破音、修正复歌、人声润色等。

　　2. 项目描述

　　本项目的学习过程中，主要讲述多轨音频编辑的基本概念，能够认识音频素材的创作要求，运用所掌握的音频制作技法独立编创作品。本项目对于认识数字音频制作的基本流程，培养学生创新意识、分析和解决实际问题的能力，以及音频创作与制作能力等方面，发挥着重要作用。

3．项目分析

Adobe Audition 是一款专业的音频编辑、处理和录音工具，前身是 Cool Edit。1997 年 9 月，美国 Syntrillium 公司正式发布多轨音频制作软件 Cool Edit Pro，版本号为 1.0，当时售价是 399 美元。2002 年 1 月 20 日，Cool Edit Pro 发布了重要版本 Cool Edit Pro 2.0 版，它开始支持视频素材和 MIDI 播放，并兼容了 MTC 时间码，另外还添加了 CD 刻录功能以及一批新增的实用音频处理功能。

2003 年，Adobe 公司收购了 Syntrillium 公司的全部产品，并将 Cool Edit Pro 的音频技术融入了 Adobe 公司的 Premiere、After Effects、Encore DVD 等其他与影视相关的软件中。Cool Edit Pro 经过 Adobe 的重新整合优化，重命名为 Adobe Audition，开始支持更专业的 VST 插件格式。在经历了 1.0、1.5、2.0、CS5.5、CS6、CC 等版本后，2014 年 6 月更新至 Adobe Audition CC 2014 版，Adobe Audition CC 2014 在功能和性能方面更加强劲，最新 2014 版本增加了 5.1 杜比数字和 7.1 杜比数字的支持，同时提供功能增强的多轨编辑以及多种增强功能，并且可以自定义声道，优化和增强编辑体验，让用户获得比以往更丰富的音频编辑体验。

4．知识与技能准备

Audition 的安装和工作区布置；Audition 的主要功能和配置。

5．方案实施

任务一　Audition 的面板组成

Audition 与 Adobe 产品的其他系列一样，具有统一的风格和样式。在其默认界面中，面板都是可浮动面板，根据自己的爱好设置拖动便可轻松实现面板的个性化布局。若要调出或者删除某一面板，可在窗口选项中进行选择。

视图是软件运行时在屏幕上产生的场景，由多种类型的组件构成。不同类型的组件对应着不同的观察和操作方式。Audition 的组件有：①程序主窗口；②各种类型的面板；③菜单栏、工具栏、状态栏；④对话框和弹出信息框等。

Audition 具有三大视图方式，分别是编辑、多轨和 CD 视图，分别对应不同的工作类型。编辑视图用于单个声音素材的录制、剪辑和效果处理；采用破坏性编辑方法编辑独立的音频文件，并将更改后的数据保存到源文件中。多轨视图用于多轨音频的缩混工作；采用非破坏性编辑方法混合多轨文件或混合 MIDI 音乐及视频文件，编辑与施加的影响是暂时的，不影响源文件。CD 视图用于与 CD 唱片有关的整体编辑、母带制作等工作。

Audition 的视图切换方法：①快捷键切换，即按数字键 0，进入多轨；按数字键 9，进入单轨；按数字键 8，进入 CD 视图；②菜单切换，单击"视图"下的子菜单即可；③在 Audition 的左上角，单击屏幕按钮也可切换，Audition 的默认工作界面如图 3-26 所示。

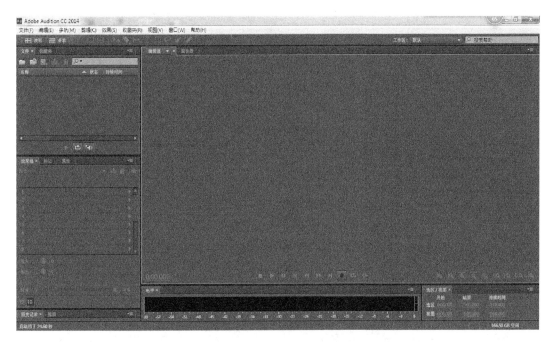

图 3-26　Audition 的默认工作界面

　　Audition 的面板也很灵活，不仅可以发生大小、位置的变化，还能以选项卡的方式隐藏在其他面板的背后。Audition 的常用面板，包括编辑器面板、传输面板、效果器面板、电平面板等。

　　1）视图面板的自定义排布

　　面板的状态主要有两种，即吸附态和漂浮态。前者指面板自动整齐排列的情况，后者指面板在屏幕上任意移动的状态。吸附状态可通过右击面板的标签，执行"浮动面板"命令实现，如图 3-27 所示。如果需要将浮动的面板变成吸附状态，拖动浮动面板的标签到目标位置即可。需要注意的是，在拖动的过程中，需要选择它与其他面板的位置关系，如图 3-28 所示。

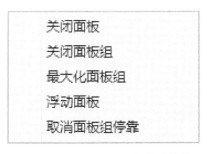

图 3-27　右击面板标签弹出菜单

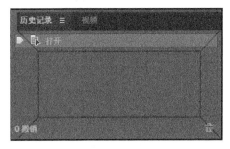

图 3-28　某面板拖动到"历史记录"面板的提示区

　　将某面板拖动到"历史记录"面板后，系统会弹出六个提示区，其中左梯形、上梯形、右梯形、下梯形都是将该面板与"历史记录"实现对齐操作，在视图上会同时看到两个面板紧紧吸附的状态。而选择中间和上面的矩形时，如图 3-29 所示，则会出现面板叠压的效果，只是选中间的矩形时被拖动的面板会放到右侧，选上面的矩形时被拖动的面板会放到左侧，如图 3-30 所示。

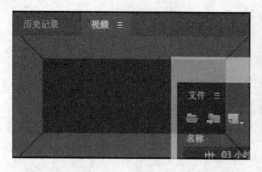

图 3-29 选择目标位置为中间和顶层矩形

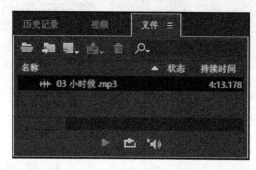

图 3-30 选择中间和顶层矩形后的多面板叠压结果

2）界面的其他操作方法

通过"窗口"菜单，能显示或隐藏大多数的面板。例如，执行"窗口"→"工具"命令，能对快捷工具栏进行隐藏。"窗口"菜单下的"工作区"子菜单，能对工作区进行管理，如新建工作区、删除工作区和重置工作区，如图 3-31 所示。单击视图菜单下的状态栏子菜单，能查看或隐藏特定的状态栏信息，如图 3-32 所示。

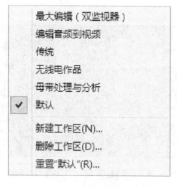

图 3-31 工作区的切换和管理　　　　图 3-32 状态栏的信息显示

调整波形的显示比例，也就是对波形进行缩放操作，并非音量的增大和减小。波形显示区域有三个周边，包括游标槽和游标、时间标尺和刻度、振幅标尺和刻度，如图 3-33 所示。

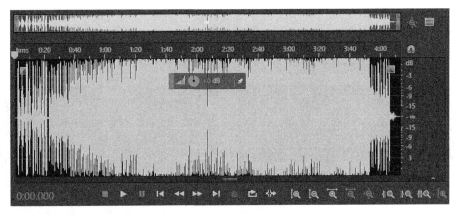

图 3-33　波形显示区域

注意：①游标槽的全长代表整个音频文件的长度；②游标的长度则代表当前面板显示波形的长度及其在整个波形中的位置；③游标中的竖虚线代表光标线在当前波形中的位置。

游标的缩放操作：①将鼠标指针悬停于游标上方，呈小手状，左右拖动鼠标即可观察波形的其他部分；②在游标上调用右键菜单，执行放大或缩小命令，也可实现缩放，如图 3-34 所示；③将鼠标停在游标最左或最右端，出现放大镜形状；④游标缩放支持鼠标滚轮。

振幅标尺及刻度的调节：①鼠标滚轮实现缩放；②右击调用菜单，执行放大或缩小命令，如图 3-35 所示。

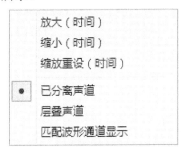

图 3-34　右击游标的弹出菜单

图 3-35　右击振幅标尺的弹出菜单

时间标尺及其刻度调整：①鼠标滚轮实现缩放；②右击调用菜单，执行缩放菜单中的放大或缩小命令，如图 3-36 所示；③右键拖动，框选时间范围，可放大局部波形。

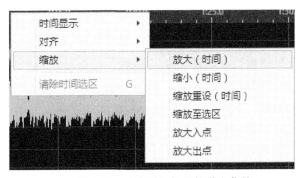

图 3-36　右击时间标尺的弹出菜单

Audition 是一款音频播放软件，能轻松读解多种音频格式。要实现音频素材的导入，可在文件面板中右击，在弹出的菜单中执行"导入"命令，便可导入所选定的音频素材，如图 3-37 所示。

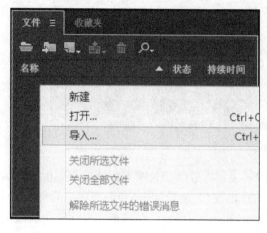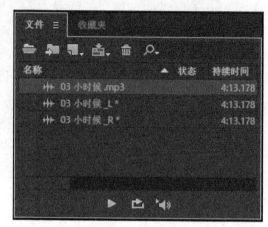

图 3-37　Audition 的文件面板

文件面板的下侧有三个按钮，可对导入的音频文件进行"播放""循环播放""自动播放"等预览功能。右击文件面板列表中的文件，可将声音文件插入到多轨混音中或 CD 布局中，继续进行操作。还可以执行"提取声道到单声道文件"命令，将立体声文件变为两条单声道素材，注意：列表中的文件名若带有"*"，则说明其内容已改变。双击该单声道文件，可进入编辑器进行编辑，执行"文件"菜单下的"保存"或"另存为"命令，可对声音文件进行保存。

3）多轨面板的主要操作

若在多轨中处理音频，首先应建立多轨回话，执行"文件"→"新建"→"多轨会话"命令。多轨音频工作文件格式是 SES，全称为 Session 文件。多轨文件记录了需要深入编辑的信息，却不能作为最终作品的格式。SES 文件记录了各个素材的名称、其对应的磁盘路径、相互间的位置关系、虚拟效果处理关系，但并未记录声音具体内容，所以 SES 文件的数据量比声音成品文件小很多。

在多轨工程中，可导入音频素材，或者直接将音频素材单击选中，拖进轨道中。还要注意的是：①设计合理的文件夹结构；②给文件以明确的、不容易误会的命名；③对"素材文件"和"工作文件"要同等对待，慎重保存。

多轨主面板有多条波形显示区域，每条称为一轨，每轨内可以放置多条声音素材。多轨主面板有两组游标槽和游标，分别用于调整纵向和横向的视图缩放比例。若调节轨道的缩放（长、宽），可将鼠标指针放到上侧和右侧的滑块首端或者末端，待鼠标指针变形时便可拖动滑条调节轨道的缩放，如图 3-38 所示。

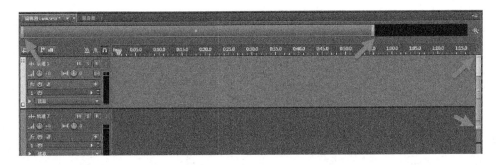

图 3-38　多轨视图的缩放查看

在轨道头的地方，单击 fx 按钮，会展开效果面板，单击向右的三角符号，能为音轨效果添加虚拟效果。单击之后，可以对整条音轨进行效果的添加处理，如图 3-39 所示，还可以设置效果前置衰减或后置衰减。

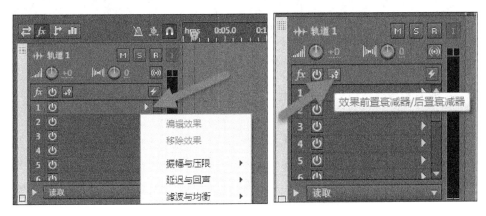

图 3-39　添加轨道效果控制

图 3-40 中的 M、S、R 按钮分别为静默、独奏、录音键。图中的按钮还包括音量、立体声平衡合并到单声轨等。选择页面中的混音器选项，能打开调音台面板，如图 3-41 所示。通过它，可以调节各个轨道的效果以及最终的输出。

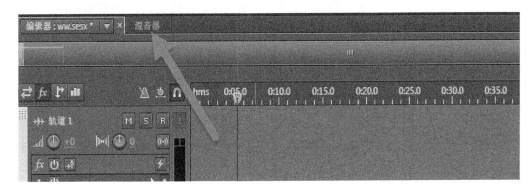

图 3-40　混音器的面板标签

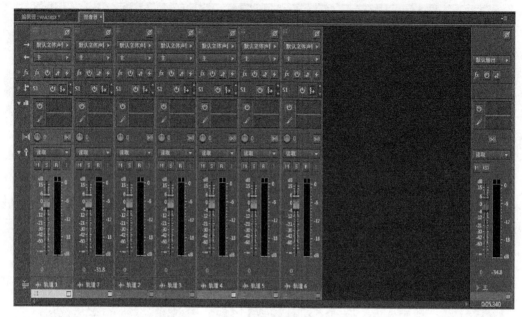

图 3-41　混音器面板

任务二　波形的精确选择和剪辑技术

1）基本剪辑技术的使用

在剪辑之前，需要选中声音段落。选择声音段落，是进一步剪辑或修改的基础。选中的方法十分简单，只需要在波形上拖动即可。将鼠标移动到选中区域的左右边界，拖动箭头图标，可向内缩小或向外扩展选区。如果需要精确设定选区的左右边界，可通过"选区/视图"面板，直接输入时间数值，即可达成目的，如图 3-42 所示。

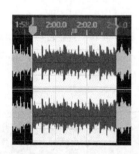 

图 3-42　拖动实现选区与视图面板

剪辑，即把声音裁切成若干个段落，并复制、删除或重新拼接它们，以此在时间顺序上改变声音的内容。剪辑的作用主要有两个：①去掉效果不良、内容错误的部分；②制造新奇的拼贴效果。常见的剪辑操作有剪切、复制、粘贴等。图 3-43 是声音剪辑的主要流程。

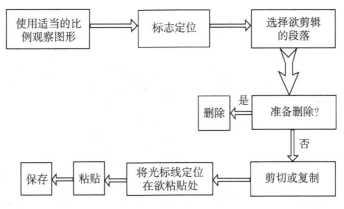

图 3-43　声音剪辑的主要流程

　　波形选中后，只是确定了需要剪辑的素材。此时还面临一个问题，该素材需要移动到什么位置？该目标位置一般用定位线（或光标线）标记。停止状态下，在波形上任意单击，单击出现的都是进度线，如果单击播放将从该线开始。播放状态下，在时间栏上单击，定位线可切换到进度线，继续播放；如果在波形上单击，则只是定位提示。在播放状态下，进度线和定位线可同时出现，进度线以实线方式出现，定位线以虚线的形式呈现，以示区别。定位线也可通过"选区/视图"面板，进行精确设定，如图 3-44 和图 3-45 所示。

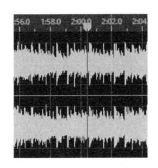

图 3-44　定位线（停止状态）

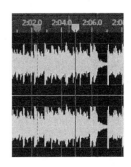

图 3-45　定位线和进度线（播放状态）

　　在粘贴素材时，应区分当前是停止状态还是播放状态。停止状态下，粘贴位置以定位线为准。播放状态下，以进度线为准。一旦粘贴完成，定位线立刻消失，并重新定位到刚才的粘贴位置，此粘贴操作仅执行一次。此外，可选中选区，对选区进行粘贴或混合式粘贴。

　　选择"编辑"菜单中的"混合式粘贴"选项，可弹出对话框，如图 3-46 所示。在粘贴类型中选择"插入"选项，是指在光标处（或选区的左侧）插入。如果是针对目标选区的操作，在执行过程中，首先把目标选区删除，然后将剪贴板中的素材插入。在粘贴类型中选择"重叠（混合）"选项，是将目标选区与剪贴板中的素材进行波形相加操作。在粘贴类型中选择"覆盖"选项，是将目标选区与剪贴板中的素材进行波形替换。在粘贴类型中选择"调制"选项，是将目标选区与剪贴板中的素材进行兼容（相乘）。后三种粘贴方式，并不会改变波形文件的总长度，只是算法不同。

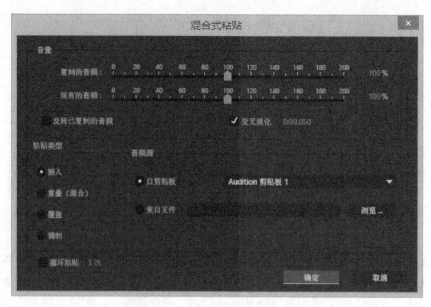

图 3-46　"混合式粘贴"对话框

　　注意事项：①粘贴板内容被粘贴时的音量调节，选中反转则实现先"反相"后粘贴；②在不同的采样率和比特声度的波形之间复制时，复制粘贴的波形会自动转换成为目标波形的采样率的比特声度，以适应新的波形格式；③单声道和立体声间复制粘贴，也会自动转换。

　　2）利用标记点实现精确剪辑

　　标记，是在声音文件中的特定时刻或者时间段上做的一些记号，并非声音数据。为某个时刻做的记号称为"点型标记"，为某个时间段落做的记号称为"范围型标记"。鼠标浮到定位线上（并非时间标尺），右击，可弹出对话框，如图 3-47 所示。按快捷键 M，也可快速添加提示标记。

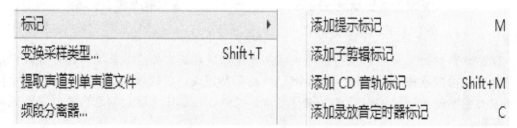

图 3-47　添加标记

　　最常用的是提示型，仅用于提醒。CD 音轨标记，烧录 CD 时可用，以便划分 CD 曲目号。子剪辑标记、录放音定时器标记，可用于剪辑与录音过程中。这四种类型的标记，如图 3-48 所示，右击，执行"变换为范围"命令，可变为范围型标记。双击范围型标记，可快速实现选区，如图 3-49 所示。单击"窗口"菜单下的"标记"菜单，可弹出标记面板，如图 3-50 所示。

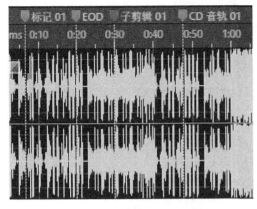

图 3-48　四种类型的标记

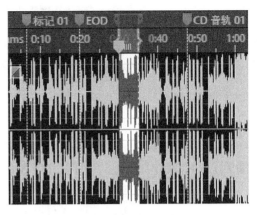

图 3-49　范围型标记快速实现选区

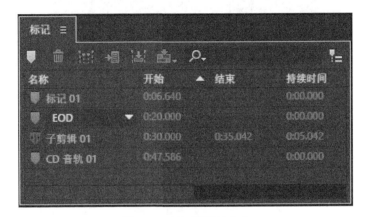

图 3-50　标记面板的信息

　　添加标记线后，在拖动实现选区的过程中，会自动吸附到该标记线，从而实现精确选区。光标线的吸附功能，可在"编辑"菜单下的"对齐"子菜单中选中，如图 3-51 所示。

图 3-51　对齐到标记

任务三　利用 Audition 实现声效处理

　　Audition 是一款功能强大的声效处理软件，本节将要介绍的效果器均为该软件自带的效果器。首先，单击左上角的"波形"按钮或者按快捷键 9，进入单轨视图。当然，也可以在多轨视图中，选择想要进入单轨的音频，双击便可进入单轨视图。要返回多轨时，只需单击左上角的"多轨"按钮或者按快捷键 0，如图 3-52 所示。

图 3-52 单轨与多轨视图切换

1）多普勒效果

首先选择想要处理的音频，进入单轨视图，执行"效果"→"特殊效果"→"多普勒换挡器（处理）"命令会出现此效果器的界面，如图 3-53 所示。

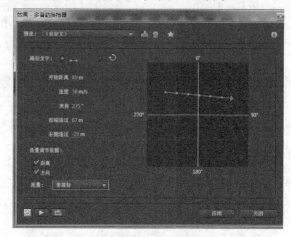

图 3-53 多普勒效应

可以设置路径的走向、初始位置、距声源的开始距离、速度以及其他参数。设置参数后单击左下角的播放键，可以即时监听以便调出更好的效果。所有参数设置正常后单击"应用"按钮即可。

2）回声

在单轨界面中执行"效果"→"延迟与回声"→"回声"命令，出现回声效果器的界面，如图 3-54 所示。

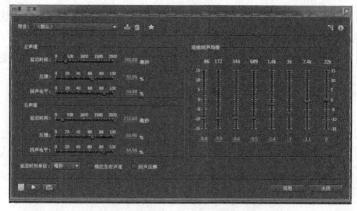

图 3-54 回声效果器

　　该效果器可以调节延迟与回声，预设中已经有调节好的特殊效果参数。若有合适情景可以直接使用，没有合适的效果则可以自己进行参数调节。延迟是在数毫秒之内相继重新出现的单独原始信号副本。回声是在时间上延迟得足够长的声音，以便每个回声听起来都是清晰的原始声音副本。当混响或和声可能使混音变浑浊时，延迟与回声是向音轨添加临场感的好方法。反馈是通过延迟线重新发送延迟的音频，来创建重复回声。

　　3）混响

　　执行"效果"→"混响"命令会出现混响效果器界面，如图 3-55 所示。

　　可以调节衰减时间、预延迟时间、扩散度、感知度和干湿比例等参数。衰减时间：设置混响逐渐减少至无限（约 96dB）所需的毫秒数。对于小空间使用低于 400 的值，对于中型空间使用 400~800 的值，对于非常大的空间（如音乐厅）使用高于 800 的值。例如，输入 3000ms 可创建宏大竞技场的混响拖尾。注意，要模拟兼有回声和混响的空间，请先使用回声效果建立空间大小，然后使用混响效果使声音更自然。低至 300ms 的衰减时间可以为干声音增加感知的空间感。

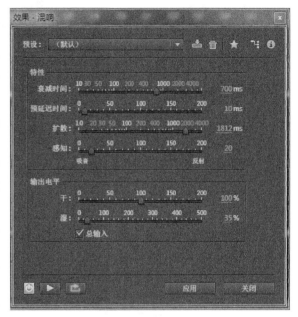

图 3-55　混响效果器

　　预延迟时间：指定混响形成最大振幅所需的毫秒数。对于短衰减时间，预延迟时间也应较小，通常设置为大约 10%衰减时间的值听起来最真实。但是，使用较长的预延迟时间和较短的衰减时间，可以创造有趣的效果。

　　扩散：模拟自然吸收，从而随混响的衰减减少高频。较快的吸收时间可模拟装满人、家具或地毯的空间，如夜总会和剧场。较慢的时间（超过 1000ms）可模拟空的空间（如大厅），其中高频反射更普遍。

　　感知：更改空间内的反射特性。值越低，创造的混响越平滑，且没有那么多清楚的回声。值越高，模拟的空间越大，在混响振幅中产生的变化越多，并通过随时间创造清楚的反射来增加空间感。

　　提示：设置为 100 的"感知"以及 2000ms，或更长的衰减时间可创造有趣的峡谷效果。

　　干声与湿声：干，是设置源音频在输出中的百分比，在大多数情况下，设置为 90%效果很好，要添加微妙的空间感，请设置较高的干信号百分比；要实现特殊效果，请设置较低的干信号百分比；湿，是设置混响在输出中的百分比，要向音轨添加微妙的空间感，请使湿信号的百分比低于干信号，增加湿信号百分比可模拟与音频源的更大距离。

　　总输入：先合并立体声或环绕声波形的声道，再进行处理。选择此选项可使处理更快，但取消选择可实现更丰满、更丰富的混响。

4）降噪

首先在单轨中按住鼠标左键不放,向左或向右拖动框选出噪声的样本(可选择录音间隙,或者开始或结束的空白环境音),执行"效果"→"降噪/恢复"→"捕捉噪声样本"命令,如图 3-56 所示。

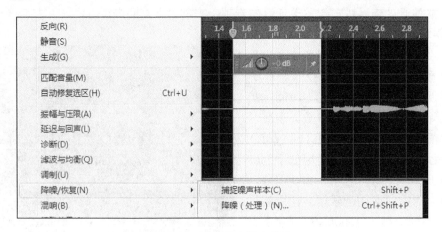

图 3-56　捕捉噪声样本菜单

选择需要降噪的部分音频（一般情况下是整段音频都需要降噪，所以可以全选），然后执行"效果"→"降噪/恢复"→"降噪（处理）"命令，如图 3-57 所示。

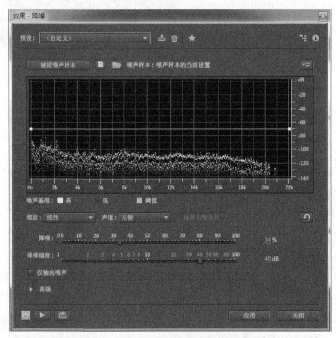

图 3-57　捕捉噪声样本的图形化显示

注意：语音文件降噪可到 95dB，音乐文件降噪不可超过 65 dB，否则失真严重。对音乐降噪时，一次不满意，可进行两次或多次降噪，然后再进行频率补偿即可，但是每次都要重新获取噪声特性文件。

5）淡入、淡出

在处理音频的时候，两段音频前后衔接，为了避免空白和突然会对前端音频的末尾进行淡出效果的处理，对后端音频的起始进行淡入效果的处理。进入到单轨视图，鼠标指针放到左上角小方块上，待指针变形后按住左键进行拖拽，可任意调节衰减的程度，淡出也为同样的步骤，如图 3-58 和图 3-59 所示。

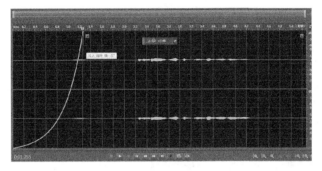

图 3-58　淡入

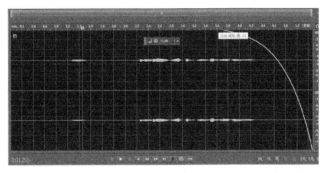

图 3-59　淡出

还有一种在多轨中处理的办法，在音频素材中同样有淡入、淡出的方块按钮，可和上述办法一样拖动淡入、淡出的按钮来进行调节，如图 3-60 所示。

图 3-60　多轨面板中的淡入

注意：一般在进行衔接的时候，两段音频要有部分重合才会保证不会"空场"。

任务四　利用 Waves 插件实现声效处理

1）素材的降噪

声音的降噪：首先选择 Waves 中一款比较入门的降噪软件。

执行"效果"→VST→"效果"→X-Noise Mono 命令，如图 3-61 所示。

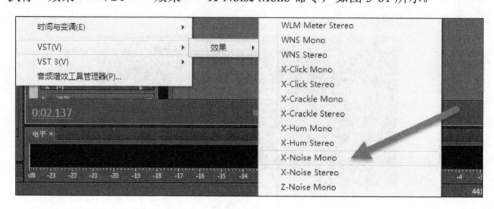

图 3-61　X-Noise Mono 效果菜单

打开后如图 3-62 所示，白线（噪声采样阈值）为降噪的基准线，是靠第一个推子调节其值的大小的，一般情况为白线高于红线。第二个推子为衰减总量，可根据试听效果调节该效果器的参数，多次调节以确定最好的效果。

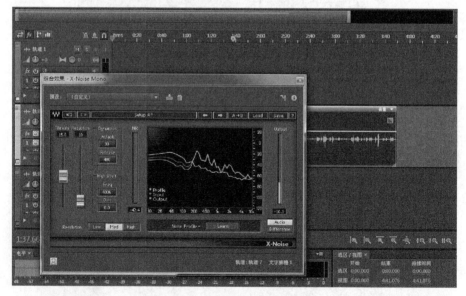

图 3-62　X-Noise Mono 的界面

2）混响与均衡

混响：Waves 中混响效果器有很多，在此只简单介绍一款混响效果器，可根据需求调节各项参数，执行"效果"→VST→"效果"→Rverb Mono/Stereo 命令，如图 3-63 所示。

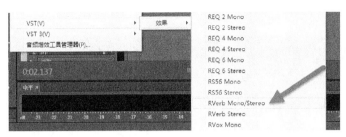

图 3-63　Rverb Mono/Stereo 菜单

打开该效果器，其界面如图 3-64 所示。

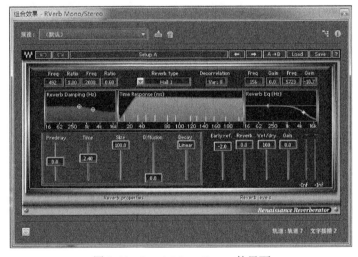

图 3-64　Rverb Mono/Stereo 的界面

Predelay：预延迟。Time：60/速度=1 拍的时间。Size：房间大小。Diffusion：扩散度（值越大反馈越复杂）。Decay：线性衰减。Earl ref：早期反射声。Reverb：混响量。Wet/dry：干湿比。

左上角为混响阻尼，中间为混响预设，右上角为混响 EQ，可根据声音素材的特点进行调节。

接下来介绍一个比较综合的效果器，对于初入门对参数不太熟识的人，相对来说比较容易掌握。该效果器包含了激励、EQ 低音高音调节、整段压缩等一系列的效果，执行"效果"→VST→"效果"→JJP-Vocals Mono/Stereo 命令，如图 3-65 所示。

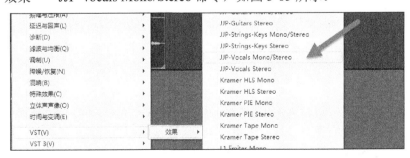

图 3-65　Vocals Mono/Stereo 菜单

该效果器的面板显示，如图 3-66 所示。

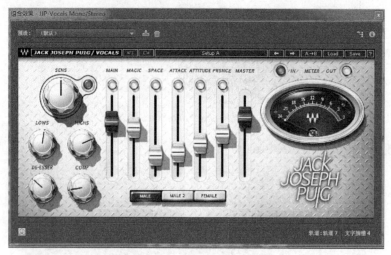

图 3-66　Vocals Mono/Stereo 效果器

每个按钮的用途，分别如下：

SENS 旋钮为灵敏度。亮的灯色：黑色为低质量，绿色为良好，黄色为最佳，红色是音量过载。

LOWS 旋钮为 EQ 低频量，HIGHS 旋钮为 EQ 高频量，DE-ESSER 为齿音消除量，COMP 旋钮为调整压缩。

MAIN：主要部分音量。

MAGIC：中心控制区（使人声更有磁性）。

SPACE：空间效果。

ATTITUDE：电子管人声低频调整（可使人声厚实温暖）。

MASTER：主输出激励器。

可根据自己所有的音频特点进行调节实验。

6. 项目效果总结

本项目通过四个有机设计的任务，分别是 Audition 的面板组成、波形的精确选择和剪辑技术、利用 Audition 实现声效处理、利用 Waves 插件实现声效处理等，全方位介绍了数字音频制作的过程。以"快速上手"的方式，使没有接触过数字音频编辑软件的人能够快速上手，熟悉软件的相关界面（Audition 的菜单栏、各模式及界面），实现各种音频的处理，以及各种效果器的使用，还包括 Waves 主流插件的基本知识与使用，从而使用户能更好地处理音频。

7. 课业

（1）在 Audition 中实现声音素材的精确剪辑，主要有哪些技术？

（2）利用 Waves 插件实现声效处理，有哪些比较典型的应用？

3.2　广播剧的综合案例制作

3.2.1　项目 1　广播剧的素材制作与布置

1．学习目标

通过本项目的学习，认识多轨录音的主要流程、基础素材的加工制作、广播剧的素材块布置等技术，力求实现音频处理和艺术创作的高度融合。

2．项目描述

本项目以从宏观到微观、由简单到复杂的方式，讲述多轨模式下音频素材的导入与布置、插入效果器、发送效果器等多轨面板的使用。

3．项目分析

广播剧（radio drama 或 audio drama，又称放送剧、音效剧、声剧）是一个戏剧化的音频媒体，其节目形式主要为播音员或配音演员所演出的戏剧，以帮助听者想象人物和故事，是适应电台广播、手机传播等需要而产生的一种艺术形式。它以人物对话和解说为基础，充分运用音乐伴奏、音响效果来加强气氛。

4．知识与技能准备

Audition 中数字音效的处理技术；数字调音与混音的基本环节。

5．方案实施

任务一　多轨录音的准备工作

1）编写脚本

按照任务一的技术要求，进行素材的录音，脚本如下。

任务：短篇广播剧《附身》的制作与展示。

剧本：（淡入开场音效）。

男：今日娘子分外贤惠，莫非有什么好事？

女：（温柔）官人陪伴在旁，自然便是好事。

男：（试探）娘子，你不是身体不适？【推开对方，同时播放起身及床板、衣服摩擦的声效】（温柔）那就早些睡下歇息吧……

女：【播放起身及床板的声效】（严肃）你便可出门寻花问柳了么？

男：（无奈带心虚）你看你，又来了……

女：……哎，（喃喃自语）曾何时，我这般盼望你来。曾何时，我不舍夜暮归去。如今，我却只得如影随行，看你抚摸她人肌肤，无法言语……

男：……（惊疑）你说什么？我……我没这样……

女：我知道，你并未真心爱过我。你贪图美色一时，你贪图富足一世。（短暂停顿）可，依然忘不了家中与你誓守白头的妻子。（略哽咽）也正因此，（降低音量）才会让我懦弱……【音乐关闭】

男：【轻拍对方】（试探）（衣料摩擦声及轻拍声）你怎么了？尽说些胡话，我自然是爱你的，也只爱你一个。

女：（喃喃自语）是么？你爱的是谁？【音乐起，紧张快速】（被附身的前奏）【女声音调及情绪注意变化】你爱的是你的娘子吧？你这般爱她，没有银两，却总会拾些小玩意哄她开心，又背地里与我相会……

男：【脚步声骤起至停】（大惊）你……你——不可能，不可能！【播放碰撞桌子的声效】你……你是娘子吧？你到底怎么了？别，别吓我……

女：（嘲笑）吓你？我怎忍心再吓你？【脚步声渐起渐停】不过一句气话，你便以为如我这般纤细的女子，会毁得你妻离子散。（大笑带讽刺）我怎敢？怎又忍心？可你……竟生生将我撞死在了妆台前，你——莫非忘了吗？

男：【继续后退】（难以置信）不，不……（哭腔）你，你认错人了……不，不……你滚开！滚开——

女：（喃喃自语）还记得吗？你送我的那柄铜镜，两侧有柳絮飞扬。你说，与我很是般配。于是，我悉心爱护，平日都不舍得使用。只那一次，你离去后，我在镜子里见着了自己满脸的血——喏，【掏出镜子，同时脚步声渐起渐停】（轻笑）就像这样……

男：（惊恐）啊……

女：我从未嫌弃过你的出身，你的家世。你却嫌我不如你那蛮妻好……我不明白，真的不明白。官人，再喊我一声娘子好不好？我，想听。

男：（惊恐）不，不是我杀了你……（音量渐轻）不是……

女：是我，不是你。但，我想与你一起死，（娇媚）好吗？喏，这支拾到的发簪，不知又是哪家可怜姑娘掉的，我便替她还给你吧。

男：（惊恐）啊啊——（撕心裂肺）啊……（声嘶力竭）

女：执子之手，与子偕老，呵呵……谁都别想与我抢！！

2）多轨录音过程

打开 Adobe Audition CC 软件，执行"文件"→"新建"→"多轨会话"命令，在"新建多轨会话"对话框中输入会话名称、文件夹位置、采样率、位深度、主控等参数，如图 3-67 所示。

在录音正式开始之前，应做好以下准备工作。

（1）将话筒正确接入计算机，开机并运行软件，检查声卡是否运行正常。

（2）调整录音电平。音频最大值就是采用 0dB 为标准，声音超过 0dB 有可能会产生限幅失真，所以录音时音量不要超过 0dB。应注意，该工作可以在单轨面板下进行。右击电平表面板，选择"信号输入表"菜单，能看到动态指示的电平显示。如果在多轨视图下进行此操作，应注意只有激活录音轨道后，才能在轨道头的位置看到动态显示的录音电平。因为，此时电平表面板是音频总输出的指示，如果右击电平表面板，"信号输入表"菜单是禁用的，如图 3-68 所示。

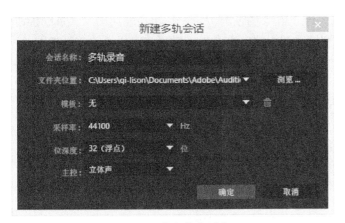

图 3-67　Audition 的多轨会话窗口　　　　　　　　图 3-68　多轨视图下，信号
　　　　　　　　　　　　　　　　　　　　　　　　　　　　输入表为禁用状态

（3）录音源的正确设定。执行"编辑"→"首选项"→"音频硬件"命令，设置输入、输出的硬件设备，如图 3-69 所示。

图 3-69　Audition 的音频硬件设置窗口

（4）开始录音及过程。在轨道 1 空白处右击，在弹出的菜单中执行"轨道"→"添加单声道音轨"命令，建立一个单声道录音音轨，如图 3-70 所示。一般情况下，内置麦克风或外置麦克风都为单声道，设为立体声音轨除了增加一倍数据，别无用处。

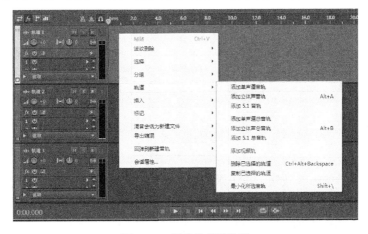

图 3-70　新建单声道轨道

默认添加的单声道轨道是在轨道 1 紧邻的下方。单击单声道轨道的 R（录制按钮），如图 3-71 所示。激活以后，能看到该轨道头的电平表处，出现动态显示的电平指示，注意在录音过程中不要出现"飘红"的现象，否则会有波形"削波"，造成音质损失。此时，下方的录制键处于可单击状态。

图 3-71　激活轨道的录音状态

在一个确保安静的录音环境中选择录音，单击图中的录制键，声音开始录入，此时可以观察到左侧的电平和波形图，如图 3-72 所示。

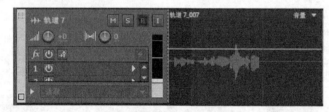

图 3-72　开始多轨录音过程

停止录音时，可单击下方的停止键，或者直接按键盘的空格键，如图 3-73 所示。

图 3-73　结束多轨录音过程

任务二　基础素材的加工制作

1）制作个人单曲

个人单曲的制作，就是把歌唱声贴到伴奏里，这就要求至少是两个音轨即伴奏轨和人声轨的混合，在多轨视图中可以方便地实现伴奏的播放与录音的合成，步骤如下。

（1）在第一轨，插入伴奏。多轨音频的一大特点是对每轨的音量都可以单独调节，这一功能十分有用。例如，在歌曲录制中，使用多轨可以任意调配人声与伴奏的音量比例。在更高级的音乐制作中，伴奏乐器也可以分为多轨，对主唱、伴唱、回声分别设置音量，都能起到意想不到的效果。

（2）在第二轨，单击 S 按钮，按下录音键即可录音。制作单曲时，最重要的方式是听伴奏的方式。首先，既然要把节拍和语音唱准，完全不听伴奏是不现实的。第二，听伴奏最好采用耳机监听的方式，避免音响反馈。

（3）调节过程中可以多次试听，注意每轨各自的电平表不要冲顶。如果感觉到人声轨和伴奏轨之间的音量比例已经合适，而仅是音量过大或过小，可以使用总输出音量推子来调节。

（4）录制好声音后还可以切换到单轨进行混响处理。

（5）调节完毕，保证没有任何一个素材被选中，回到主面板进行缩混合成。

执行"文件"→"多轨混音"→"整个会话"命令，弹出对话框，如图 3-74 所示。

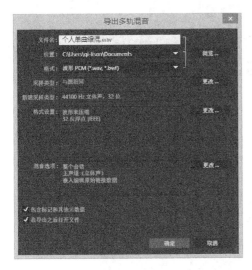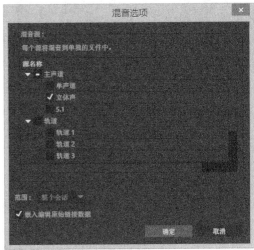

图 3-74　多轨缩混对话框和混音选项

2）提取卡拉 OK 中的伴奏

从立体声文件中除去人声主唱，将其改制成伴奏带，深受业余翻唱爱好者的欢迎。消除人声，属于"声道混合器"的一项预置方案，但是效果视音频的伴奏和人声混合而言，也就是素材本身的条件。消除人声的算法原理是把所有声道相减，这对于一些按传统录制手法的声音文件和标准的声音文件十分有用。传统歌曲录制，往往把主唱人声的声像放在中心位置，而把其他伴奏部分较均匀地铺开在 L 和 R 声道之内，所以人声的成分在 L 和 R 之内是几乎相同的，其他伴奏信号在 L 和 R 之内几乎不同。此时，实施左右声道相减，人声成分就会损失殆尽，而伴奏成分将得以保留。这种应用有时并不尽如人意，特别是对于把声像放在中间的伴奏乐器，它们的音质损害极大。

对于录音工程比较复杂的歌曲，人声还不一定放在中央，而是加上大量的声效，导致人声在左、右声道之内有明显差异，混同音乐。要想获得高品质的伴奏带，最好的办法不是消除立体声，而是重新使用 MIDI 等电子音乐设备制作伴奏，或者联系唱片公司取得伴奏带。

（1）在 Audition 中打开下载好的立体声歌曲"回家的路 1"，并复制一份成为"回家的路 2"。

（2）执行"效果"菜单下的"振幅与压限"命令，选择"声道混合器"选项。新建左声道中，左声道 100%引用，反相；右声道 100%引用。新建右声道中，左声道 100%引用；右声道 100%引用，反相，如图 3-75 和图 3-76 所示。

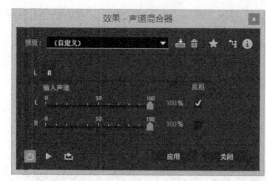
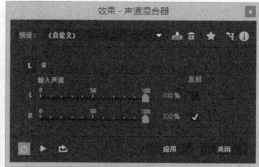

图 3-75　左声道设置　　　　　　　　　图 3-76　右声道设置

（3）此时大部分的人声已被去除，但是低频的打击乐器同样被抵消得很严重，通过 FFT 滤波可以弥补低频缺失，将已处理过的音频另存。单击多轨合成按钮切换到多轨界面，如图 3-77 所示。

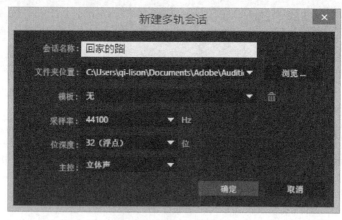

图 3-77　新建多轨会话

（4）将上一步处理过的音频拖动至音轨一，原始音频"回家的路 2"拖至音轨二，如图 3-78 所示。

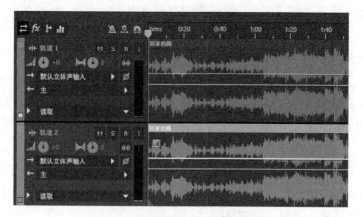

图 3-78　新建音轨二，并拖入原始声音

（5）双击音轨二，进入波形编辑界面，执行"效果"→"滤波与均衡"→"FFT 滤波"命令，如图 3-79 所示。

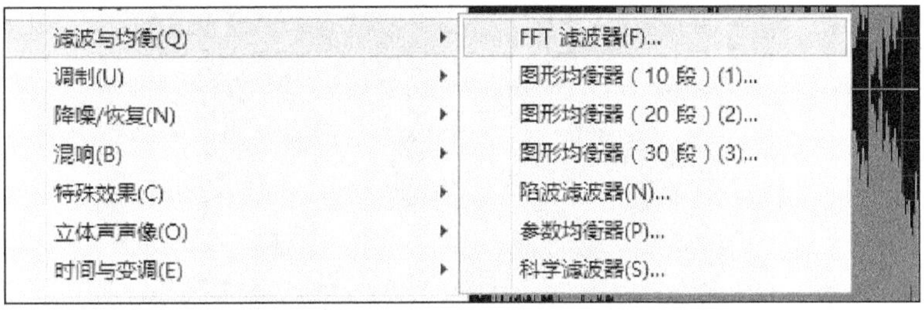

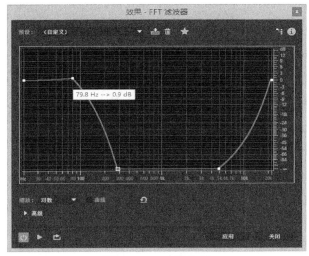

图 3-79　为原始声音增加 FFT 滤波器

在弹出的界面中根据频段进行调整，附常见人声频率如下。

男：低音 82～392Hz，基准音区 64～523Hz，男中音 123～493Hz，男高音 164～698Hz。

女：低音 82～392Hz，基准音区 160～1200Hz，女低音 123～493Hz，女高音 220～1.1kHz。

单击左下角的播放键打开预览，根据人声类型调整曲线，将人声范围内的频段均衡拖动至底部，尽量保留低频段，在人声基本清除后单击"应用"按钮，如图 3-80 所示，经 FFT 处理后的波形效果如图 3-81 所示。

图 3-80　FFT 滤波器

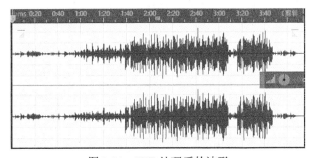

图 3-81　FFT 处理后的波形

（6）切换回多轨界面，单击播放按钮，并调整音轨 2 增益，如图 3-82 所示。

图 3-82　对轨道 2 进行音量调整

（7）最终，执行"文件"→"导出"→"多轨混音"命令，混缩输出。

任务三　广播剧的素材块布置

"音轨"（track），可以简单理解为一条声音素材。不过，即使是立体声文件也不能称为两条音轨，只能称为左右声道。因而，多轨是多条声音素材的叠加，是专业化作品创作中的常用手段，多轨中的素材可以称为"剪辑"（clip）或素材。

Audition 本身就是专业化的多轨音频创作系统。多轨制作允许用户在时间轴上任意排布许多素材文件，并让它们同时发声或不发声，然后分别调整每个素材的情况，并且在调整过程中毫不影响其他素材。最后，在对整体的音响效果感到满意后，再混合成一个单独的声音文件，以便刻录成唱片或在网络上传播。图 3-83 是多轨缩混的主要流程。

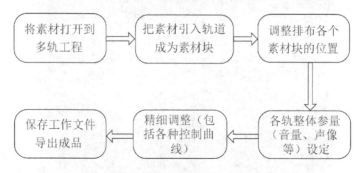

图 3-83　多轨缩混的主要流程

注意：①"素材打开到多轨工程"和"把素材引入轨道"是两个不同的环节，它们之间是前提与可能结果的关系；②"对素材块的调整"和对轨道的调整是不同的概念。素材是放置在轨道中的，对素材的调整仅作用于素材；对轨道的调整，作用将涉及轨道内的全部素材。

（1）"素材打开到多轨工程"就是借助于文件面板，实现音频素材的打开，文件面板在单轨视图和多轨视图内等效。

（2）按住鼠标左键，从文件面板拖动文件名到轨道上，释放左键，即可实现素材的简单插入，这一过程称为"把素材引入轨道"。被插入的素材整体呈"块状"，块的长度与游标的比例设定有关，也与自身的时间长度有关。选中素材块，鼠标光标呈现可移动状态，其位置可以任意拖动，也可以将其拖动到其他轨道，如图 3-84 所示。

（3）在轨道的空白处右击，弹出菜单，执行 "文件"→"插入"命令，可弹出对话框，给多轨音频导入素材。随后，素材以块的形状进入主面板，素材名称也出现在文件面板上，如图 3-85 所示。

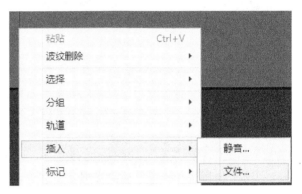

图 3-84　将素材拖入轨道　　　　　　　　　图 3-85　在轨道上右击菜单插入素材

一个声音文件可以在一个工程中多次出现，常用的设置方法是通过文件面板多次拖动。同一轨道内多次放置同一素材也没关系。

注意：为了保证工程内部的时间同步，Audition 要求同一工程内所有素材块的采样率相等。导入不同采样率的素材，需要进行声音规格的自动转换和备份，如图 3-86 所示。采样率发生转换，在文件面板内会自动反映出来，如果关闭多轨工程，这些文件会要求用户确认是否保存。

图 3-86　导入素材与已有素材采样频率不一致的提示信息

（4）素材块的简单布置。在多轨面板的各个轨道内，素材之间互相配合，共同构成了整个声音工程。素材块的布置体现了用户的艺术构思和实际需要。移动素材块，最方便的就是通过鼠标。多轨视图下，工具面板的按钮有四个：移动工具、切断工具、滑动工具和时间选择工具，如图 3-87 所示。

移动工具模式下，左键拖动实现移动；右键拖动过程结束，释放右键，会弹出菜单，如图 3-88 所示。有四个菜单项可供选择，复制到当前位置：只是复制，但并不为它在文件面板内建立文件。唯一复制到当前位置：复制素材块，同时在文件面板建立文件。移动到当前位置：素材块迁移。

图 3-87　多轨视图下的快捷工具

图 3-88　右键移动素材块的弹出菜单

切断工具模式，分为切断所选剪辑工具和切断所有剪辑工具。前者只能对鼠标浮动处的单一素材进行切断，后者能对鼠标浮动处的所有轨道素材进行切断。

滑动工具模式下，能对素材块的原始素材内容进行左右方向上的移动，而素材块时间长度不变。

时间选择工具模式下，左键拖动实现选区。该选区可以在一个素材块上实现，也可以向上或向下延伸至其他素材块，从而实现多重选区，如图 3-89 所示。

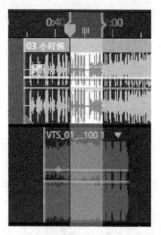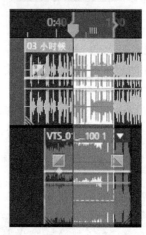

图 3-89　素材块的单一选区和多重选区

注意：①单击素材块，其颜色会变得鲜明，表明选中了该素材块，按 Ctrl 键可连续选中多个素材块；②右击素材块，能弹出多项菜单；③双击素材块能切换到单轨视图，进行编辑；④素材块具有自动吸附的功能，主面板通过自动弹出的竖线提示实现精确连接。

当多个素材块实现叠加的时候，要注意淡入和淡出效果的应用。在"剪辑"菜单中，找到相应的命令。默认状态下，启用了自动淡化的功能，即前者淡出，后者淡入，如图 3-90 所示。

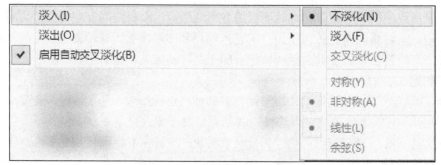

图 3-90　素材块的淡入和淡出菜单

　　选择一个素材块，执行"淡入"或"淡出"命令，可看到自动生成的控制曲线。可以只有淡入，也可以只有淡出，还可以同时具有淡入和淡出，如图 3-91 所示。

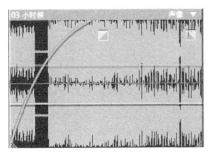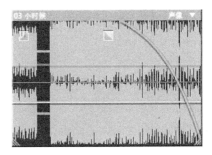

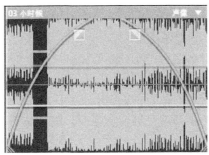

图 3-91　素材块的淡入或淡出

　　对于不在同一条音轨上的素材块，可以手动编辑淡入与淡出的音量控制曲线，达到前轨淡出、后轨淡入的效果，如图 3-92 所示。

　　6. 项目效果总结

　　本项目通过设计综合性任务，要求将数字多轨音频技术发展的理论内容融合到最终的产品设计中，从设计到制作形成完整的音乐作品，以此突出全过程的训练，强调对自学能力和动手操作能力的培养。

　　7. 课业

　　在广播剧制作中，在多轨时间线上怎样布置素材块才能合理有效？

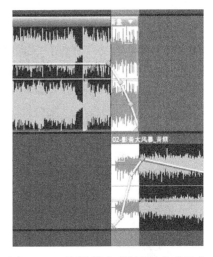

图 3-92　不同轨道上素材块淡入或淡出

3.2.2　项目 2　广播剧的调音和后期制作

　　1. 学习目标

　　通过本项目的学习，认识广播剧中调音台、案例制作等综合性技术，力求实现音频处理和艺术创作的高度融合。

2．项目描述

本项目讲述多轨模式下，调音台基本使用、广播剧的综合制作等技术的综合使用。

3．项目分析

人物对话是推动剧情发展的主要手段。广播剧要求演员配音要个性化、口语化，富于动作性，演员播演一定要吐字清楚，表达准确生动，感情充沛真挚。解说词应当帮助听众了解剧中情景和人物的动作状态。配乐应当富有特色，波澜起伏，动人心魄，音响效果必须逼真。

4．知识与技能准备

Audition 数字调音台与混音的基本环节。

5．方案实施

任务一　调音台的综合使用

调节各轨音量，最直观的工具就是调音台面板，调用方法是"窗口"→"调音台"（混音器）。

1）混音器的组成

调音台的整体结构是许多竖条的集合，每个竖条称为一路，负责控制一个轨，最右边一路负责整体控制，即总路。屏幕上同时显示出的路数依面板排步而定。每一路内最主要的部分是一个大的滑块及其滑槽，专业上称为滑动变阻器或衰减器，一般称为"推子"，用于音量的控制，这也是调音台最主要的功能，如图 3-93 所示。

调节音量的最主要的方法是拖动，而在滑动槽上任意位置右击，可以将推子快速移动到该位置。调音台推子旁边附有电平表，与轨道头上的分轨电平表含义完全相同，但是面积较大，便于控制。调音台的控制以推子为主，为了保证推子的正常显示，在界面高度不够的情况下，自动隐藏某些控件。单击向右的三角按钮，可展开部分隐藏功能，如图 3-94 所示。

图 3-93　混音器中的轨道控制面板

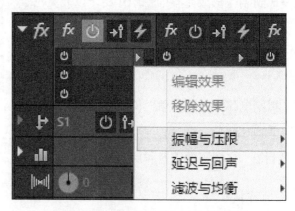

图 3-94　混音器中的轨道效果控制部分

2）混音器的轨道效果控制

对于多轨中的某一音轨，可打开效果器总开关按钮，并在下面的分开关按钮上添加任意的效果器，可实现多路效果控制，也可随时关闭，并预渲染音轨，达到监听效果。

3）混音器的轨道输出与信号发送

轨道输出，是设定音轨信号的最后输出，默认输出到主控轨道，如图 3-95 所示。也可在此添加总音轨 A、B 等，如图 3-96 所示。

图 3-95　轨道输出到主控

图 3-96　轨道输出部分的总音轨添加

而信号发送部分，用于把本轨信号实时复制一份，发送至其他通路。单击信号发送部分的右三角按钮，可添加总音轨 A、B 等，如图 3-97 所示。然后设定该音轨的信号送达部分，如图 3-98 所示。而总音轨的信号还可以送到其他轨道或总音轨，如此一来，通过信号发送可以构建出非常复杂的信号流路。如果流向混乱，将可能造成信号反馈，能量过强，产生啸叫、削波等现象，甚至可能损坏某些声卡硬件，因而要做到合理地设置信号流程问题。

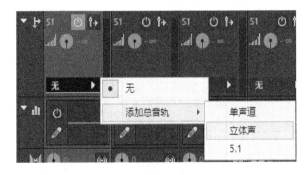
图 3-97　信号发送部分添加总音轨

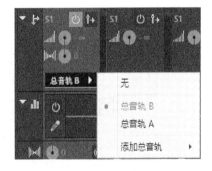
图 3-98　信号发送到总音轨 B

4）混音器的轨道均衡控制

双击轨道均衡控制部分，可弹出对话框，从而设定该音轨的频率均衡效果。轨道均衡部分本身是个参量均衡器，最多设置三个频点，以数值方式显示，只能作用于该轨本身。可直接输入数值，也可以单击 EQ 按钮，通过对话框来设定，如图 3-99 所示。

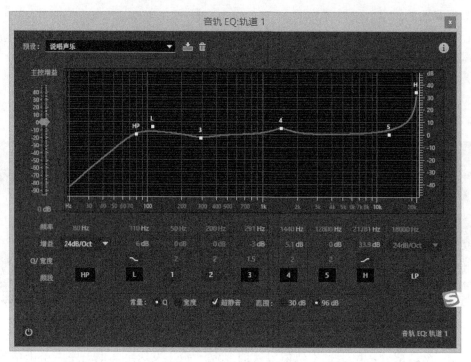

图 3-99　混音器中的轨道

5）混音器的轨道高级控制

素材块上可增加自动控制曲线，而轨道上则可增加轨道控制曲线。轨道控制曲线作用于轨道，相当于给轨道增加了一层控制函数，完全不必考虑轨道中是否有素材，素材控制曲线与轨道控制曲线如图 3-100 所示。

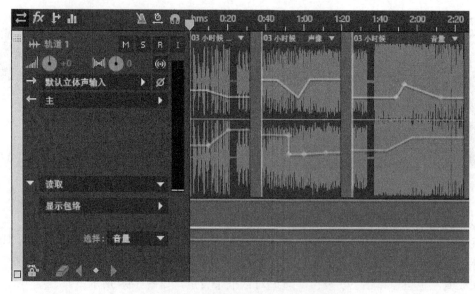

图 3-100　素材控制曲线与轨道控制曲线

通过轨道控制面板，用户可以自己决定显示多少条轨道曲线以及这些曲线是什么类型。轨道模式是指轨道曲线的录制或读取模式，而不是在参量方面的含义，主要如下。

关：轨道控制曲线不起作用。

只读：允许鼠标手工修改，不支持实时录制。

写入：支持实时录制，从播放命令一开始，立刻写入侦测参量值并改写曲线，不论用户是否开始动作。如果实时录制暂停，写入模式或自动切换到触式模式继续进行。

闭锁：支持实时录制，在播放过程中，从用户的第一次动作发生起，侦测参量值，并改写曲线，如图 3-101 所示。如果录制过程暂停，单击继续播放按钮，该闭锁模式继续进行，如图 3-102 所示。

图 3-101　锁存模式的音量调整

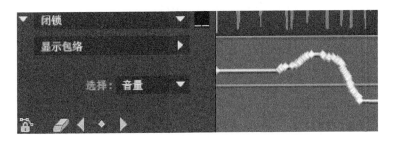

图 3-102　锁存模式下，音量调整一旦结束，音量会沿用最后的调整

触式：与闭锁模式非常相似，区别在于用户停止动作后，被调节的参量自动恢复到调节前的状态，曲线也自动恢复，如图 3-103、图 3-104 所示。

图 3-103　触式模式的音量调整

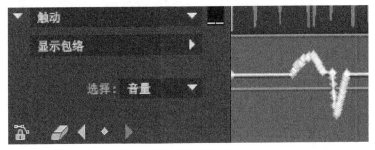

图 3-104　触式模式下，音量调整一旦结束，会自动反弹至初始设置

实时录制轨道控制曲线的方法（以调整音量参量为例），如下：

（1）单击一下，把光标线调至准备开始的位置。

（2）选择轨道控制曲线模式，锁存、触式或全写式。

（3）单击倒三角按钮，保证扩展行展开，选择音量类型。

（4）开始播放，播放过程中，使用调音台面板或者轨道头上的音量按钮改变该轨的音量参数，称为"动作"。

（5）停止播放，可以看到代表音量的轨道控制曲线已经改变，用户的动作已经被记录成许多白色控制点。

（6）可以对生成的关键帧进行拖动，修改其属性，调整曲线斜率；还可通过右击关键帧，选择一个或全部关键帧，进行删除等。

任务二　广播剧的后期调音

在此，已经提前录制好该广播剧的所有脚本和素材。制作一部广播剧前期应该准备好剧本，根据剧本的内容和感情基调来准备所能用到的背景音乐和音效等素材。确定好剧本之后联系配音演员（或有专业设备的配音爱好者）进行角色录制和前期的探讨活动。整理素材，做好分类处理，便于后期的制作和修改，如图 3-105 所示。

图 3-105　整理素材

打开 Audition 软件，新建一个多轨会话，设置好位置等参数，如图 3-106 所示。

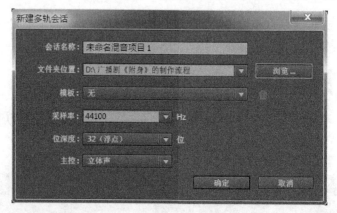

图 3-106　新建多轨会话

录制所需要的人声，以本剧本中女声为例，所用的话筒为 ISK-BM700 的电容麦克风。连接好录音设备进行录音准备，首先在轨道 1 的空白处右击，在弹出的菜单中执行"轨道"→"添加单声道音轨"命令，建立一个单声道录音轨，如图 3-107 所示。

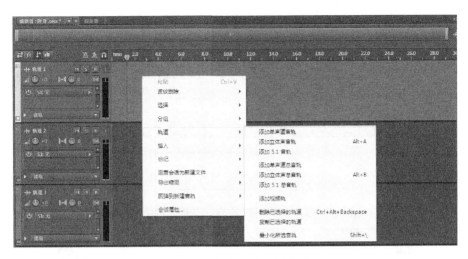

图 3-107　添加单声道录音轨

双击新建成的单声轨道名称，可以重新输入轨道的名称，以便于清晰地看到每条轨道的内容分类。也有利于在对整个轨道进行添加效果的时候不会混乱，如图 3-108 所示。

图 3-108　更改录音轨道名称

单击轨道的录制准备按钮，使音轨进入到可录音状态，如图 3-109 所示。

图 3-109　激活录音状态

单击下方的录制按钮进行声音的采集，如图 3-110 所示。

图 3-110　单击录音按钮

录制结束时单击下方的停止按钮或者按键盘空格键便可停止录制，如图 3-111 所示。录制完毕后若有修改之处可以单独录制，在处理时复制新录制的声音替换录制错误的声音。

图 3-111　结束录音按钮

在单轨中选中所要复制的音频波形，右击它，在弹出的菜单中执行"复制"命令进行复制，同样在多轨的界面中对所要替换的音频波形进行选中，在右击弹出的菜单中执行"粘贴"命令。在多轨界面中选择后期录制的音频片段，在右击弹出的菜单中执行"删除"命令或者直接按键盘上的 Delete 键，进行音频的选择性删除，如图 3-112 所示。

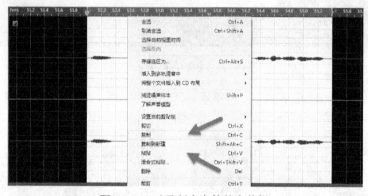

图 3-112　对录制声音的基本剪辑

接下来进行对人声素材的处理，以男声素材为例。对已经准备好的音频素材进行导入，在文件窗口的空白处右击，选择"导入"选项，选择需要导入的音频素材，如图 3-113 所示。

图 3-113　导入男声素材

此时在文件的窗口中会出现导入的素材，若要进行编辑处理，可以将它拖动到右侧的对应轨道中。或者打开素材文件夹，选择素材并单击它，直接将音频素材拖到对应轨道中也会实现，如图 3-114 所示的最终效果。

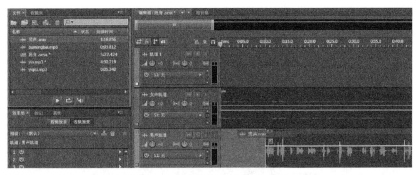

图 3-114　多轨轨道上导入素材

进入男声素材的单轨视图，单击左侧效果组的右三角按钮，添加 VST 插件效果中的
X-Noise Mono（降噪）效果器，如图 3-115 所示。

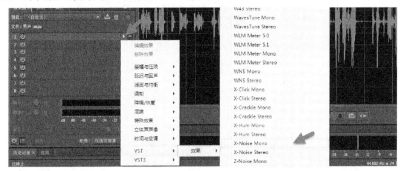

图 3-115　单轨轨道上添加效果器

注意：效果组内的效果不能应用于存储文件，若要一次性不关闭软件进行处理，可以使
用效果组内的效果；若需要存储之后下次继续使用，则需要使用其他方法进行处理，如在混
音器中添加效果器，具体方法如图 3-116 所示。

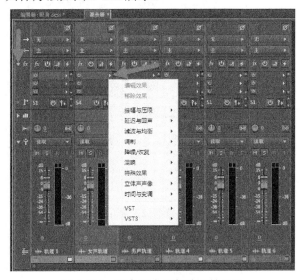

图 3-116　混音器上添加降噪效果器

在音频中选择一段没有人声的需要处理的杂音片段，单击图 3-117 中的 Learn 按钮记录噪声的频率等数据。

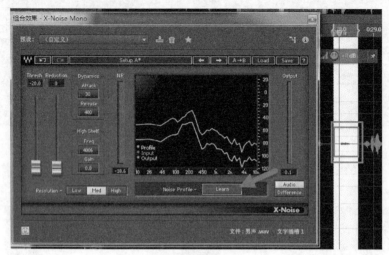

图 3-117　捕捉噪声曲线

根据多次试听效果，选择最佳的噪声频段，对整段音频进行降噪处理，本范例中的调节参数如图 3-118 所示（仅供参考）。

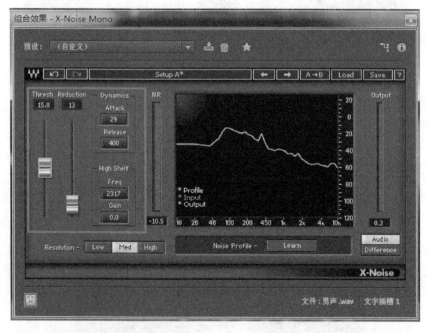

图 3-118　降噪效果器的参数设置

对于处理后的音频中某些特殊的杂音进行静音处理，选择某一段无用的波形执行"效果"→"静音"命令，或者对其直接删除，保证音频中的空白部分干净无过多杂音，如图 3-119 所示。

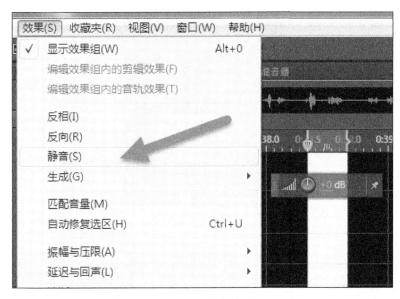

图 3-119　静音效果

接下来介绍声像的处理，前提是要保证素材是立体声，在此处把声音素材转换为立体声，因为当添加效果之后，再转换为立体声时效果器无法生效，立体声的转换应当放在前几步。进入声音素材的单轨视图，全选素材，执行菜单栏中的"编辑"→"变换采样类型"命令，如图 3-120 所示。

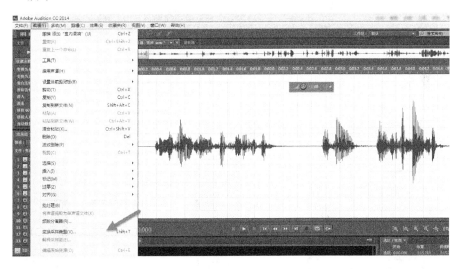

图 3-120　改变录音文件的采样类型

此时出现变换采样的效果器浮动窗口。选择"声道"选项，将其设置为立体声。此时素材变为双声道的立体声。如果进入多轨视图时发现依旧是单声道素材，可以选择删除该轨道的素材，在文件窗口的选项中，重新将已经改变的素材拖到多轨道中，如图 3-121 所示，转化为立体声后的效果如图 3-122 所示。

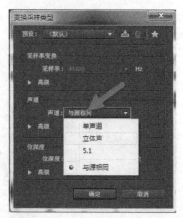

图 3-121　更改声道为立体声

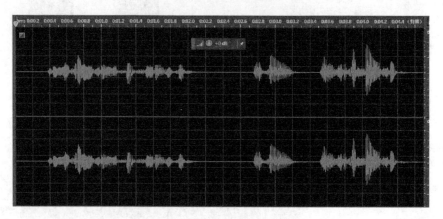

图 3-122　转化为立体声后的效果

　　素材中的男声忽大忽小，动态范围很大，使用自动压缩的插件使声音音量均衡。添加效果器的方法如下，选择如图 3-123 所示的 Vocal Rider Mono 效果器。

图 3-123　添加人声效果器

需要注意的是，Target 是阈值，当输入音量低于 Target 设置的值时音量会自动增大，反之则会减小。Range 中上面的推子设置最大增益的音量，下面的推子设置最小衰减音量，结合 Target 的值来使用。例如，将 Target 设置为-20，Range 设置为+5dB 和-5dB，那么当输入的音量大于-15dB 的时候，会按照 Range 的设置降低音量，降低音量限制在-6dB，不会低于-6dB。当输入的音量小于-15dB 的时候则会增加音量，增加音量在 6dB，则不会超过 6dB。Fast/Slow 是调节音量速度的切换键，Output 设置整体输出音量，如图 3-124 所示。

在效果组中添加低音激励的效果器 Oneknob Phatter，本例的男声已经很浑厚，在调剂无参数的时候不宜将参数设置得过大。本剧本讲述的是夫妻二人在房内的对话，所以适当提升一下低音会更加有磁性，更亲切。

添加高音激励器 Oneknob Brighter，适当激励高音部分会使得声音更加明亮。可以两个效果器同时打开，调节参数试听，配合使用，如图 3-125 所示。

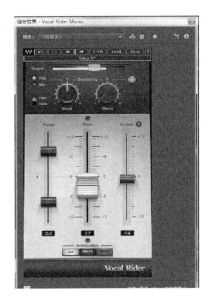

图 3-124　人声效果器参数

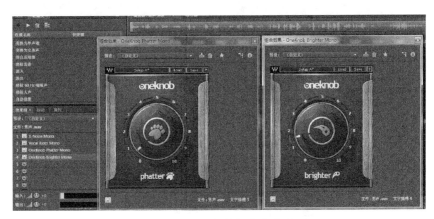

图 3-125　低音与高音激励器

接下来添加混响效果，在效果组中添加 Q4 效果器进行简单的均衡处理，一般人声在 50~100Hz 需要切除，8000~10000Hz 的频率也可进行适当的衰减，50~150Hz 可以影响人声的浑厚感，150~300Hz 可以影响人声的"结实"程度，属于低音敏感区，高音区则处于 250~1000Hz。但是一般录音设备默认不对本频段进行处理，1000~2000Hz 的频率会影响声音的空间效果，2000~5000Hz 会影响声音的明亮效果，5000~8000Hz 会影响清晰度，8000Hz 以上会影响高音部分和杂音。本效果可以对声音进行均衡，与上述的 Vocal Rider Mono 效果器会有重复部分，根据使用的复杂程度可以选择适当的效果器，如图 3-126 所示。

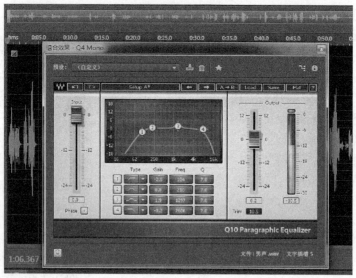

图 3-126　添加 Q4 均衡效果

选择添加混响效果器，使得人声不会特别干瘪，有空间感，可以直接添加 Audition 软件自带的混响效果器，选择室内混响，如图 3-127 所示。

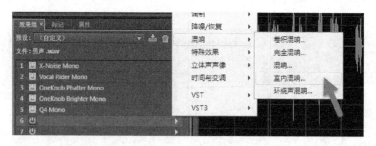

图 3-127　添加室内混响

打开混响面板之后可以选择预设，选择房间临场的效果再进行优化便可，如图 3-128 所示。

图 3-128　选择房间临场效果

将声音素材调节完毕之后进行对轨的工作，利用移动工具、切段工具、滑动工具，调节长宽滑条，依据剧本的标注进行广播剧对话的时间调节，如图 3-129 所示。

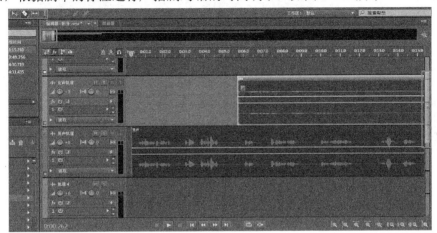

图 3-129　多轨快捷工具与波形查看操作

例如，男声第一句："今日娘子分外贤惠，莫非有什么好事？"接上女声第二句"官人陪伴在旁，自然便是好事。"可以先将男声第一句在多轨中切出留在轨道前段部分，如图 3-130 所示。

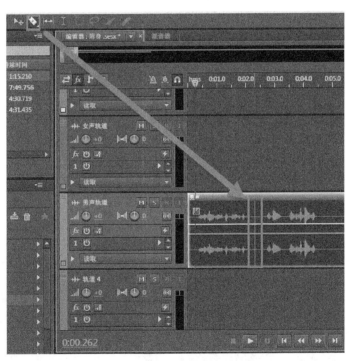

图 3-130　裁切男声轨道素材

用同样的方法在女声轨道中裁剪出对应的第二句台词，并用移动工具将其移动到合适的时间线（根据人与人之间的对话节奏来排列时间线），如图 3-131 所示。

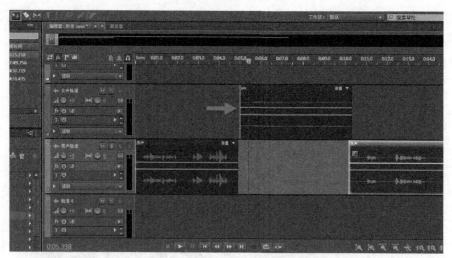

图 3-131　裁切女声轨道素材

按照此方法进行剧本内容的排列，将男声与女声对话间隙根据剧本的感觉排列，对话中也会出现两人同时发声的情况，在两个轨道中就可以实现且互不影响，这就是分轨的重要性。

广播剧的制作中还有一项非常重要也是非常需要技术和艺术相结合的处理，那就是对声像的处理。声像，又称虚声源或感觉声源，可以增加声音的画面感、临场感。广播剧作为一种听觉上的作品，必须要表现出现场的真实感受，其中包含很多画面的切换可以用声像来表达，如剧本中男主角在受到惊吓，女主角在自言自语的时候，为了表现出当时诡异的现场，可以使得女主角的声音由略远到近处（即声像移动），这样就可以在脑海中呈现出，女主角在房子的右侧床边缓缓地靠近室内中间部分桌子旁边的男主角，类似的处理技巧依靠个人对剧幕的把握。每个人在拿到剧本的时候脑海中呈现的画面可能略有偏差，但是这样的感觉需要在后期的处理中制作出来，这就需要技术和艺术层面，或者是和想象力层面上的结合。

处理声像素材必须是立体声。声像处理的方法是，在多轨中轨道音频素材中有两条线，一条是声音响度（黄）的调节线，一条则是声像（蓝）的调节线，如图 3-132 所示。

如果要做出声音由右到左的效果，首先鼠标箭头移动到声像线上，当鼠标箭头变形之后单击一下声像线，会出现如图 3-133 所示的声像节点，可以任意添加基础节点，单击便可，删除时按键盘上的 Delete 按键。

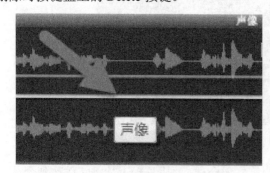

图 3-132　素材块上的声像控制曲线

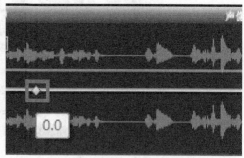

图 3-133　声像控制曲线上添加控制点

　　建立好声像节点，选择任意节点都可以拖动来实现声像左右声道的变化，如图 3-134 所示。

　　如果想要表现出声音从右边缓慢地走到左边的效果，可以按照如图 3-135 所示调节。从左边到右边则反向调节。

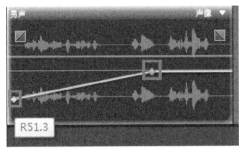

图 3-134　声像控制曲线上移动控制点

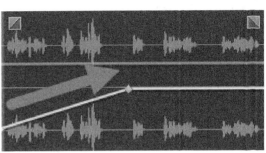

图 3-135　声像从右到左的效果

　　广播剧是给人听的，其特征是运用声音手段塑造人物，烘托环境，展现剧情，受众则是在听觉与思想情感的转换中理解剧情，是"线性的想象的艺术"。从这个意义上讲，精品广播剧的生产从剧本创作到演播，都必须较好地把握好和运用好广播剧的基本特征和艺术规律。随着互联网和移动互联网的迅猛发展，雨后春笋般地出现了有声、听书等运营服务商，他们通过网站和手机应用向用户提供"有声内容"，如懒人听书、阅耳听书等。由于用户需求巨大，内容创作周期较长，所以在追求内容量的同时内容的质量不免下降，多为单人演播。巨大的用户量，以及用户对高品质内容的需求，将为高品质广播剧带来春天。

　　本项目的最终成果截图与展示，如图 3-136 所示。

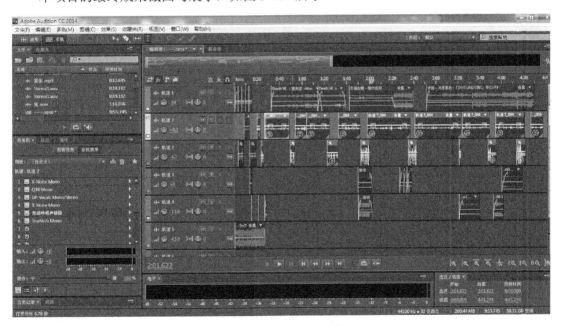

图 3-136　多轨工程界面

6. 项目效果总结

本项目通过设计综合性任务，要求将数字多轨音频技术发展的理论内容融合到最终的产品设计中，从设计到制作形成完整的音乐作品，以此突出全过程的训练，强调对自学能力和动手操作能力的培养。

7. 课业

广播剧制作中，如何体现音频技术与艺术的融合？

第4章 数字视频短片的剪辑和案例制作

4.1 影视剪辑基本技术

4.1.1 项目1 认识影视剪辑的基本流程

1. 学习目标

通过本项目的学习，初步认识数字影视剪辑的时代背景、技术发展趋势和基本流程，快速了解影视剪辑在当前数字时代的重要性，理解其广泛应用于影视剧、电视广告、片花制作、多媒体制作等广泛领域，产生浓厚的学习兴趣和热情。

2. 项目描述

本项目通过两个任务展开，任务一的目的在于了解影视剪辑的主要工作流程，任务二的目的在于认识 Premiere 的界面组成方式，熟悉面板的组合、浮动、选择工具和剃刀工具的使用方法，为深入学习软件功能打好基础。

3. 项目分析

Premiere 是 Adobe 公司推出的一款视频编辑软件，易学、高效、精确，有较好的兼容性，且可以与 Adobe 公司推出的其他软件相互协作。Premiere 提供了采集、剪辑、调色、美化音频、字幕添加、输出、DVD 刻录的一整套流程，广泛应用于广告制作和电视节目制作中。通过学习本项目，初步了解它的工作界面和操作方法，以及对非线性编辑的技术特点有感性认识。

4. 知识与技能准备

数字时代影视剪辑技术的主要优势；影视剪辑软件 Premiere 的安装和初步设置。

5. 方案实施

任务一　绘制影视剪辑基本工作流程图

1）时代背景阐述

随着数字影像的飞速发展，视觉艺术创作的空间不断延展，影视制作技术逐渐走到大众的面前。数字技术被应用到影视后期，最明显的就是对传统影视剪辑、特技合成的冲击。它将传统的胶片剪切、粘贴等工序，以及影片绘制与模型制作的特技技巧，全面转向用计算机剪辑、特效合成或创建二维、三维动画时空与实拍的镜头画面合成，来表现一种全新的视觉感受，创造出超越传统影视经验的审美效果。按照剪辑技术的发展历程，分为胶片剪辑和数字剪辑两个阶段。胶片剪辑与数字剪辑的流程是类似的，剪辑软件是在胶片剪辑流程的基础上设计的，两者在本质上是一致的。所以，掌握影视剪辑软件的关键，就是理解影视剪辑的基本流程。

2）影视剪辑的基本流程

影视剪辑的基本流程如图 4-1 所示。

图 4-1　影视剪辑的基本流程

在从胶片剪辑向数字剪辑的过渡过程中，非线性剪辑的灵活性、高质量、高效率、低成本、网络化等特点逐渐突出，成为当前主流的剪辑技术。虚实结合的剪辑、合成技术，完美地构建了一个前所未有、光怪陆离、美轮美奂的影视世界。影视剪辑技术是数字影视艺术的前沿，是培养新一代数码影视创作人才、适应影视艺术与技术协同发展的必备专业基础。影视剪辑既需要一定的影视理论基础，又需要相当的实践能力。只有亲手操作，才能真正理解此图每个阶段的作用和必要性。

3）影视剪辑软件简介

影视剪辑的软件很多，比较知名的有 Adobe Premiere、会声会影、EDIUS、Final Cut 等。其中，会声会影是非专业领域常用的剪辑软件，操作简单，具有非常多的炫酷模板，但是功能不强，仅仅作为家庭 DV 和电子相册等非专业视频的制作工具。近年来，会声会影也在日趋完善，开始向着专业化发展。EDIUS 源自于日本，其优点是操作简单、实时预览较快、渲染速度较快；缺点是与影视工业中其他常用软件如 After Effects、Davinci Resolve 等结合不好，属于"半专业"级程序。Final Cut 是 MAC 平台上广受好评的一款剪辑软件，在欧美地区使用较多，与 Davinci Resolve 结合较好。Adobe Premiere 是套件中的一款软件，与 After Effects、Audition 等软件能够无缝融合。

4）Premiere 的剪辑流程

Premiere 的剪辑流程如图 4-2 所示。

建立工程、序列并设置参数	→	导入素材并分类	→	剪辑	→	调色（本软件或调色软件） 声音调整（本软件或多轨音频软件）	→	序列的回批渲染

图 4-2　Premiere 的剪辑流程

需要指出的是项目和序列的概念。一个"项目"就是一个工程文件,此项目文件中存储了大量的关键信息,如源素材的位置、时间线的排列等。项目文件本身不会存储视频信息,所以文件一般较小。一个"序列"就是一个时间线。序列存储在工程文件中,一个工程文件可以存储多个序列。序列之间支持嵌套操作。

任务二　Premiere 界面初识

详细内容略,请扫封底二维码(PR 剪辑流程)观看微课视频。

6. 项目效果总结

本项目学习结束后,能初步掌握影视剪辑的基本工作流程与技法,对软件剪辑与胶片剪辑进行区分。能够画出 Premiere 工作的基本流程图。能了解常用的影视剪辑软件,学会一些常用术语。

7. 课业

Adobe Premiere 的主要功能和特点是什么?

4.1.2　项目 2　视频文件的打开和片段导出

1. 学习目标

通过学习,能认识创建项目文件的重要性,并对项目的参数进行正确设定,如视频和音频配置、帧速率、分辨率和扫描方式等。掌握素材文件的导入方式和导出设置。

2. 项目描述

在 Premiere 中进行素材编辑时,首先要新建项目并对项目进行必要的设置,之后将导入的素材进行管理,此时应注意时间线和监视器的使用。

3. 项目分析

Premiere 是一个良好的视频编解码软件,能轻易实现视频素材的导入和导出,注意素材格式和导出设置。

4. 知识与技能准备

对 Premiere 所支持的视频导入和导出格式,有初步的理解和把握能力。

5. 方案实施

详细内容略,请扫封底二维码(PR 片段输出)观看微课视频。

6. 项目效果总结

本项目主要介绍了常用的剪辑工具,如选择工具、比率拉伸工具、剃刀工具等,对于一些关键的概念,如工程、序列、时间线等,应注意明确其区别。在 Premiere 入门操作部分,应熟悉"新建并设置项目、序列属性，保存项目，导入素材文件，编辑素材文件，将素材添加到时间线上"等基本操作，掌握导出视频文件的主要步骤，如导出命令、使用 Adobe Media Encoder 批量导出等常用操作。

7．课业

（1）如何创建新项目，并对新项目进行参数设置？
（2）Premiere 支持导入的素材主要有哪些格式？

4.1.3　项目 3　源素材的导入、预览和管理

1．学习目标

通过本项目的学习，掌握源素材的导入、预览和管理等操作，能够正确地将素材引入工程，学会科学地管理并使用素材。

2．项目描述

素材是 Premiere 剪辑编辑的对象，时间线上可以引入多个素材，而项目面板提供了十分便捷的操作，一个项目文件可以包含多个序列，每个序列可以编辑不同的素材，序列之间还可以嵌套（即包含关系），当一次性导入多个素材时，选择素材的顺序会影响排列在时间线上的顺序。

3．项目分析

素材是项目面板管理的对象，可以通过素材"源监视器"进行素材的查看，视频区域用于显示各种素材，下方的源控制器可以对素材进行搜索、设置出入点、插入、覆盖等操作。节目监视器则是显示已经放到时间线上并最终输出的节目效果。

4．知识与技能准备

Premiere 的项目面板用于管理视频、音频、图片、字幕、序列等各种要素，拖动面板的右边界将其拉大，可以看到每段素材的起止时间、切入点、切出点、持续时间和视音频信息等，应注意面板中各部分的含义，如显示方式、查找、文件夹、新建、清除等。

5．方案实施

详细内容略，请扫封底二维码（PR 素材管理）观看微课视频。

6．项目效果总结

本项目主要介绍了 Premiere 中常见的素材导入方式，包括音频、视频素材的导入，图像素材的导入（导入图像文件，改变图像文件的持续时间），图像序列素材的导入，图层文件的导入等。介绍了素材文件的预览方式（文件预览、缩略图预览等），以及素材文件的管理功能（重命名、粘贴、复制、添加备注信息）等。

7. 课业

（1）如何将一整套影视素材导入 Premiere 中，并实现有序管理？

（2）Premiere 的项目面板包括哪些常见功能？

4.1.4　项目 4　时间线的操作

1. 学习目标

通过本项目的学习，掌握向时间线添加素材的方式，如拖动、插入、覆盖等，掌握轨道的添加、删除等方法，以及音视频素材块的常用操作，如音视频素材块的链接、改变其播放速度、音频剪辑混合器的使用等。

2. 项目描述

时间线面板是执行视频编辑的重要区域，素材只有真正放到时间线上才能发挥作用。素材源监视器中提供了两种放置素材的方式，分别是插入编辑和覆盖编辑。应注意体会这两种插入方式的异同。对于插入素材的类型也可以选择，分别是视频模式、音频模式、视音频模式等。素材一旦进入时间线，可通过右击，弹出菜单对它进行各种快捷控制或操作，这是十分有用的。

3. 项目分析

素材是影视剪辑的内容，时间线是素材的排列布置方式，素材在时间线上的不同表现方式，决定了影视剪辑的不同结果。

4. 知识与技能准备

素材块的基本概念和参数；轨道的编辑控制方式；时间线上素材的插入方式和表现形式。

5. 方案实施

详细内容略，请扫封底二维码（PR 时间线操作）观看微课视频。

6. 项目效果总结

本项目讲述了向时间线添加素材的几种方式（直接添加、插入添加、覆盖添加等），以及轨道操作的主要方法，并介绍了音视频块的常用操作，如复制、粘贴、剪切、改变速度、启/停用、音频剪辑混合器的使用等。

7. 课业

从网络上寻找影视作品中的经典片段，对画面重新剪辑，并重新配音，打造反串效果。

4.1.5　项目 5　效果器的认识和操作

1. 学习目标

本项目主要介绍特效控制面板的使用方法，并利用内置的效果器，制作具有丰富表现力的电子相册。

2. 项目描述

特效是应用于素材的一种视觉特殊效果，选中素材后通过执行菜单或命令，能添加、删除、替换、修改特效参数，实现特效的关键帧动画效果。为此应熟练掌握自定义特效的方法，了解使用特效的基本原则，并能阐述不同特效的差异。

3. 项目分析

素材是影视作品的基本元素，素材与素材的组接可以有两种不同的方式：直接切换和使用特效切换。使用特定效果的切换一般称为转场。实现转场的方式千差万别，有着巨大的视觉表现力，容易调动观众的心理体验和注意力。

4. 知识与技能准备

效果面板和效果控制面板的打开；视频效果和视频过渡效果的类型及其功能。

5. 方案实施

详细内容略，请扫封底二维码（PR 效果器操作）观看微课视频。

6. 项目效果总结

本项目主要介绍了给音视频块添加特效、转场过渡及其特效参数的调整方法，以及效果控件面板的常用操作（启/停用效果器、K 帧等）。通过个人写真相册、美化个人写真相册等两个综合性任务，介绍转场和特效技术应用的综合实例。

7. 课业

（1）如何为视频片段添加特效，以及如何调整特效参数？
（2）Premiere 中常用的视频特效分为哪些类型？

4.1.6　项目 6　字幕面板的认识和操作

1. 学习目标

通过本项目的学习，掌握静态字幕的制作方法，熟悉各种文字特效的设置方法。

2. 项目描述

字幕是视频剪辑的重要内容，通过为影视片段添加字幕，不仅能够弥补画面的内容，强化画面的信息传达，还能丰富视频的表现形式。字幕面板可以实现各种字幕效果，并灵活地进行修改和调整。

3. 项目分析

字幕分为静态字幕、动态字幕和滚动字幕等类型，可以为人物对话制作静态字幕，也可以为演职员表制作滚动字幕。字幕是一种特殊的视频素材。

4. 知识与技能准备

安全框与字幕安全框；字幕面板中功能和参数的设置技术；字幕样式和模板的使用。

5. 方案实施

详细内容略，请扫封底二维码（PR 字幕面板）观看微课视频。

6. 项目效果总结

本项目介绍了字幕面板的基本使用，通过创建简单字幕，可以为一段对话添加字幕，以及创建滚动字幕，为一段视频添加演职表。应注意字幕面板中各种参数的意义，并通过样式面板创建和应用字幕样式，为字幕添加模板效果。

7. 课业

（1）找一段纯视频画面，为它配上静态字幕、游动字幕和滚动字幕。
（2）如何制作丰富多彩的动态字幕效果？

4.2　镜头组接与影视剪辑艺术

4.2.1　项目 1　镜头组接的一般规律和技巧

1. 学习目标

通过本项目的学习，学会无缝剪辑、跳切、省略等剪辑艺术与手段。

2. 项目描述

镜头剪辑要符合客观规律，同时，电影、电视行业的长时间发展也"培养"了观众许许多多的思维习惯。常用的剪辑技法有无缝剪辑、跳切、省略、立体剪辑等。

3. 项目分析

作为一名剪辑师，了解基本的镜头组接规律是最基本的要求。当今常用的非线性剪辑系统优势就是可以随意地组接镜头，打破固有的时间、空间的局限性。但是，也要遵循一定的剪辑规律，来完成特定的叙事目的，实现视听语言的综合运用。

4. 知识与技能准备

非线性剪辑的主要技术与艺术特点；镜头组接与蒙太奇叙事的主要类型：叙事蒙太奇与表现蒙太奇。

5. 方案实施

任务一　无缝剪辑

无缝剪辑是最基本的剪辑技法，基本要点就是动作的连贯性。一个走路的动作，可以在抬起脚的一瞬间剪辑画面，也可以在脚落地的一瞬间剪辑画面，但是不能上一个画面刚迈开了左脚而下一个画面迈开了右脚。这种画面的剪辑点会给人以明显的跳跃感，让人感觉画面不连贯。建议尽量用动作的中间作为剪辑点，例如，一个人的动作是将手臂抬起来，就选取此人将手臂抬到中间的位置作为剪辑点，这种剪辑的操作方式能够在一定程度上减轻由于画面剪辑点造成的跳跃感。

无缝剪辑还有一个非常重要的要求，就是连接的两个画面要有一定的差别，可以是拍摄景别上的，也可以是拍摄角度上的。若是相似景别、相似角度的两个镜头组接在一起，同样也会产生跳跃感。

1）咨询

三段双机位素材，剪辑一段人物走动、坐下、放包的连贯性动作。

2）计划

计划如表 4-1 所示。

表 4-1　计划

镜号	景别	画面	声音	时长
1	特写	脚步动作，固定镜头	无	3s
2	中景	人物走动，跟随人物摇镜头	无	5s
3	中景	人物坐下放包，固定镜头	无	4s

3）决策

将一段动作的中间设为剪辑点，保持动作连贯性。两段画面之间要有明显的景别变化，画面明暗、色调、饱和度尽量保持统一。

4）实施

（1）新建项目：执行"文件"→"新建"→"项目"命令。参数设置，如图 4-3 所示。

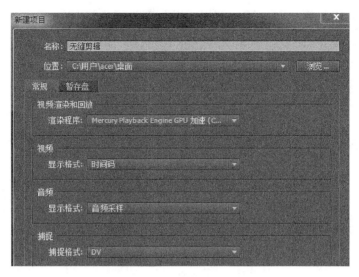

图 4-3　新建项目工程

（2）新建序列：执行"文件"→"新建"→"序列"命令。选择 DV-PAL 制，可根据实际情况进行选择。参数设置如图 4-4 所示。

图 4-4　新建序列

（3）在文件窗口中导入所需素材，如图 4-5 所示。

图 4-5　导入素材

（4）双击文件窗口中需要剪辑的素材，素材在 Source 源窗口中显示，如图 4-6 所示。

图 4-6　预览素材

（5）单击 Source 源窗口下方的 ▊ 按钮或者按快捷键 I 设置素材的入点。滑动滑块或者按空格键，寻找本段素材所期望的结束位置，利用键盘左右键进行每帧查看。单击 ▊ 按钮或者按快捷键 O 设置素材的出点。将素材的剪辑点设在运动中间位置，如素材"特写脚"和"侧中走路"的剪辑点设为人物左脚落下，右脚刚抬起的一刻，如图 4-7 所示。将素材"侧中走路"和"侧中放包"的剪辑点设为人物右手刚好握住椅子的一刻，如图 4-8 所示。也可随意设定剪辑点，只需保证两段画面之间动作相同即可。

小技巧：按组合快捷键 Shift+I 和 Shift+O 可以分别找到影片的出点和入点位置。

图 4-7　查找剪辑点

图 4-8　设定剪辑点

三段素材出入点设置，分别如图 4-9~图 4-11 所示。

图 4-9　特写脚素材的入点和出点　　　　　图 4-10　　侧中走路的入点和出点

图 4-11　侧中放包的入点和出点

（6）将设置好出点、入点的素材按顺序拖入到 Sequence 序列窗口中的视频轨道上，如图 4-12 所示。由于此片不需要音频，所以按住 Alt 键单击素材音轨，选中之后按 Delete 键进行删除，如图 4-13 所示。

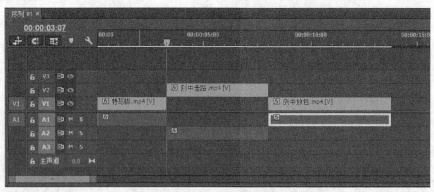

图 4-12　将三段素材拖入轨道

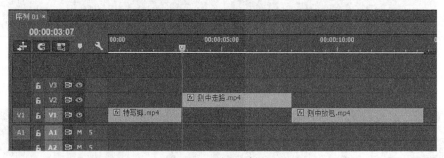

图 4-13　删除素材的时间轨

（7）在 Program 项目窗口中查看序列，按空格键进行播放，如果有需要修改的地方，可直接在序列窗口中修改，如图 4-14 所示。

图 4-14　预览输出效果

（8）剪辑完成后进行文件导出，格式选择 H.264，预设为 PAL-DV，此样式文件较小，适合练习使用，如图 4-15 所示。

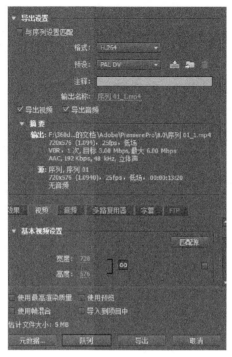

图 4-15 导出设置

任务二 跳切

电影发展初期，所有的镜头都要求无缝剪辑。但是严格的无缝剪辑势必会造成镜头上的冗余。例如，讲述一个人喝水的过程，若是完全纪实，要拍摄此人拿起水壶打开盖子将水倒入水杯中，然后盖上盖子，将水杯举起，吹了吹热气，觉着热，又把杯子放下，等了一会，又拿起水杯将水喝掉，这种拍摄过程会让观众等得"花儿都谢了"。其实完全可以用一个倒水的镜头、一个冒着热气水杯的镜头、一个不冒热气的水杯的镜头、一个喝水的镜头来讲述全过程。四个镜头就能将需要几分钟做的事情讲述出来，这就是跳切的魅力所在。

运用跳切技法进行剪辑，有一部非常经典的影片《精疲力尽》。在米歇尔驾车向姑娘示爱的段落中，连续 12 个镜头都是姑娘的镜头，而且是同机位、同景别的镜头。每一次的切换，都将米歇尔和姑娘之间微妙的关系发展展现得淋漓尽致。连续的 12 个镜头过后，观众能够感觉到过了很长时间，此时米歇尔和姑娘之间的关系转变也是情理之中。跳切是现代电影叙事中常用的剪辑技法，能够恰当地利用跳切技法剪辑是简单干脆地讲故事的必备技能。

1）咨询

将一段 4min 洗漱的片段，运用跳切手法剪辑为 30s 的短片段。

2）计划

跳切画面的表达方式更加紧凑，每个镜头的停留时间相对较短，在剪辑处理时，应提前做好计划，如表 4-2 所示。

表 4-2 跳切画面的文字分镜头

镜号	景别	画面	声音	时长
1	特写	人物睁眼	环境音+背景音乐	2s
2	中景	人物拿起牙刷杯准备刷牙	环境音+背景音乐	3s
3	特写	挤牙膏	环境音+背景音乐	2s
4	中景	刷牙	环境音+背景音乐	3s
5	特写	挤洗面奶	环境音+背景音乐	2s
6	中景	抹洗面奶	环境音+背景音乐	3s
7	近景	洗脸	环境音+背景音乐	2s
8	特写	关水龙头	环境音+背景音乐	1s
9	中景	拿毛巾擦脸	环境音+背景音乐	3s
10	特写	打开刮胡刀	环境音+背景音乐	1s
11	特写	刮胡子	环境音+背景音乐	1s
12	中景	刮胡子	环境音+背景音乐	3s
13	特写	人物戴眼镜微笑	环境音+背景音乐	2s

3）决策

应用跳切的基本原则为，截取素材画面中每个关键动作的一小段进行组接，用时长较短的各个画面将完整动作表示出来。画面转场时，可应用"交叉溶解"效果，添加适当背景音乐。

4）实施

（1）首先，如前面所讲，新建项目和序列，选择 DV-PAL 宽频 48kHz 制。导入素材，在 Source 源窗口中查看，查看各段素材为剪辑做好准备，如图 4-16 所示。

图 4-16 导入素材

（2）剪辑素材。浏览各段素材，根据分镜头，了解基本的动作顺序，脑海中有个大概的画面，然后将不同素材的可用部分设置好出入点，拖入到已建立好序列的 Sequence 序列窗口的视频轨道上，按顺序排列好，如图 4-17 所示。具体素材出入点设置请参考样片，将"中景洗漱"素材剪切为几段，其中插入特写。也可自由发挥，不违背动作的基本原则即可（因为接下来会用到交叉溶解的特效，所以将素材放在同一视频轨道上）。

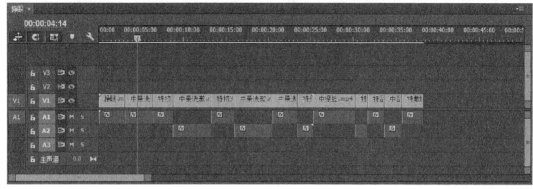

图 4-17　布置素材

（3）删选可用音频和导入背景音乐。监听各段素材的音频，将噪声过重的音频去掉，将可用的音频给予保存。例如，素材"睁眼"中有人声穿帮，按照前面所讲的操作，选中音轨将其去掉。由于背景音量过小，选中所有音频，右击并选择"音频增益"选项，将音频增益设置为 10，如图 4-18 所示。将提供的音频素材 7AND5 - Ascension 导入到第二音轨，使用剃刀工具将多余部分裁剪掉，和视频长度相等，如图 4-19 和图 4-20 所示。

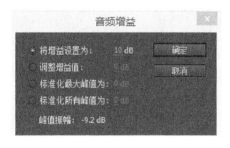

图 4-18　音频增益图

图 4-19　剪辑音频素材

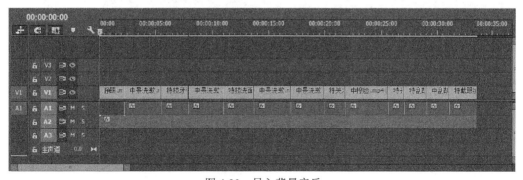

图 4-20　导入背景音乐

（4）为每段画面添加转场。进入效果窗口，在视频过渡中选择"溶解"→"交叉溶解"选项，将此效果拖入到序列窗口每两段画面的相接处和开头处（为保证两段画面产生叠化的效果，两段画面之间一定要无缝），将"音频过渡"→"交叉淡化"→"恒定功率效果"选项拖到音频结尾处，以产生音频淡出的效果。双击添加效果之后产生的小方块可以设置过渡持续时间，如图4-21~图4-24所示。

图4-21 添加转场

图4-22 设置音频过渡方式

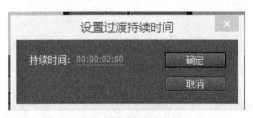

图4-23 设置音频过渡时间

图4-24 音视频素材块布置

（5）检查错误。将剪辑好的影片整体浏览一遍，查看是否有需要修改的地方。检查无误之后导出影片，参数设置如图4-25所示。

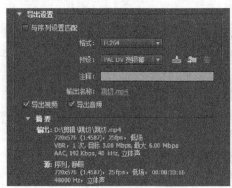

图4-25 导出设置

任务三　省略

省略，简单地说就是将一些观众能够联想到的内容精简掉，跳切实际上也是一种省略。省略可以说是"大跨度的跳切"，当讲述一个故事时，完全可以将一些不影响叙事的镜头精简掉，让叙事更加紧凑漂亮。例如，拍摄两个人打架，没有必要非得将谁打了谁哪里，谁又打了谁哪里全部讲述出来，演员其实也不喜欢。可以讲述 A 打了 B 一拳，而 B 又回了 A 一拳。紧接着，一个 A 倒在地上，B 离开的镜头即可说明问题。省略的运用在电影剪辑中是个难点，没有经验的剪辑师对于省略要慎重处理，否则会造成观众认为导演叙事不清晰的结果。更有甚者，观众会感觉影片在故弄玄虚，没有重点。

1）咨询

将一段人物从宿舍走到图书馆的运动过程运用省略手法剪辑。

2）计划

省略式剪辑手法极尽浓缩，能够把超长时段叙事变得简约，在剪辑处理时也要做好计划，如表 4-3 所示。

表 4-3　省略画面的文字分镜头

镜号	景别	画面	声音	时长
1	全景	人物开门	背景音乐	3s
2	全景	人物出门	背景音乐	4s
3	中景	人物下楼	背景音乐	3s
4	中景	人物刷卡出楼	背景音乐	3s
5	远景	人物上坡	背景音乐	5s
6	远景	人物进入图书馆	背景音乐	7s
7	中景	人物上楼	背景音乐	5s
8	中景	人物走到椅子处坐下	背景音乐	7s

3）决策

应用省略的基本原则，将人物在宿舍到图书馆路程中路过关键地点的画面进行组接，用时长较短的各个画面将很长一段行走表示出来。画面转场应用交叉溶解效果，添加适当的背景音乐。

4）实施

（1）首先，新建项目和序列，选择 DV-PAL 宽频 48kHz 制。导入素材，在 Source 源窗口中查看，查看各段素材为剪辑做好准备。浏览各段素材，根据分镜头，了解基本的动作顺序，脑海中有个大概的画面，然后将不同素材的可用部分设置好出入点，拖入到已建立好序列的 Sequence 序列窗口的视频轨道上，按顺序排列好，注意素材 1 和素材 2 之间应采用无缝剪辑，剪辑点设为动作中间。请参考样片，此步骤不再赘述。

（2）添加背景音乐。由于素材背景音过于嘈杂，全部选择将其删除。添加音频素材 Capo Productions - Corporate Dreams，也可以自由选择适当的背景音乐。

（3）为每段画面添加转场。如前面所讲，给每两段画面间和开头添加转场交叉溶解特效，素材 1 和素材 2 因为是无缝剪辑，可以不添加。给背景音乐结尾添加淡出效果，如图 4-26 所示。

图 4-26 布置音视频素材

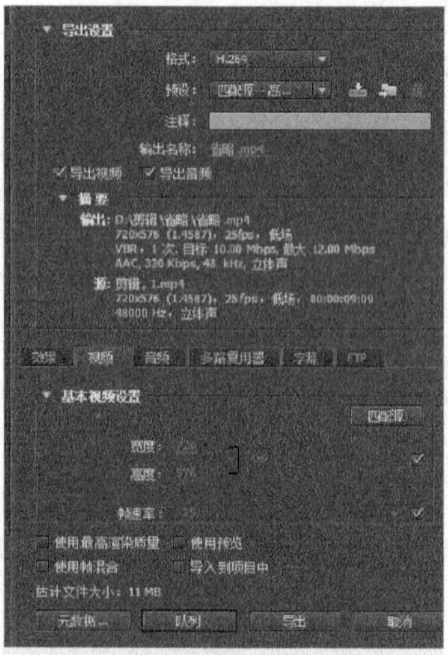

（4）检查影片，无误后导出，参数如图 4-27 所示。

6. 项目效果总结

本项目系统地介绍了无缝剪辑、跳切、省略等剪辑艺术与手段，对于分镜头剧本写作，对剪辑点的正确设置和应用进行了案例分析，应认真体会蒙太奇理论与镜头组接的一般规律。通过几种常用手法的介绍，体会影视剪辑的逻辑叙事、意涵表达和画面造型的效果，从而为科学地剪辑打下牢固的基础。

7. 课业

（1）跳切剪辑与省略剪辑的主要艺术区别是什么？
（2）如何准确把握影视叙事中的剪辑点？

图 4-27 输出设置

4.2.2 项目 2 实用剪辑技法

1. 学习目标

通过本项目的学习，掌握多机位剪辑、三点剪辑法和四点剪辑法等剪辑手法的应用。

2. 项目描述

在实际拍摄中,经常遇到多机位拍摄的情况。拍摄前要组织各机位摄像员进行角色分工,明确各机位任务,摄像机统一调整日期、时间,尽量保持时间同步,并在拍摄过程中严格执行。通过手动设置入点、出点或剪辑标记同步剪辑,也可以在多机位序列中使用基于音频的同步来准确对齐剪辑。多机位剪辑功能使用方便,剪辑之前将素材同步对齐,能极大地提高剪辑水平和工作效率。

3. 项目分析

剪辑点是视频剪辑中经常出现的词汇,即在什么时候进行镜头的切换。一般来说,剪辑点分为画面剪辑点和声音剪辑点。画面剪辑点又分为动作剪辑点、情绪剪辑点、节奏剪辑点等。无论哪种剪辑手法,在剪辑过程中,要重点确保时空关系的真实性,也就是画面流畅性。

4. 知识与技能准备

分镜头的基本概念;拍摄画面的方向性;180°轴线规律。

5. 方案实施

任务一　多机位剪辑

在电影的拍摄中,经常用到多机位同时拍摄的方式来完成一场戏的拍摄任务。在场记的记录中,往往以"镜头一""镜头二"来标记。当遇到这种镜头时,最好的办法就是使用多机位剪辑功能完成此场戏的粗剪(按照剧本完成叙事任务的第一遍剪辑)。在拍摄过程中,多个机位很难做到同时启动拍摄,所以多机位剪辑第一步要做的就是时间的对齐。时间的对齐没有特别的规定要在哪个时间点,但是有几个常用的点可供参考,一个是声音点,一个是画面点。

在拍摄过程中,往往会包含一些短促有力的声音,如狗叫声、物体碰撞产生的响声、场记板打板的声音,甚至是导演喊的"开始"。可以在源面板中逐个打开源素材,并找到多个机位素材的特殊时间点,打上入点。需要注意的是,一个声音往往会持续数帧,这时就应该想好要在一个声音的什么位置打入点。可以是声音全发出来的一帧,也可以是刚开始发出声音的一帧。关于这个区别,可以找一个合适的素材,在源面板中用鼠标滚轮控制,前后对比一下。当然,同时拍摄的多条素材一定要在同一时间点上打入点,否则就会产生声不对画的现象。

还有一个对齐的方式就是利用画面点对齐。在此不建议找一个动作的开始时间或者结束时间对齐,因为人在静止时会有一定的晃动,这种晃动容易产生迷惑性,导致对齐失败。建议找一个迂回动作的"制高点"来作为对齐点,例如,演员抬了一下手又马上落下,就找演员将手抬起和落下的中间，也就是手在画面上最高的一帧。或者演员出了一下拳头，就找演员出拳和缩拳的中间位置，也就是拳头距离自己身体最远的一帧画面。怎么知道哪一帧是需要找的"制高点"呢？可以分别比较待选帧和前后两帧的区别，若是此帧比前后两帧都要合适，那么此帧就是"制高点"。分别选择好制高点之后，将多条素材分别添加到时间线中，并将入点对齐，素材的对齐即完成。

图 4-28　新建工程导入素材，并建立序列

在 Premiere 中，多机位剪辑采用序列嵌套的方式来完成。整体思路是，在序列 A 中将剪辑对齐，然后将序列 A 作为素材放入序列 B 中，打开序列 B 中序列 A 的多机位剪辑开关，即可在序列 B 中操作多机位剪辑。找到素材光盘中的多机位剪辑素材 duojiwei01.MOV 和 duojiwei02.MOV。新建工程并导入素材，新建两个序列，在此新建的序列名称为"序列 A"和"序列 B"，如图 4-28 所示。

分别找到两个素材的对齐点，将两个素材分别放到 V1A1 和 V2A2 两个轨道上，将入点对齐。为了最大化地保留素材信息，将素材对齐之后，将鼠标分别放到素材块的开始位置，鼠标指针变成了 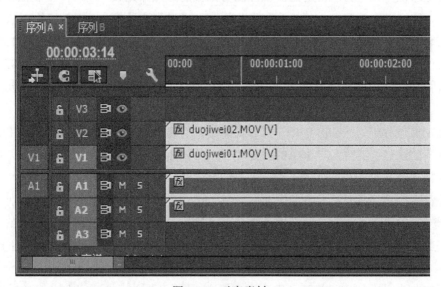，向前拖动鼠标，让对齐点之前的素材也显示出来，如图 4-29 所示（此素材开始时间较为一致，若是开始时间差别较大，则多个素材有明显的参差不齐的差别）。为了保证素材的同步，此时若是需要更改素材的位置，则需要两块素材同时操作。

图 4-29　对齐素材

打开序列 B，将序列 A 拖动到序列 B 的时间轴中。右击"序列 A"素材，在弹出的菜单中执行"多机位"→"启用"命令，并在节目面板的右下角单击 🔧 图标，在弹出的面板中选择"多机位"模式，如图 4-30 所示。

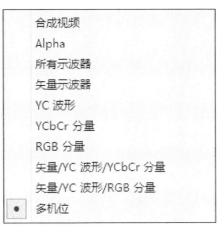

图 4-30　启用多机位模式

此时，节目面板就进入到多机位编辑模式，如图 4-31 左侧机位缩略图所示。

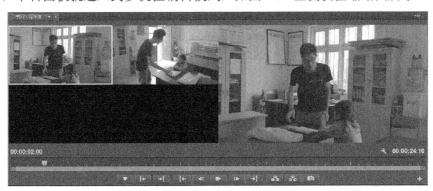

图 4-31　多机位剪辑模式

图 4-31 中左边为多个机位的预览画面，从图中可以看出，Premiere 最多支持四个机位的多机位剪辑。右边为视频输出画面。此时单击 █▶█ 按钮或者按空格键开始播放，单击左边的小画面即可切换机位。Premiere 会自动记录用户单击画面的时间，对素材块自动切割，如图 4-32 所示。

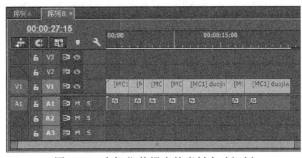

图 4-32　多机位剪辑中的素材自动切割

　　此时，若需要修改某个片段的机位，可以右击该素材块，选择"多机位"选项，在弹出的菜单栏中选择"相机 1"或者"相机 2"等。当然，此时也支持"滚动编辑工具"等剪辑工具的使用。

任务二　三点剪辑法和四点剪辑法

　　在剪辑过程中，经常会遇到需要修改剪辑的情况。若需要添加镜头，可以使用插入工具直接在相应位置插入镜头。当在某段位置替换特定的素材时，就需要使用高阶剪辑技法：三点剪辑法。顾名思义，这个剪辑技法需要三个点才能完成素材的替换操作。有下列几种情况。

　　（1）源素材的出入点、目标序列的入点。

　　（2）源素材的出入点、目标序列的出点。

　　（3）源素材的入点、目标序列的出入点。

　　（4）源素材的出点、目标序列的出入点。

　　经常用到的是第一种情况。下面介绍一下，在知道源素材的出入点和目标序列的入点时，怎么来执行三点剪辑的操作。

　　还是使用上一个任务的项目文件。在序列 B 中，时间轴定位到 00:00:05:00，单击节目面板的 █ 图标给时间轴打上入点。在源面板中打开 duojiwei01.MOV 并在 00:00:04:00 位置打上入点，在 00:00:05:00 位置打上出点。单击源面板上的 ▨（覆盖）图标，此时即在时间线上的 5~6s 位置覆盖了时长为 1s 的素材，如图 4-33 所示，蓝色素材块为新插入的素材块。需要注意的是，可以单击最左边标注 V1 和 A1 一列的其他轨道位置，更改覆盖操作的目标轨道。

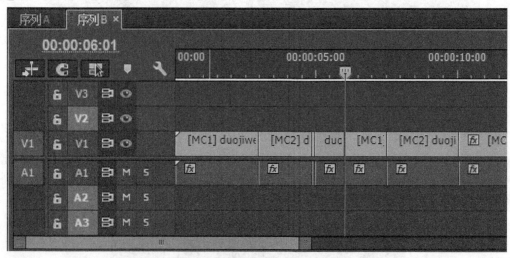

图 4-33　覆盖插入其他机位的素材

　　其他情形的操作方法和此方法类似，仅仅是标注点的不同，读者可自行尝试。

　　四点剪辑法类似于三点剪辑法，不同的是需要确定四个时间点，分别是源素材的入点和出点、目标时间轴的入点和出点。同时，若目标时间与源时间不符，则可以选择覆盖操作的方式。

　　四点剪辑法和三点剪辑法的操作类似，在此不再一一赘述。单击 ▨ 图标之后，四点剪辑会弹出如图 4-34 所示的对话框。选择"更改剪辑速度（适合填充）"选项则源素材会改变播放速度以适应目标长度。若选择"忽略序列入点"或"忽略序列出点"选项，则 Premiere 软件会自动删除相应的点，相当于三点剪辑。

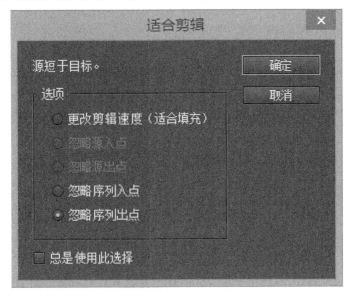

图 4-34　四点剪辑中的适合剪辑

6. 项目效果总结

Premiere 允许用户使用来自多个摄像机源的剪辑来创建多机位源序列。借助"节目监视器"的"多机位"模式，可以编辑来自不同角度的多个摄像机的剪辑镜头。

7. 课业

简述多机位视频剪辑工作的主要流程。

4.2.3　项目 3　时间线和素材的科学化管理

1. 学习目标

通过本项目的学习，系统认识剪辑过程的三个阶段，即剪辑之前、剪辑之中和剪辑之后的主要工作，并通过单反相机拍摄高清图像素材，利用 Premiere 合成并输出为延时摄影的影像作品。

2. 项目描述

作为一名剪辑师，有效地管理所用的素材能够使自己的工作事半功倍。由于剪辑工作是一项具有复杂性、系统性的工作，对素材要按照分门别类的方法进行有效管理，提高检索效率和使用有效性。

3. 项目分析

延时摄影是当前十分流行的影视叙事手段，它打破了常规的叙事手法，将漫长时间变化下的景物影像浓缩于几分钟甚至几秒钟中，具有时间流逝、变化万千的艺术效果。利用 Premiere 处理海量的图像素材，使之呈现影像效果，具有可操作性和现实意义。

4. 知识与技能准备

素材批处理并命名的技术；对影视制作流程的全面把握；数码单反摄影的基本技术。

5. 方案实施

任务一　系统认识剪辑过程的三个阶段

1）剪辑之前——场记单和源素材的科学化管理

一部影片所拍摄的数据往往是非常庞大的，包括众多的镜头和一摞厚厚的场记单及剧本等。如果缺乏系统、组织化的管理，找一个镜头犹如大海捞针一样，会给剪辑工作带来很大的麻烦。当然，每个人有每个人管理素材的习惯，在此就根据经验介绍一下自己的操作习惯，不到之处，敬请指正。

可想而知，在前期拍摄过程中，最方便的素材存放方式就是按照日期存放。场记和制片部往往会建立统一习惯的文件夹。例如，源素材文件夹下，按照拍摄日期分别建立以日期命名的文件夹，如 0720，即代表 7 月 20 日拍摄。日期文件夹下，分机位分别建立文件夹，如"1 号机位"等。在必要时，还可以分时段管理，如"1 号机位上午""1 号机位下午"等。因为操作的人员不同，可能命名方式、存放习惯会有略微的差别。要做的就是将这些素材重新梳理，建立符合自己操作习惯的文件系统。

在摄像机中，往往都会有类似于"连续命名""自动重设命名"等素材命名方式。在此，建议使用"连续命名"的素材命名方式（"连续命名"模式下，摄像机会对文件连续命名，每次换卡、格式化等操作都不影响文件名的连续性。若是存储卡中存在以前拍过的素材，则摄像机会接着以前的新建素材文件），防止"串素材"情况的发生。甚至可以手动在存储介质中新建 1000.mov、2000.mov 等文件，使一号机位的素材文件名统一为 1XXX.mov，二号机位的素材文件名统一为 2XXX.mov，方便素材的分辨。

素材整理阶段还有非常重要的一步，就是场记单的整理。在拍摄过程中场记单是按照日期记录的，但是在剪辑过程中根据时间翻看根据时间分类的场记单，势必会影响剪辑的效率，甚至因为一场镜头拍摄时间有差别造成素材的遗漏。此时应该将按照时间排序的场记单整理成按照"场"来排序。这个步骤会耗费非常多的时间，"磨刀不误砍柴功"，这一步的操作会给剪辑的过程提供更好的条件。

2）剪辑之中——将大蛋糕切开吃

笔者曾经试过将一个电影的所有源素材全部拖到项目文件中，在一个项目文件中管理所有的素材，进行所有的剪辑。理论上这种高度集中的管理方式能够避免文件存放的杂乱，有利于剪辑的管理。但是，这种剪辑方式带来的直接后果，就是每次打开项目文件都需要半个小时的时间。若是在剪辑过程中，软件崩溃而又没有保存项目，那种感觉用一句话就能体现，

"心在滴血"。所以，并不建议计算机配置一般的用户将所有的剪辑存放到一个项目文件里面。众所周知，剧本是分"场"的，建议将不同的场分别存放到不同的项目文件里面，逐场剪辑。精剪阶段，可以将所有的项目统一导入到一个新的项目里面完成场与场的合并。

分场剪辑的另一个重要原因就是帮助剪辑师认清每场戏所完成的戏剧任务，使得剪辑师能够比较客观地看待每场戏。在后期的精剪调整中，很有可能场的组合并不是按照原始剧本的顺序组合的，所以保持每场戏的独立性就显得非常重要。至于场与场之间的衔接过渡，可以在精剪阶段完成。

3）剪辑之后——跳出剧本，超越剧本

按照场次剪辑完成之后，将所有的场次组合起来，往往会发现剪辑的效果不尽人意。原因是在剧本写作阶段和拍摄阶段，大部分的编剧和导演不能完全预想到拍摄的效果。这时，就需要对影片进行衔接、逻辑甚至是故事发展上的调整，习惯上称为"精剪"。剧本，是一剧之本，但是当剧本不能完全指导精剪阶段的剪辑时，就需要抛开剧本，对影片进行二度创作。

当对剧本进行再创作的时候，势必会对影片"伤筋动骨"，甚至删去很多的内容，这是很多导演不想看到的。所以作为一名剪辑师，为了工作过程的和谐，和导演的沟通就显得非常重要。原则上，可以对剧情进行二度创作，但是不要对影片的中心思想进行大幅度的更改。同时，作为一名剪辑师，在必要的时候坚持自己的想法也是非常重要的。当出现导演和剪辑师意见不合的情况时，可以向第三方寻求意见，甚至可以分别按照导演和剪辑师的想法剪出来，找观众进行小规模的"试映"，分析其优劣。应该客观地看待意见上的分歧，虚心听取别人的意见，善于了解他人的想法，这样才能集多人智慧于一片，让影片获得很好的效果。

在精剪阶段，应该对剧情走势有非常清楚的认识，这是整个故事吸引人并能够打动人的基础。必要时，可以画出剧情走势的结构图。通过剧情走势结构图，能够更形象直观地了解剧情的关键点、转折点，了解剧情的发展。有意思的故事往往是迂回曲折的，可以在情节走势结构图上用符号直观地标注情节的信息，将迂回曲折的信息表示出来。节奏可看成结构图的格式，并没有固定的样本。根据叙事，可以是线性的，可以是多线并行的，甚至可以是像蜘蛛网一样发散的。只有通过尝试，才能找到适合自己习惯、适合影片情节走势的结构图。

我们经常会遇到这种问题，一部片子剪辑完成之后，虽然能够讲清楚故事，但是叙事却平淡无奇，抓不住观众的眼球。解决这种问题的办法就是对故事时空关系进行重新架构。在语文课上，我们会学到倒叙、插叙等写作方式，在电影剪辑中，同样有顺叙时空、倒叙时空和插叙时空的叙事方式。通过对影片时空进行重新架构和在影片中设悬念、埋伏笔的方式，能够将一个平淡无奇的故事处理得跌宕起伏，让观众的心理紧随影片叙事发展。

任务二　延时摄影的创意与制作

延时摄影，又称间隔摄影、缩时摄影、微速摄影，是一种特殊的摄影技法，延时摄影就是很多张照片连续播放，也可以简单地拍摄很多视频，但是需要极大的存储空间。一般而言，照片的质量更高。

1）准备工作

（1）需要一个像样的三脚架：结实、够分量、稳定。资金有限，可买国产伟峰，资金充裕则考虑百诺、曼富图。三脚架的简单设置：三脚架一般可三段伸缩，尽量不要伸展开在下段（也就是最细段），这样可提高稳定度。云台下端带一个小摇杆，也尽量不要用它来升高云台，这样可提高稳定度。相机安放好后，把三脚架各个位置都拧紧。

（2）相机设置。对焦方式使用手动对焦。拍摄模式先调到 AV 挡，记下数值，再调到 M 挡，设置记录的数值。关闭自动闪光功能（这点对于非单反适用），并关闭防抖。

（3）相机配件。足够大的储存卡，充满电的电池。

（4）拍摄格式。非单反相机可拍摄最大储存格式（保留更多细节）。单反相机用 RAW 格式（不必用最大储存格式，以免后期处理费时）。

（5）定时拍摄。对于非单反相机一般没有延时拍摄的功能，可以人工操作。利用自拍模式，一般为 2s 倒计时，每次按都要轻按。此法会错过一些细节，但也是没办法的办法。单反相机要轻松得多，延时拍摄可有多种途径。与非单反相机一样，利用自拍模式，一般为 2s 倒计时，每次按都要轻按（该方式最省钱，也最麻烦，会错过一些细节）。带上笔记本电脑，用笔记本电脑操作单反，延时拍摄（相机自带的光盘里有联机软件，此办法出门要多带个笔记本，但拍摄效果最好，拍摄的张数最多，笔记本硬盘还可以充当照片存储空间）。还可用定时快门线。推荐国产永诺（资金充裕，可考虑国外产品），有两款，有线和无线的。

2）具体实施

（1）选景。选择景点是非常重要的，延时摄影是记录变化的过程，在拍摄之前要明白变化的内容（物体的运动、光线的变化、视角的变化等），在这里选用视角的变换方式，拍摄山东理工大学逸夫图书馆，如图 4-35 和图 4-36 所示。

图 4-35　初始位置　　　　　　　　　　　图 4-36　结束位置

（2）计算测量。在确定了场景后，要确定拍摄照片的数量，数量当然是越多越好。在这里制作 10s 左右的视频，帧率为 24fps，拍照数量=时间×帧率，即拍摄 10×24=240 张，但为了实现更好的效果，拍摄数量往往大于这个数值。确定好拍摄张数之后，就需要计算每次移动的距离，单次移动距离=总距离/拍摄张数。

（3）调整相机的参数。为了稳定地拍摄，需要使用三脚架，同时关闭镜头的光学防抖和自动对焦功能。我们使用了 RAW 最高画质出片，是为了给后期留下更多的调整空间。在光线变化不明显的时候，推荐使用 M 挡位，确保拍摄出来的照片曝光保持一致。在这里，相

机的参数设置为光圈：f/5.6；快门：1/2000s；ISO：100。具体还是要根据实际情况调整参数，
如图 4-37 所示。

属性	值
照相机	
拍摄日期	2015/4/14 14:28
分辨率	5472 x 3648
大小	21.8 MB
作者	Panal
照相机制造商	Canon
照相机型号	Canon EOS 70D
照相机序列号	
ISO 速度	ISO-100
光圈值	f/5.6
曝光时间	1/2000 秒
曝光补偿	0 步骤
曝光程序	手动
测光模式	图案
闪光灯模式	无闪光，强制
焦距	18 毫米

图 4-37　照片拍摄参数

（4）拍摄。严格按照之前测量的数据进行，在移动或者变化的过程中保持相机的平稳运
动。为了更加精准地拍摄和便利性，建议使用定时快门线，可以设置拍摄间隔时间与拍摄张
数，本次实验所使用的定时快门线型号为 RST-7001，适用于佳能 60D、70D 相机，设置拍
摄张数为 399（比预算值大一些），间隔时间 20s，如图 4-38 所示。

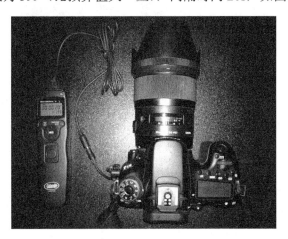

图 4-38　快门线与照相机进行连接

（5）整理照片。拍摄结束后，将储存卡里的照片全部导出，使用 Adobe Bridge 进行批量
重命名，分组并保存。

问题 1：为什么要进行批量重命名？

因为在拍摄的过程中可能会因为人为失误导致部分照片不能满足需要，从而删除，这样
一来，原本连续的照片名可能会出现空缺，在 Adobe 软件中需要导入序列照片，序列指有连
续命名的一组照片，所以要使用 Adobe Bridge 进行批量重命名。

问题 2：关于 Adobe Bridge 批量重命名的具体方法。

①在 Adobe Bridge 收藏夹中找到照片所在位置，如图 4-39 所示。

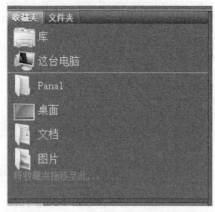

图 4-39　Adobe Bridge 浏览照片

②选中所有照片，单击优化按钮，选择"批重命名"选项，进行重命名，得到照片序列，如图 4-40 和图 4-41 所示。

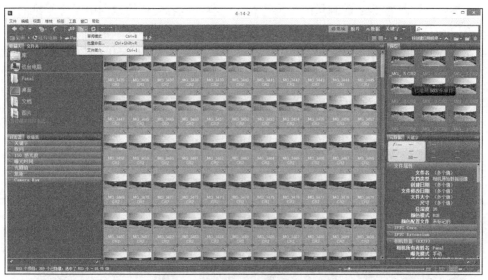

图 4-40　批量命名的软件界面

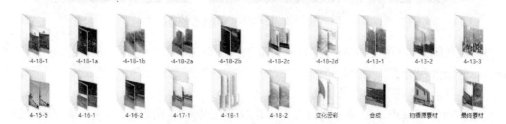

图 4-41　批量命名后的文件夹

（6）照片调色。使用 Photoshop 对照片进行整体调色，保存为 JPEG 文件，分辨率设置为 1920×1080 像素，如图 4-42 所示。

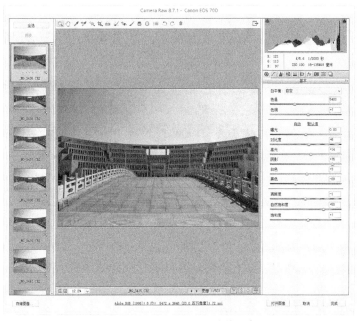

图 4-42　Camera Raw 整体调色

（7）合成视频。使用 Adobe Premiere 进行照片→视频的转换，本次实验所使用的版本为 Adobe Premiere CC 2014。新建帧速率为 24fps，分辨率为 1920×1080 像素，如图 4-43 所示。

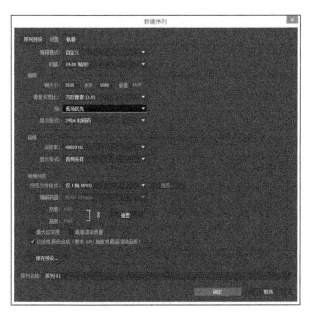

图 4-43　新建项目工程并导入

　　执行"文件"→"导入"命令，选中一张图片，勾选"图像序列"复选框，单击"打开"按钮，即可导入所有照片，如图 4-44 所示。

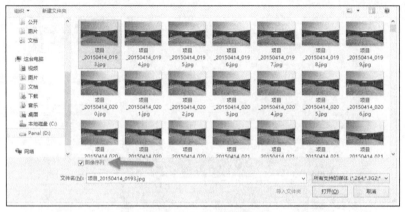

图 4-44　导入图像序列

　　将导入的素材拖动到时间轴上，会生成相应长度的时间线，如果有多段素材，使用相同的方法将素材拖动到时间轴上。按下空格键可以进行视频的预览，再根据实际情况对素材进行位置、大小、播放速度的调整，必要时需要对视频进行防抖处理（可能会对照片的画幅大小产生影响），如图 4-45 和图 4-46 所示。

图 4-45　将素材拖入时间轴

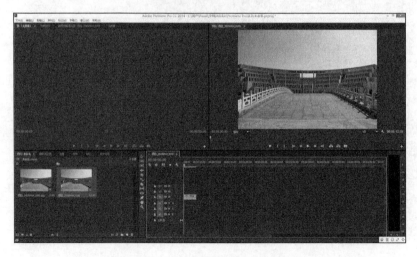

图 4-46　编辑并预览效果

（8）导出视频。处理完视频后，需要导出视频，选中时间轴中的项目，然后执行"文件"→"导出"→"媒体"命令，勾选"与序列位置匹配"复选框，单击"导出"按钮。最终在磁盘相应位置（摘要输出里可以看到）找到导出的文件，如图 4-47 和图 4-48 所示。

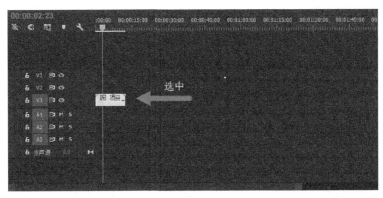

图 4-47　导出视频文件

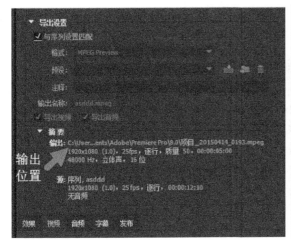
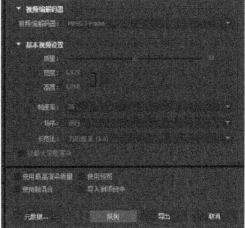

图 4-48　导出设置

6. 项目效果总结

延时摄影其实是一种有要求的摄影方式，所有能够拍摄照片或视频的摄影设备都可以拍摄延时摄影。一般为了达到较好的影像效果，延时摄影主要以单反相机拍摄为主。使用单反相机拍摄延时摄影，需要等时间间隔拍摄一系列照片，不太可能完全用手按动快门。很多相机不具备间隔拍摄功能，这就需要外部定时器了。延时摄影的拍摄需要稳定的拍摄平台，任何晃动都会造成后期视频画面抖动晃动。三脚架可以保证拍摄画面的稳定。对于大范围位移延时，三脚架更是不能缺少。延时摄影拍摄主要以自然风光和城市人文以及生物活动为主。自然界中如日食月食、云彩变幻、天文、地理、城市变化、城市生活、交通、科研等多种题材，都适合用延时摄影的方式加以表现。

7. 课业

简述利用单反数码相机拍摄延时摄影的主要技术要点。

4.2.4　项目4　故事的节奏和镜头的节奏

1. 学习目标

通过本项目的学习，认识讲述故事的节奏以及镜头组接的节奏，掌握两极镜头剪辑、阶梯式镜头剪辑、变格剪辑等主要的剪辑手法。

2. 项目描述

镜头的剪辑，根据影片内容的要求、情节的发展以及观众心理合乎逻辑、有节奏地切分或组合，从而起到引导、规范观众注意力，支配观众思想与情绪的作用。镜头的发展和变化要服从一定的规律，这些规律除了要符合一定的思维方式和影视表现规律，还要考虑视觉效果流畅的规律。

3. 项目分析

剪辑手法是剪辑的各种处理方法及其规律。对不同题材和不同风格、样式的影片，可使用不同的剪辑手段。由特写镜头直接跳切到全景镜头，或由全景镜头直接跳切到特写镜头的组接形式，称为两极镜头剪辑。影片运用这种组接形式能使剧情的发展在动中转静或在静中变动，给予观众的直感极其强烈，节奏上形成突如其来的变化，产生一种特殊的效果。阶梯式镜头剪辑也是一种特殊的蒙太奇手法。在同一方位上，对同一人物从全景、中景、近景、特写逐步跳切的画面组接，或反过来从特写依次跳切到全景的画面组接。这种手法只有在特定场景中，为了刻画人物的内心世界，强调造型的对比，渲染气氛，加强节奏时才能运用。变格剪辑也是一种特殊剪辑技法，是剪辑者为达到剧情的特殊需要，在组接画面素材的过程中对动作和时间空间所进行的超乎常规的变格处理，造成对戏剧动作的强调、夸张和时间空间的放大或缩小，是渲染情绪和气氛的重要手段。它可以直接影响影片的节奏。

4. 知识与技能准备

影视剪辑的基础理论；蒙太奇的艺术表现形式等。

5. 方案实施

"节奏"一词在影视剪辑中经常会遇到，镜头的节奏、影片的节奏等说的都是在影视剪辑中，剪辑师对于影片的把握。抓住了节奏，就相当于抓住了影片的脉搏。通过节奏，可以吸引观众的注意力，把握观众的情绪，感染观众的感情。同时，节奏在影视剪辑中也可以体现在不同的方面，分为两大类，即故事的节奏和镜头的节奏。

任务一　感受故事节奏

当看《美少女的谎言》时，观众会时刻揪心"A"到底是何方神圣。当看《山楂树之恋》

时，观众会为静秋和老三的旷世爱情潸然泪下。一部好的影片，会将观众带入剧情，让观众无意识地进入男女主角的世界，仿佛动人心弦的故事发生在自己身上一般，那观众为了男女主角的遭遇动容也就不足为奇了。

一部优秀的影片，肯定会有优秀的导演和剪辑师在把控故事节奏。一部故事节奏把控较好的影片，会让观众感觉叙事干脆不拖沓，导演意图非常明确。在叙事中，故事节奏也分为情节节奏、情绪节奏、感情节奏等多种类型。

情节节奏是其他一切节奏的根源。只有拥有丰富的情节，才能称为一个优秀的故事。好的叙事，应该让观众感觉每一个镜头都是必要的，可以用一个镜头来说明的事情，绝不要添加第二个镜头。例如，想讲述一个人走出自习室，只需要拍摄此人站起来的镜头和出门的镜头，而不需要讲述此人是从哪个过道下来的，走下了几个台阶等非必要的镜头。有些优秀的影片，在情节中还会添加一些伏笔、悬念，紧紧抓住观众的注意力，让观众感觉犹如进入了迷宫一样。

情绪节奏和感情节奏依托于情节节奏存在。一部影片的情绪不可能是一直紧张的，也不可能是一直舒缓的。长时间紧张的情节会让观众疲于紧张，情节的效果反而会大打折扣。若情节长时间抒情，则会让观众觉得索然无味，成为一部"催眠曲"。有张有弛的节奏才符合观众的观影需求，让观众长时间看下去。

一般情况下，一部影片的开始是舒缓的叙事，同时安插少许诙谐的桥段吸引观众（有的电影也会在开始部分设置少量激烈的镜头才开始进入叙事阶段，目的是铺垫影片情绪基调）。等故事铺开，会在中间位置设置某些冲突，如人和人的冲突、人和大自然的冲突，甚至是动物和动物的冲突。如果在坐标上表示，此时的情绪节奏可以说是呈锯齿状曲折上升的，如图 4-49 所示。

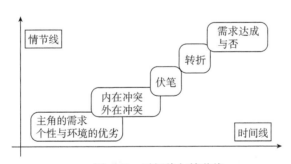

图 4-49　时间线与情节线

在影片的结尾，往往是冲突的解决点，也是情绪节奏的制高点，感动观众。当然，感情节奏也是随着故事节奏发展的。感情节奏是缓慢变化的，仅有少量的转折点，不会像情绪节奏一样曲折，否则观众容易产生"到底谁是主角"的问题。

任务二　学习镜头的节奏

镜头的节奏，简而言之就是用镜头的组接形成节奏。不同于故事节奏，镜头的节奏在短时间内更能带给观众视觉以冲击，往往在宣传片中体现较为明显。

在电影中，镜头的节奏能帮助影片氛围的营造。在舒缓的气氛里，大量组接固定镜头或者缓动镜头，甚至将动镜头做慢，达到抒情的效果。在冲突明显的桥段中，使用快切镜头、跳切镜头，让观众的眼睛目不暇接，营造紧张的气氛。

宣传片的剪辑和电影的剪辑类似，都是用镜头的节奏来营造氛围。不同的是，宣传片的剪辑形式感要强一点。在电影的剪辑中要做"看不见的剪辑"，但是宣传片需要用强有力的剪辑节奏带动观众的情绪。同时，宣传片的剪辑还要讲究"创造节奏，并打破节奏"。并不是所有的镜头都跟上音乐的节奏就是最好的，也要在"快中求慢"或者"慢中求快"。在宣传片中经常看到这种镜头，一个移镜头，前半段播放速度非常慢而后半段一闪而过，这就是宣传片中快慢节奏的经典体现。

总而言之，镜头的节奏并不是一成不变的。随着时代的发展，总有些先驱者进行多种多样的尝试，并形成风格。当一致认为打斗片需要激烈的镜头和紧张的音乐的时候，总有人用抒情的音乐、成倍慢放的镜头来表现不一样的血腥。需要做的就是积极学习别人的剪辑技巧，取他人之长，补己之短，这样才能在这个飞速发展的行业站稳脚跟。

任务三　案例分析：东京申奥宣传片

经过多个模块的学习，相信读者已经对剪辑有了新的认识。为了能够让大家对于剪辑有更加深刻的认识，在此对东京申奥宣传片进行细化的分析。以小见大，使我们对剪辑的认识更深一层。

首先，当第一次看这个影片的时候，可能对内容的印象并不清晰，但是对影片的节奏感觉是非常强烈的。咚咚咚咚的音乐依然在耳边回响，不绝于耳，这就是音乐的魅力。通常情况下，宣传片在剪辑之前首先需要做的就是确定影片的音乐。音乐确定好之后，一般也就意味着影片的基调确定好了。

分析此片的音乐，大致可以分为两大部分，前半部分是紧张低沉的铺垫，逐渐让观众走入影片，走入这个国度。影片播放到中间的时候，经过两三秒钟，激烈的音乐瞬间响起，影片前半段积累的情绪瞬间爆发。从 53s 开始，影片的节奏陡然加快，进入紧张激烈的画面展现，此后音乐逐渐走向抒情（相对而言）。最后几秒钟，音乐又恢复开始的节拍，首尾呼应，影片结束。纵观全篇，音乐的基调由低到高再到低，有张有弛，层次明显。犹如故事片的情绪，由开始的抒情，逐渐走向一个又一个小高潮，最后情绪回落，皆大欢喜。

随着影片的音乐变化，镜头节奏也在逐渐发展变化。虽然整体节奏较快，但是依然能感觉到相对先慢、后快、后慢的节奏变化。整个影片中，大部分的镜头都是非常快的，如图 4-50 所示。

图 4-50　东京申奥宣传片中的快镜头

但是，我们依然能够时不时地发现一两个镜头突然放慢，如图 4-51 所示，这就是"打破节奏"。例如，12s 处呐喊的观众，剪辑师有意对画面放慢。快速的几个城市街景切镜头后，接慢放的动作，再接快切镜头，让观众在紧张的情绪之后找到呼吸的空间，然后继续进入紧张的情绪，如图 4-52 所示。

图 4-51　东京申奥宣传片中的慢镜头（运动员）

图 4-52　东京申奥宣传片中的慢镜头（群众和街景）

为了创造节奏感，剪辑师更是煞费苦心。有些镜头过于平淡，很难找到节奏感，于是剪辑师又对某些镜头进行抽帧处理，如 29~30s 处跑鞋的镜头，剪辑师直接将跑鞋踏上地面的一些帧删掉，跳跃的画面令节奏感更加强烈，如图 4-53 所示。不难看出，"打破节奏"和绘画作品中的"留白"具有异曲同工之妙。

图 4-53　东京申奥宣传片中的抽帧镜头

　　在内容上，剪辑师也费了很多的功力。为了体现城市的人文环境和体育文化，剪辑师选取了城市俯景、城市街道、运动员、呐喊的观众等画面作为支撑。同时，在城市街道上和呐喊的观众中剪辑师分别专门挑选了一位女生突出表现。两位女生都是在热闹的环境中一动不动，和飞逝的人群、呐喊的观众对比，动中取静，相映成趣，更加深了观众的印象，使观众不至于迷茫在人海的画面中。对于一气呵成的连贯性跑步动作，如图 4-54 所示，片中进行了分解，具有前后呼应的内容关系，使得观众的心理期待得以纾解，如图 4-55 所示。

图 4-54　东京申奥宣传片中的平行剪辑镜头

图 4-55　东京申奥宣传片中的连贯性镜头

　　在前半段和后半段的末尾，剪辑师更是挑选了不同肤色、不同环境下的孩童运动的画面，与维护世界和平的奥林匹克精神相契合，如图 4-56 所示。

图 4-56　东京申奥宣传片中的儿童镜头

　　还有一点引人注意的是，全局都贯穿着跳动的心形纸片。从 12 秒开始出现的都是红、紫、绿、蓝、黄等颜色的单片形式，随后正是这些纸片越来越多，将许多人的心聚在一起，串起了镜头，升华了主题。需要指出的是，一开始的小纸片较为轻盈，运行速度较慢，具有渐进式的节奏感。从 1 分 3 秒开始，心形纸片的运用更为洒脱狂放，形成强烈的视觉震撼效果，与欢庆胜利的画面相吻合，并最终汇聚为申奥的标识，具有回归主题的艺术特征，如图 4-57 和图 4-58 所示。

图 4-57　东京申奥宣传片中的象征性镜头

图 4-58　东京申奥宣传片中的象征性镜头

6. 项目效果总结

本项目通过分析东京申奥宣传片，介绍了影视剪辑中节奏的重要性及其表现形式。

7. 课业

自找音乐，自找素材，参考案例和给出的参考素材，拍摄一些校园风光视频素材，剪辑出内容连贯、节奏感强烈的 MV 影片或宣传片。

第5章 数字视频短片的风格化调色案例

5.1 数字调色基本技术

5.1.1 项目 1 数字视频调色基础

1．学习目标

通过深入细致的学习，全面掌握数字视频调色的理论基础，用科学的视角去认识色彩和灰阶，为达芬奇软件的学习提供坚实的理论基础。

2．项目描述

随着数码摄影与摄像的日益普及，数字调色在影视后期中发挥的作用越来越明显。软硬件技术的日益完善和强大，为直观地检查画面并实现色彩的精确控制，提供了极大的便利。与此同时，对调色师也提出了多方面的要求，从对调色流程的把握到调色工具的基本使用，以及良好的沟通和理解能力，在技术能力与艺术素养的结合方面有更高的需求。

3．项目分析

随着时代的飞速发展，视频制作技术发生着翻天覆地的变化，从胶卷到数字，从分体的庞然大物到现在的数字化摄录一体机，从线编到非线编，视频制作的过程更加灵活多样。近年来，在视频后期编辑的过程中，调色在视频后期制作中的作用开始崭露头角。摄像机拍摄的素材经过剪辑之后能够形成一定的情节，调色则是对这些镜头色彩逐个调整，使其符合场景气氛，烘托场景氛围，能够更好地吸引观众，达到感染观众的目的。

4．知识与技能准备

对调色流程基本步骤的把握；灰阶的基本概念和意义；色彩的感情以及表现力。

5．方案实施

在调色阶段，一共分为三步。第一步，校正色彩信息，主要目的是校正画面信号，纠正由于各种原因产生的偏色、过曝等画面，相当于对视频进行"标准化"处理。第二步是整体画面色彩的调整，主要目的是根据剧情将画面风格化，形成色彩风格。需要注意的是，并非在一部电影中所有的画面都需要统一的风格，画面的风格是根据剧情的要求决定的，一般情况下一个场景要确定一种色彩风格，并且在剧情变化不大的情况下，一个场景内画面风格的变化不宜过大。第三步是对画面细节部分进行调整，如加强主题弱化背景、将灰蒙蒙的天空变蓝等。

数字视频调色虽然分为三步，但是并非调色就要严格地按照这个步骤做下去。例如，如果在第二步将画面色彩调得风格化过于严重，往往就很难在此之上做选区，此时就需要将第三步提前。在实际的操作中，还需要根据实际情况进行判断。

详细内容，请扫封底二维码（DR 调色基础）观看微课视频。

任务一　认识灰阶

"灰阶"，一个不太恰当的说法就是"灰色的阶梯"，在视频画面中，有的地方亮而有的地方暗，这就形成了灰阶。灰阶是画面的一种固有属性，表现了画面亮度的特性。将画面的最暗处设为 0，将最亮处设为 100（有的地方为 0~255 或者 0~1024），并以此为横坐标，以亮度所占的比例作为纵坐标，就形成了灰阶图，如图 5-1 和图 5-2 所示。

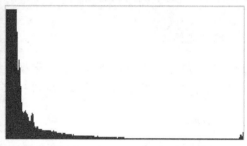

图 5-1　曝光不足及其灰阶显示

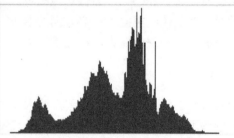

图 5-2　曝光正常及其灰阶显示

通过这两个画面的色阶图，可以非常容易地理解灰阶的含义。而在数字视频调色的过程中，用得最多的则是示波器。以画面的横坐标为横轴，画面的亮度为纵轴，能够表示画面中每一竖线的色彩和亮度分布，如图 5-3、图 5-4 所示，为两个视频截图的示波器画面。

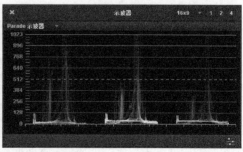

图 5-3　曝光不足及其示波器显示

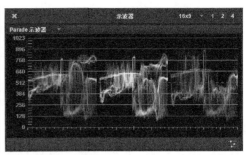

图 5-4　曝光正常及其示波器显示

图 5-3 中，整个画面偏暗，从示波器中可以看到，大部分信号都被压缩到 0 处，画面偏右的位置有一盏发着白光的台灯，示波器三个颜色的相应位置会有一部分信号提高到 1023 线的位置。并且由于画面整体偏暖，红色信号的强度要高于蓝色信号和绿色信号的强度。再看图 5-4，整体的画面偏灰，对比度不高，大部分的信号都集中在了 128~768 的中间位置。同时，画面中小女孩的头发是黑色的，并集中在画面的右半部分，示波器中每个颜色通道和头发相对应的右侧都在下方有较多的信号。调色师就是通过这个工具来判定视频画面的信号、是否偏色等信息，使用示波器能够非常好地减少由于显示器质量、调色师所处环境等因素导致的监看误差。

根据画面的灰阶分布情况，将 0~100 的区域平均分为三部分，分别称为：暗调、中间调、高光，这就形成了视频调色的最基础的工具，视频调色最基础的思路便是通过分别调整这三个区域，来达到画面风格化的目的。在一般情况下，暗的部分调冷，亮的部分调暖是最基本的调色思路，并且根据分别调整冷暖的量来调整画面给人的感受。例如，调整冷的画面较多较重而调整暖的画面较少，则整体画面会偏冷。为什么不将全部画面都调冷或者调暖呢？建议读者在后期的实践中亲身尝试。

任务二　色彩与感情

校色，在影视拍摄时要矫正好摄像机、监视器的颜色，添加滤镜，让色彩还原正确或者按导演、摄影师的要求拍出想表现的画面效果，这就需要调节摄像机的白平衡、黑平衡、伽马、色度、锐度、对比度等参数，选择所需灰度片、滤镜；在后期制作时通过白平衡、曲线、饱和度、锐度、对比度、模糊等调色工具软件来校准颜色，为调节颜色做准备。

视频调色能够创造更加绚丽、更加有意境的画面，但是归根结底调色服务于剪辑，脱离了故事调色就没有了意义。所以，在调色之前，应真正理解要用画面来表达什么，用色彩来帮助叙事，帮助气氛的渲染。

例如，要讲一个古代反映劳苦大众生活的故事，需要在片头渲染萧瑟的气氛，最好将片头的叙事镜头饱和度降低，对比度调高。要讲述警察和劫匪枪战的场景，为了渲染紧张激烈的气氛，最好将画面风格调冷。要讲述两个恋人浪漫的场景，需要渲染温馨浪漫的气氛，则最好将画面调暖。

画面和声音是电影讲故事的最主要的两种工具，富有感染力的画面风格对气氛的营造具有非常重要的意义，符合情景的气氛则更能够表现人物感情。所以，不光要求调色师能够熟练使用软件，更要像画家一样思考，用心去感受每一幅画面，如图 5-5 所示。

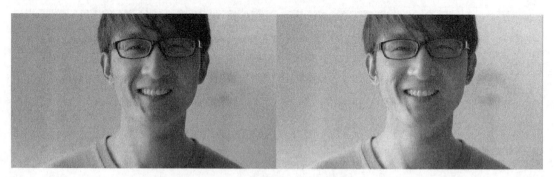

图 5-5　暖色调和冷色调画面

6. 项目效果总结

调色，指业内人士对影视调色的笼统称呼。从语意上来说，其含义有两个方面：校色和调色。校色即校准颜色，这是影视调色的基本前提，更是影视拍摄的基本要求。调色，与校色相区别，就是利用调色软件调出创作者想表现的效果。好多软件都有色彩（一级）校正、色彩二级校正，俗称三色轮、单色轮，都是简单好用的调色插件。色彩（一级）校正，可以根据高光偏红黄、阴影偏蓝绿、中间调决定色调冷暖的理论来调色，可以调出不一样的画面。色彩二级校正，简单点讲就是类似 PS 用吸管工具选取某个颜色进行调节，在视频中改变或增强某个色彩选区，从而更精确地进行调色。

7. 课业

（1）简述校色与调色的联系和区别。
（2）什么是灰阶，如何正确认识灰阶在调色中的重要性？

5.1.2　项目 2　调色软件的功能区

1. 学习目标

通过本项目的学习，初步掌握达芬奇调色软件的基本功能和界面，从创建用户到登入启动，以及对用户的管理；从项目管理器以及右键菜单，再到软件主界面的认识；认识四个基本的操作界面，分别是媒体页面、编辑页面、调色页面、导出页面等；在系统认识达芬奇软件的基础上，进而了解数字校色的完整流程。

2. 项目描述

Davinci Resolve 是专业化的调色软件，也是一整套视频校色解决方案。认识界面是熟悉软件操作的首要前提，在"媒体"页面导入媒体、在"编辑"页面进行剪辑、在"调色"页面进行调色、在"导出"页面进行渲染输出，是调色流程的四个重要步骤。

3. 项目分析

达芬奇有比较通用的软件设定，同时有自己在调色方面独有的优势。建立用户以后，双击进入达芬奇软件界面。打开软件界面首先呈现在用户眼前的是达芬奇的用户界面，默认界面上有管理员用户和来宾用户。根据用户不同，可以创建自己独有的用户并设定密码，保障项目的安全性。

在用户项目设置面板，用户根据项目的实际需要设定分辨率、代理分辨率、帧速率、输入输出设置、导入设置和监视器监看设置。这些是在一个项目开始前必需的工作，当项目有修改时，在这个面板里调整相应设置。在达芬奇用户项目设置面板中，用户界面以树型结构在左上角对话框中排列，方便用户切换选择。当用户选定自己的项目后，便可以载入以前保存的项目。

4. 知识与技能准备

Davinci Resolve 软件是国际上流行的调色软件。其不仅是一个软件，而是代表了一整套的调色解决方案，包括软件、工作站、调色台、监视器等。其一共有三个解决方案，分别为 Lite 版、Software、带调色台版，其中 Lite 版为免费版，虽然去掉了一部分的功能，但是调色功能依旧强大。由于曾经 Davinci Resolve 调色的成本较高，好的调色师更是少之又少，它曾是好莱坞电影的调色标准，只在一些高成本制作的大片上使用。经过长时间的发展，Davinci Resolve 11 已经发展到支持中文，这也就给了普通大众接触专业级调色的机会。

相对于历史版本，Davinci Resolve 11 对文件格式和视频解码的支持已经广泛得多了。其支持大多数电影摄像机拍摄的格式，大部分单反所拍摄的文件格式也能够支持。但是，对于很多摄像机的支持依然不完善，建议读者在拍摄素材之前要试一试拍摄的素材能不能被 Davinci Resolve 所支持。虽然新版本的 Davinci Resolve 11 已经能够支持在较低配置的计算机上运行，但是其依然对计算机配置要求较高。最常见的配置瓶颈就是内存。在低于 8GB 的计算机上运行，经常会碰到软件崩溃甚至打不开的情况。同时，当显示器的分辨率低于 1920×1080 像素时，Davinci Resolve 软件界面会显示不全。详细的配置要求请参见官网。本书中使用 Davinci Resolve 11 Lite 作为示例。

5. 方案实施

任务一　Davinci Resolve 界面初识

详细内容略，请扫封底二维码（DR 调色面板）观看微课视频。

任务二　调色工作流程（一级调色与二级调色）

在影视制作过程中，有一套非常严格的流程，其中调色就是其中一环。在任务一 Davinci Resolve 界面初识中，可以看到 Davinci Resolve 11 的页面下方的页面切换面板一直存在。其实，此页面的标签顺序也就很好地概述了调色的过程。像剪辑一样，首先应该将源素材导入项目中，并对源素材进行有序的管理，此操作在"媒体"页面中进行。然后，应该对源素材进行剪辑或者将在其他软件中剪辑好的序列导入项目中，包括给剪辑添加专场特效，此操作称为"套底"，在"编辑"页面进行。然后就是在调色过程中最重要的一环——给视频调色，在"调色"页面中进行。最后，应该使用"导出"页面导出视频文件，或者导出回批到剪辑序列的素材文件。此过程，如图5-6所示。

图5-6　调色工作流程

其他的流程容易理解，需要注意的是调色过程中的一级调色和二级调色。众所周知，在摄像中，存在"色温"的因素，所拍摄的视频素材不可避免地会由于前期灯光的影响而产生偏色，或者一部分的电影摄像机会将视频信号"压缩"，导致大部分的色彩信号"高的不高，低的不低"，画面看起来灰蒙蒙的等。这些情况都需要在一级调色阶段进行调整，一级调色的主要目的就是平衡各个素材的色彩电平，将其调整到合适的范围，真实地还原色彩信息。将一级调色做好，能够减轻由于素材差异导致的对调色师的视觉影响，帮助调色师找到最真实的色彩状态。

二级调色的目的是根据要求将视频风格化，并对细节部分进行调整，创造出符合视频作品内容的风格。例如，如果拍摄一部古装戏，就应该调出色彩淡雅、饱和度较低的色彩风格。如果拍摄一部现代警匪片，就应该调出色彩偏冷、锐度较高、色彩冲击力强的色彩风格。二级调色没有固定的模式可以遵循，同样，调色师的功力也主要体现在二级调色阶段。

其实，不同的调色师习惯不同，对一级调色和二级调色的理解也不尽相同。有的调色师会认为视频的风格化属于一级调色，而对细节的修整则属于二级调色。甚至有的调色师将调色更细分为一级调色、二级调色和三级调色。归根到底，调色的思路还是一样的，先修正电平，再调整风格，最后修改细节。

6. 项目效果总结

本项目主要介绍了调色软件的界面组成，介绍了调色的基本流程。需要指出的是，影视制作中不能把所有的希望都寄托到调色软件上。真正好的作品是前期和后期的结合，优秀的前期素材能带给调色师事半功倍的效率。如果前期拍摄素材不符合要求，会给调色师带来很大的困扰甚至费片。所以，请记住这句话：前期能做的事情，绝对不要放到后期去做。

7. 课业

简述影视调色的主要流程和技术环节。

5.1.3　项目3　基础剪辑技术

1. 学习目标

通过本项目的学习，初步掌握达芬奇调色软件的视频剪辑的基本功能，了解素材池的基本用途以及素材导入的基本方式，掌握快速套底创建时间线的基本方法和技巧。

2. 项目描述

在达芬奇调色系统中，浏览和导入素材作为一个独立的界面出现。为方便用户浏览，素材文件夹以树型文件格式排列于界面左上角对话框。素材文件夹右面的对话框是选定的当前素材的详细信息，包括文件名字、格式、时码信息、时间长度。在达芬奇系统调色系统中，有一个特别的素材浏览对话框：素材池。所要用到的素材都需要快速导入素材池中，导入方式也有多种：直接导入、按照编辑决策列表（EDL）导入。将所需要调色的素材导入到素材池中以后，需要对每一个镜头进行调整。在达芬奇系统中这个过程需要 EDL 类的时码表进行配合。当需要将套底的原文件与剪辑文件进行对照时，在这个界面可以导入参照文件，进行逐镜头、逐帧对照，确保套底文件和剪辑文件一致，这是一种十分有用的操作。

3. 项目分析

在达芬奇调色软件中，可以完成一些基本的视频素材管理、视频剪辑功能，如导入素材、添加时间线、将素材添加到时间线、常用剪辑工具以及特效的使用。此外，提高剪辑和调色效率的工作方法有套底和回批。套底指通过降低原素材指标以流畅完成剪辑工作，然后在调色软件中代入原始高质量素材完成调色工作；回批是指通过调色以后，由调色软件输出 XML 或者 EDL 等中间连接文件，重新导入剪辑软件中进行输出或进一步精剪的操作。在达芬奇系统中，套底和回批的过程需要 EDL 类的时码表进行配合。如果需要调色的素材没有相应的 EDL 文件，也可快速创建 EDL 从而获得时间线。

4. 知识与技能准备

Davinci Resolve 11 已经对剪辑功能进行了较多的优化，其现在已经不单单是一个调色软件，更是一个优秀的剪辑软件。虽然和现行的许多剪辑软件还有不少的差距，但是相信在后续的版本更新中，Davinci Resolve 能够成为一个集剪辑、调色优势于一身的平台。

5. 方案实施

详细内容略，请扫封底二维码（DR 基础剪辑）观看微课视频。

6. 项目效果总结

Davinci Resolve 11 强化了剪辑功能，不仅用于影视调色，它将调色剪辑合二为一，可以直接线上剪辑，不需要像以前那样在别的剪辑软件中剪辑代理然后再套底，使用达芬奇可以完成"素材管理—转码—剪辑—调色—交付"的整个流程。在达芬奇调色中，分为剪辑表导入调色和达芬奇导入成片调色。可能有时一些需要调色的作品时间比较紧迫，但可能没有提供剪辑表，或者给剪辑表的时间比较拖，这时就需要自己手动来制作剪辑表。在 FCP（Final Cut Pro）里分镜头剪辑一遍，然后输出 XML 或 EDL 来进入达芬奇调色。这种情况对于时间较短的微电影、MV 可能比较奏效，对于电影或者电视剧就比较麻烦了，工作量会大大增加。这种情况下，把成片直接导入达芬奇以后，可以使用自动场景切割功能，达芬奇会自动剪辑分镜头，并且可以实时调控，对自动切割镜头模糊的剪辑点，可以手动进行调节直至满意为止，通过这个功能的使用可以大大提高工作效率。

7. 课业

（1）使用达芬奇进行影视剪辑具备哪些方面的优势？

（2）达芬奇进行调色时，套底与回批指的是什么？

5.1.4 项目4 色彩调整工具的操作

1. 学习目标

通过学习，认识调色面板中的组成部分，包括画廊面板、视频预览面板、节点面板、时间轴面板、视频调色面板等。认识并掌握曲线工具、色轮工具、限定器等的使用。

2. 项目描述

达芬奇调色工具分为一级调色和二级调色。一级调色十分基础，也很重要，主要针对画面的整体色调、对比度和色彩平衡。当对人物面部细节、高光、中部、暗部颜色分别调整时便用到二级调色。达芬奇系统具备强大的二级颜色调整功能，不同的颜色效果可以通过节点的并行和串行连接调整来实现。

3. 项目分析

达芬奇软件调色过程中既可以调整亮度曲线，也可以分别调整红、绿、蓝三个通道的曲线。如果在曲线上增加或删减控制点，则能实现对图像中暗调、亮调和中间调部分的单独调整。调色曲线可以影响整个画面，可以只影响画面中的局部，也可以通过抠像、窗口或输入蒙版等技术来获得图像的选区。

4. 知识与技能准备

一级调色的主要工具是色轮工具、一级调色（Primaries 调色）、曲线工具等。

5. 方案实施

详细内容略，请扫封底二维码（DR 调色工具）观看微课视频。

6. 项目效果总结

本项目重点介绍了达芬奇中的一级和二级调色工具。视频片断颜色的主基调通过一级颜色调整来控制，好的一级颜色调整能保留最多的颜色信息，从而为二级颜色调整做好充分准备。色轮是进行一级调色的首选工具，Primaries 调色工具可以对每一个色彩通道进行单独控制，可以进行细腻的调色处理，不足之处是没有色轮工具那样直观。曲线调色工具比色轮调色更加细腻，可以调整出具有强烈风格化的影像风格。

7. 课业

（1）简述达芬奇调色面板中，有哪些重要的色彩调整工具，并简述其功能。

（2）何为限定器？它的主要作用是什么？

5.1.5　项目 5　节点架构与编辑

1. 学习目标

通过本项目的学习，掌握节点式色彩调整的基本流程和方法。

2. 项目描述

达芬奇的调色节点非常灵活，不仅可以进行调色处理，还可以加载 LUT（Look-Up Table）文件，处理带有 Alpha 透明通道的素材，甚至添加 OpenFX 类型的插件效果。

3. 项目分析

节点式色彩调整是达芬奇调色系统的一大特点。节点架构的设计是 Davinci Resolve 软件优于其他软件的一个重要原因，每一个节点存储了一定的调色信息。一个镜头的调色，可以通过不同的节点组合来完成，也可以存储到一个节点上完成调色。既然一个节点就能完成调色，那么为什么要使用节点架构呢？一个镜头的调色往往是多方面的，不同的调色组合能产生不同的效果，甚至不同的节点组合方式也能产生不同的效果，使用节点架构就大大增加了调色的可操作性。通过节点工具，能够对视频调色进行更加随意的操作和管理。

4. 知识与技能准备

达芬奇调色软件具有丰富灵活的节点连接模式。常见的节点类型有串行节点与并行节点、分离器与结合器等。平行节点的作用是把并联结构中节点之间的调色结果进行"三原色加法原理"计算。在达芬奇节点面板的右上角，里面有"剪辑"和"时间线"两个模式，其中"剪辑"是默认的模式，它只针对选中的片段；而"时间线"模式对节点的调整，会影响整个时间线上的所有视频片段。

5. 方案实施

任务　节点工具面板

节点面板，如图 5-7 所示。由图中可以看出，Davinci Resolve 的节点架构遵循线性结构，节点与节点之间通过线来连接。图 5-7 中，视频画面进来，经过两个节点之后出去。即视频画面经过节点 01 的处理，之后经过节点 02 的处理，最初完成画面。除了这种串行节点的连接方式，比较常用的还有并行节点，如图 5-8 所示。类似于串行节点，并行节点也非常容易理解。视频画面分别经过节点 01 和节点 02 的处理，然后被节点"平行"混合到一起，最终形成画面。除了串行节点和并行节点，还有图层节点、外部节点等。

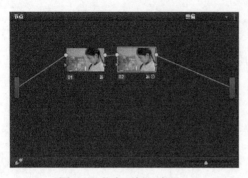
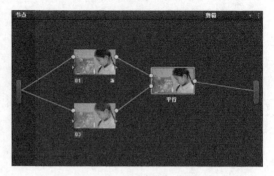

图 5-7　节点面板（串行）　　　　　　　　图 5-8　节点面板（并行）

外部节点的概念：添加了外部节点之后，Davinci Resolve 软件会自动将上一个节点的选取信息反选，作为本节点的选区。也就是说，若在一个节点对画面的 30%部分进行了调色，则其后的外部节点会自动将剩余的 70%作为本节点的选区。

在调色过程中，节点功能的使用非常频繁，掌握节点的快捷键能够起到事半功倍的效果。如图 5-9 所示，为菜单栏中的节点菜单。其中在本书中最为常用的要数添加串行节点（Alt+S）、添加外部节点（Alt+O）、启用/禁用当前节点（Ctrl+D）。

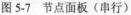

图 5-9　节点菜单与快捷命令

在本项目中，最主要的任务是理解节点的工作方式，不同的节点组合能够连接出千变万化的组合方式，调色师的功力在一定程度上也能通过节点体现出来。为了便于操作，本书中所使用节点全部为串行节点，因篇幅限制，其他节点的知识不再讲解。

6. 项目效果总结

本项目重点讲解了节点调色的基础知识，对于节点调节的介绍较为简略，要想完全掌握节点调色，需要结合实际案例，达到融会贯通、运用自如的目的。

7. 课业

（1）"剪辑"和"时间线"调色模式有何区别？
（2）串行节点和并行节点在实际运用时，有哪些注意事项？

5.2　数字调色综合案例

5.2.1　项目 1　傍晚山村风景调色案例

1. 学习目标

通过傍晚山村风景风格等的制作，掌握达芬奇调色的基本工作过程，提升基本技能和综合素质。

2. 项目描述

本项目以傍晚山村风景为例，介绍达芬奇调色的基本流程和技术。由于季节、天气、空气能见度、周围环境以及摄影机性能的原因，拍摄的视频源素材色调偏冷，没有突出体现傍晚的温馨氛围。为了弥补客观条件的不足，并营造出高动态比的傍晚氛围，以及天空晚霞的暖色调效果，使用达芬奇软件进行调色处理。

3. 项目分析

达芬奇调色不仅是对画面的色彩进行校正，更重要的是塑造影片的风格。调色风格可能是来自于传统的艺术形式，如工笔画、油画，甚至是水墨画，也可能是来自于某一部电影、电视作品，甚至是某个导演的代表性作品，如《暮光之城》《变形金刚》《霍比特人》等。调色风格是影片整体审美的突出表现，代表着导演和摄像师的审美倾向和趣味，是电影美学发展水平的集中反映和体现。

4. 知识与技能准备

对影片风格进行分析，做好调色的准备工作；示波器作为重要的分析工具的使用技巧；各种调色工具的使用和操作方法，以及使用选区和柔化的技巧。

5. 方案实施

1）项目材料与工作状态说明

在本书中所使用的素材都使用了佳能单反相机，并自定义了 Technicolor 公司出品的 CineStyle 相片风格。CineStyle 相片风格能够将原始的色彩信息进行"压缩"，使"亮的不那么亮，暗的不那么暗"，减小饱和度与对比度，最大限度地防止画面过曝或暗部细节损失情况的发生。使用 CineStyle 相片风格拍摄的素材有统一的特点，就是画面"偏灰"。CineStyle 的出现增强了单反相机拍摄的适用性，使单反相机也能像高端电影机一样，拍出来后期调色宽容度更高的画面，如图 5-10 所示。

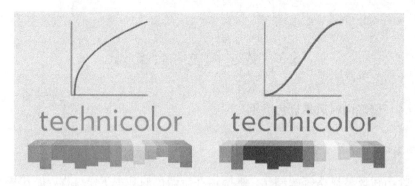

图 5-10　CineStyle 的调色曲线与效果

　　Technicolor 公司推出 CineStyle 相片风格的同时,也推出了相应的 CineStyle LUT 文件供后期阶段使用。由于 LUT 是记录了画面调整信息的文件,所以 LUT 文件能将被 CineStyle "压缩"的画面还原。例如,将亮度为 200 的像素调整为亮度为 205,使用此 LUT 文件能够快速恢复曝光正常的素材,加快调色效率。Davinci Resolve 11 中没有预置 CineStyle LUT 信息,需要手动将 CineStyle LUT 文件夹复制到 Davinci Resolve 11 的 LUT 文件夹,如图 5-11 所示。复制成功之后重启 Davinci Resolve 11 软件,即可正常使用 CineStyle LUT。

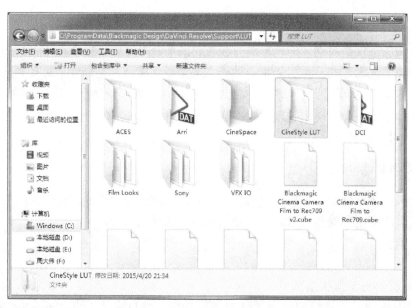

图 5-11　CineStyle LUT 文件

2)案例制作:傍晚山村风景调色

　　在此案例中,由于使用了 CineStyle,并且当天山雾比较大,源素材的画面信息被"压缩"得非常厉害。通过示波器就能看出,画面电平信号被限制在了 256~1023 的区域。素材原画面和示波器,如图 5-12、图 5-13 所示。

图 5-12　原画面

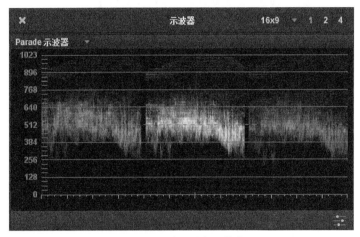

图 5-13　原画面电平信息

　　首先，使用 LUT 将被"压缩"的画面"撑"开。在"调色"页面中右击该镜头，在弹出的菜单中执行 3D LUT→CineStyle LUT→S-curve_for_CineStyle 命令，如图 5-14 所示。

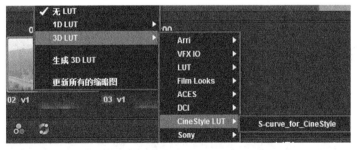

图 5-14　添加 CineStyle LUT 菜单

　　加载了 CineStyle LUT 之后的画面及示波器，如图 5-15、图 5-16 所示，可以看到，虽然画面被 CineStyle 还原，但是画面依然比较平，对比度非常低，饱和度也非常低。特别需要指出的是，在这种光线对比度非常低的大雾天气，可以不使用 CineStyle，免得发生像这样即使加载了 LUT 也不能"撑"开画面的情况。

图 5-15　添加 CineStyle LUT 后的画面

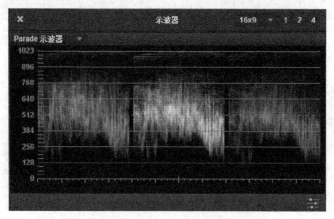

图 5-16　添加 CineStyle LUT 后的示波器

　　分析示波器可知,画面较"平"的主要原因是暗部信号没有达到最低,致使对比度较低。为了调节画面电平信号,需要使用一级调色工具将电平信号调节正常。如图 5-17 所示,将 Lift 降低使画面电平信号最低处接近 0,并适当降低 Gain 信号,减轻高光信号的压缩,如图 5-18 所示,为一级调色工具和调整之后的示波器画面。

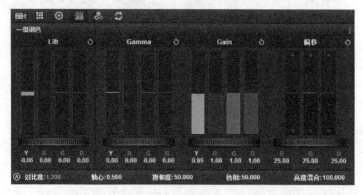

图 5-17　一级调色工具

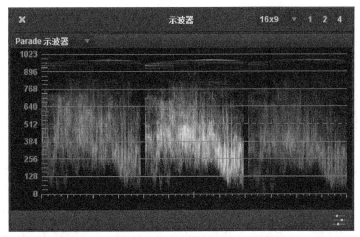

图 5-18　一级调色后的示波器显示，信号恢复正常

画面电平调整好之后，开始调整画面色彩风格。首先对远处的山峰和天空进行调整。新建串行节点（快捷键为 Alt+S），在窗口面板中打开曲线路径开关，如图 5-19 和图 5-20 所示。

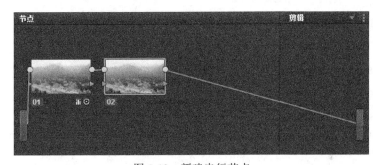

图 5-19　新建串行节点

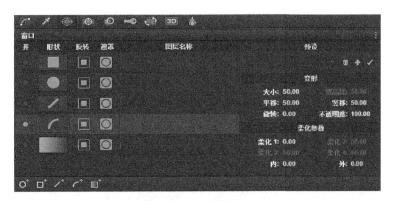

图 5-20　打开曲线路径开关

在视频预览窗口，使用曲线路径工具，将天空和远山区域进行范围选取，如图 5-21 所示。从画面中可知，天空和远处的山峰的电平信号主要集中在高光区域，本节点下使用色轮工具，将 Gain 适当向红色位置拖动，如图 5-22 所示，增益后的天空效果如图 5-23 所示。

图 5-21　曲线路径工具选择天空

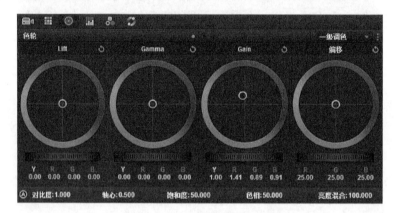

图 5-22　色轮工具增加红色增益

图 5-23　增益后的天空效果

从画面中可以看出，天空和远处的山峰已经被调整为红色，继续对边缘位置进行柔化。在窗口面板中调整"柔化参数"中的"内（柔化）"和"外（柔化）"选项，使轮廓柔化，如图 5-24 所示，柔化后的天空效果如图 5-25 所示。

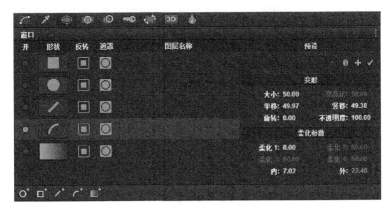

图 5-24　柔化边缘

图 5-25　柔化后的天空效果

从图 5-25 中可以看出，虽然已经对轮廓边缘进行了柔化，但是画面中远处的红色和近处的绿色反差较大，令人感觉非常不真实。所以，需要对近处景物的色彩进行调整。在节点 02 被选中的前提下，添加外部节点，如图 5-26 所示。

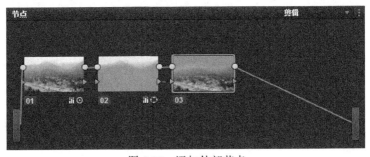

图 5-26　添加外部节点

　　因近处以中间色调为主，所以在色轮工具上对 Gamma 进行调整，使色轮偏向红色，如图 5-27 所示。调色之后的画面整体偏暖，营造出一种情绪感非常强的画面，如图 5-28 所示，示波器显示如图 5-29 所示。

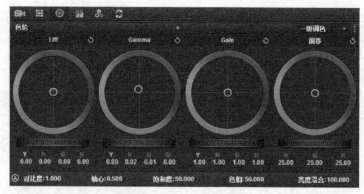

图 5-27　调整 Gamma 属性

图 5-28　调整 Gamma 后的画面效果

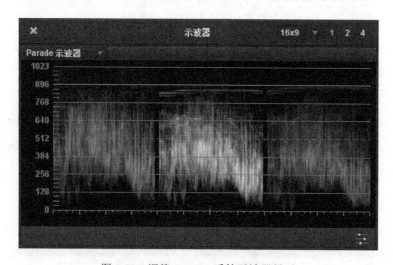

图 5-29　调整 Gamma 后的示波器显示

经过多次的调整，画面已经初具风格。在一般电影中，画面的电平信号往往大部分都低于 768，这也是电影看起来画面比自己拍摄的影像素材柔和的原因。下一步，对整体画面电平进行调整。新建串行节点，如图 5-30 所示，并在曲线面板上将曲线尾端向下拉，画面的电平就整体向下压缩了，如图 5-31 所示。

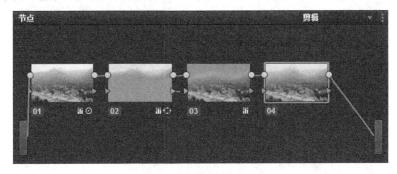

图 5-30　新建串行节点

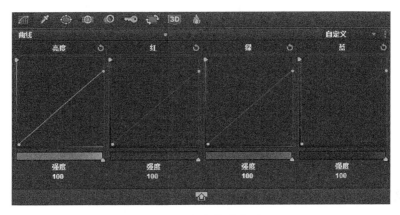

图 5-31　拉低整体电平

经调整之后的视频画面较暗，所以在曲线中间打上一个控制点，并适量向上拖动，使画面整体亮度适宜，如图 5-32 所示。

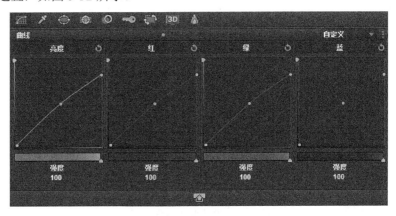

图 5-32　增加中间控制点

本来，调色到这一步已经基本完成。但是看视频画面，整体感觉还是较软，没有山村应该有的那种苍劲的感觉。最后增加一步，继续提高对比度。新建串行节点，在一级调色面板中提高对比度，让画面看起来苍劲有力，如图 5-33 和图 5-34 所示。

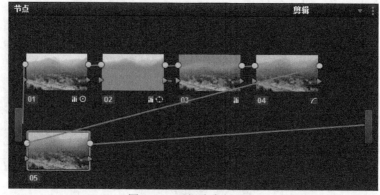

图 5-33　再新建串行节点

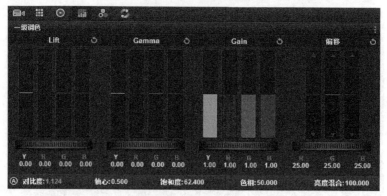

图 5-34　使用一级调色，提高对比度

提高对比度之后的画面又产生了新的问题，就是山村里屋顶太红，太扎眼，没有山村应该有的那种沧桑感。新建串行节点，使用限定器工具选出屋顶，并降低饱和度，如图 5-35、图 5-36 所示。

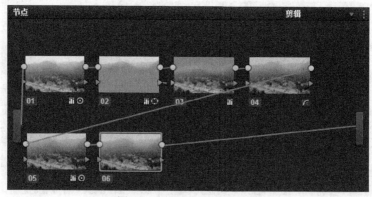

图 5-35　继续新建串行节点

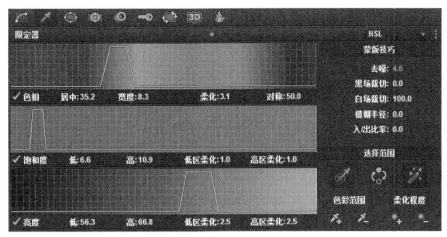

图 5-36 降低饱和度

接下来，预览一下效果，如图 5-37 所示，再次对画面整体进行调整，如图 5-38 所示。截取调色之后的画面，对比一下原始画面，如图 5-39 所示。

图 5-37 预览效果

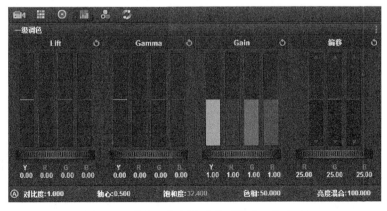

图 5-38 降低一级调色中的对比度、饱和度

图 5-39　最终效果与原始效果

6. 项目效果总结

本项目介绍了傍晚乡村风景的调色案例，注意调色流程和关键技术的把握。

7. 课业

（1）为何使用 CineStyle 相片风格，它在原始色彩和亮度信息保留方面有何优势？

（2）在调色过程中，如何准确把握画面的亮度、饱和度与对比度之间的关系？

5.2.2　项目 2　人物皮肤调色案例

1. 学习目标

通过对人物皮肤进行调色制作，掌握达芬奇调色的基本工作过程，提升基本技能和综合素质。

2. 项目描述

本项目以人物皮肤为例，介绍达芬奇调色的基本流程和技术。在人物调色中，皮肤是无可非议的调色重点。人物的肤色表现看似简单，实则包含十分丰富的内容。清新、浓艳、粗犷、细腻、冷艳、高贵等，都代表了不同的审美风格。为了弥补前期拍摄的不足，并恰如其分地体现化妆、服装、道具设计等的优势，特别是纠正拍摄过程中出现的曝光过度、面部粗糙、肤色不正等缺陷，可以使用达芬奇软件进行肤色处理。

3. 项目分析

达芬奇调色不仅是对画面的色彩进行校正，更重要的是塑造影片的风格。调色风格可能是来自于传统的艺术形式，如工笔画、油画，甚至是水墨画，也可能是来自于某一部电影、电视作品，甚至是某个导演的代表性作品，如《暮光之城》《变形金刚》《霍比特人》等。调色风格是影片整体审美的突出表现，代表着导演和摄像师的审美倾向和趣味，是电影美学发展水平的集中反映和体现。

4. 知识与技能准备

对影片风格进行分析，做好调色的准备工作；示波器作为重要的分析工具的使用技巧；各种调色工具的使用和操作方法，以及使用选区和柔化的技巧。

5. 方案实施

1）项目材料与工作状态说明

在此案例中，会对画面风格进行均衡，使画面有一定的风格且协调统一，并将人物突出，增强画面效果。原画面如图 5-40 所示。

图 5-40　原始素材效果

2）案例制作：人物皮肤调色案例

首先，给镜头加载 CineStyle LUT，使画面恢复饱和度与对比度，如图 5-41 所示，添加 LUT 后的示波器显示和效果预览如图 5-42 和图 5-43 所示。

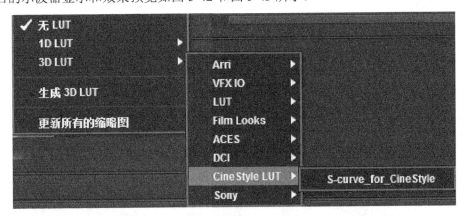

图 5-41　添加 CineStyle LUT

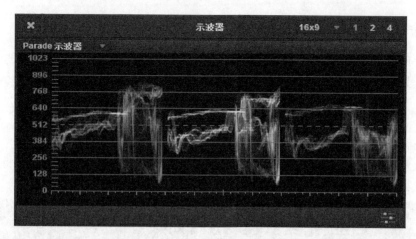

图 5-42　添加 LUT 后的示波器显示

图 5-43　添加 LUT 后的效果预览

可以看到，加载 CineStyle LUT 之后的画面过于鲜艳，不符合乡村的风格，且画面太柔。我们适当降低饱和度，适当增强对比度，如图 5-44、图 5-45 所示。由于各种原因，人物面部较黑，不红润。

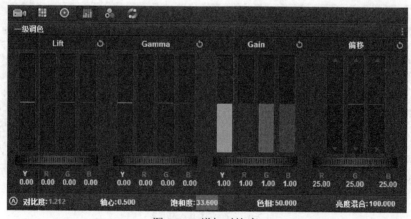

图 5-44　增加对比度

图 5-45　增加对比度的效果预览

接下来，对人物脸部单独调整。首先，添加串行节点，如图 5-46 所示。

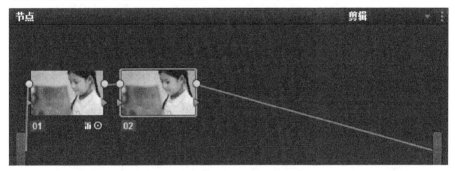

图 5-46　添加串行节点

使用限定器选取脸部，并提高"去噪"值，使选区边界柔化，如图 5-47 和图 5-48 所示。

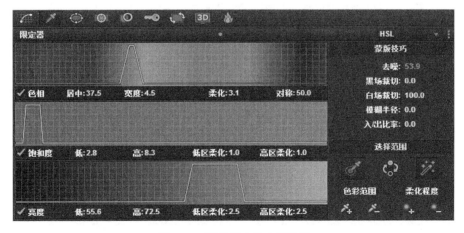

图 5-47　限定器中的去噪设置

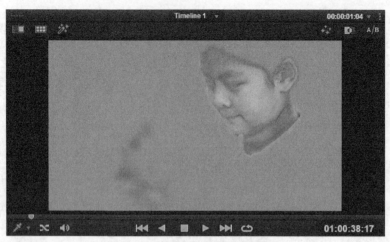

图 5-48　使用限定器后的脸部选中

可以看到，背景中有一部分和皮肤颜色类似，也被选中。在窗口面板中启用圆形路径，并调整大小，使圆形区域仅选中脸部位置，Davinci Resolve 11 即自动取交集，如图 5-49 和图 5-50 所示。

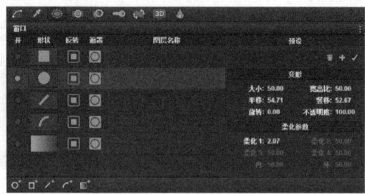

图 5-49　圆形路径工具

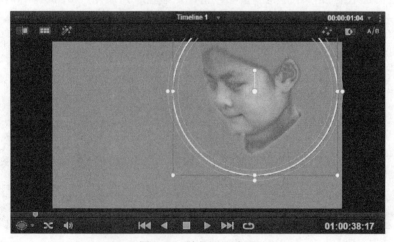

图 5-50　脸部圆形选区

选区完成之后，适当拉高亮度曲线，并将中间调向红色区域轻微拖动，使人物脸部更加亮白红润，如图 5-51 和图 5-52 所示。

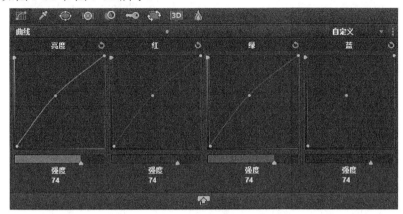

图 5-51　提高亮度曲线

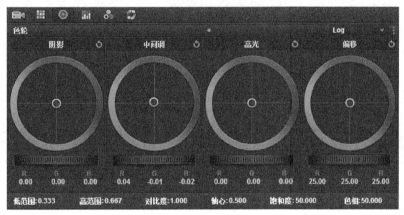

图 5-52　调整中间调

经过多次调整，此时人物的脸部变得不太自然，要使用模糊面板将"模糊半径"适当提高，如图 5-53 所示，效果预览如图 5-54 所示。

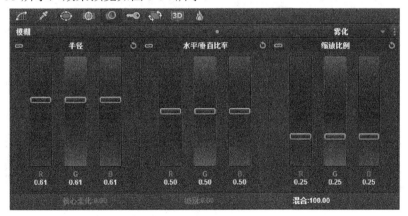

图 5-53　提高模糊半径

图 5-54 效果预览

接下来，对画面色彩基调进行调整。新建串行节点，如图 5-55 所示。

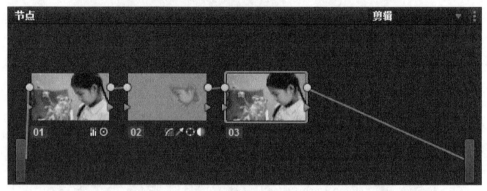

图 5-55 新建串行节点 03

在一般情况下，电影画面的调整都是遵循"亮部偏暖，暗部偏冷"的规律。在此例中，先将 Lift 调冷，创造基调，如图 5-56 所示，然后将中间调调暖，均衡画面，如图 5-57 所示，效果预览如图 5-58 所示。

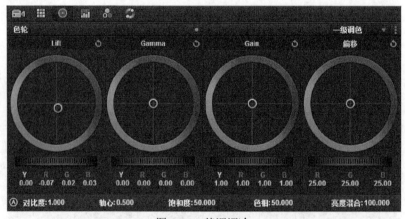

图 5-56 基调调冷

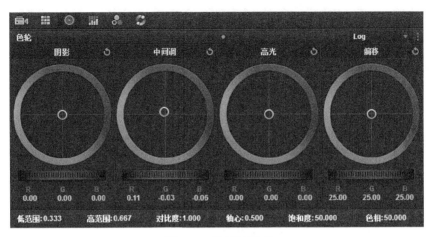

图 5-57　中间调调暖

图 5-58　调节的效果预览

　　接下来，将人物突出，弱化背景。新建串行节点，如图 5-59 所示，在窗口面板中打开曲线路径工具，并将人物轮廓大概选中，如图 5-60 所示。小技巧：选取人物轮廓时，最好选用人物显示得最全的画面，并且画面外适当预测轮廓，如图 5-61 中人物的头发轮廓。

图 5-59　新建串行节点 04

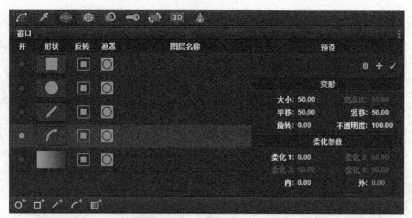

图 5-60　曲线路径工具

图 5-61　选中人脸

使用跟踪器面板，依次单击 ▶ 和 ◀ 图标对人物轮廓进行跟踪，如图 5-62 所示。

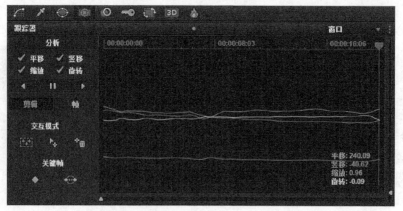

图 5-62　跟踪器

经尝试，若提亮人物，则很可能使人物过曝，可通过降低背景画面的亮度来突出人物。新建外部节点，如图 5-63 所示。

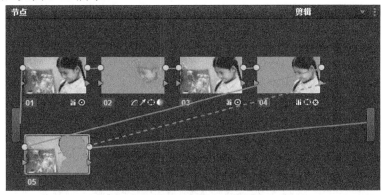

图 5-63　新建外部节点

在曲线面板上将亮度曲线适当拉低，如图 5-64 所示，效果预览如图 5-65 所示。

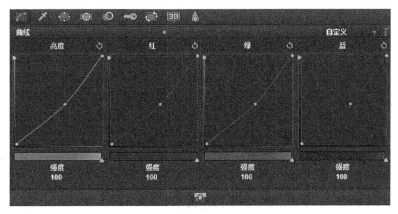

图 5-64　降低亮度

图 5-65　降低亮度效果预览

此时播放影片，选区内和选区外的亮度差轮廓非常明显。为了使边界柔化，返回到节点04，如图 5-66 所示，并在窗口面板中适当调整画面的柔滑参数，如图 5-67 所示，效果预览如图 5-68 所示。

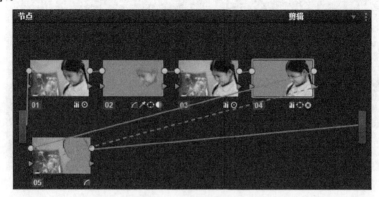

图 5-66　选中节点 04

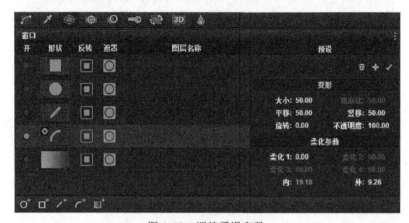

图 5-67　调整柔滑参数

图 5-68　调整柔滑参数效果预览

　　最后，整体压低画面的电平，使画面看起来更柔。

　　新建串行节点，如图 5-69 所示，在曲线面板中将曲线右侧点向下拉，使大部分电平信号低于 768。并在曲线中间增加一个锚点，对画面亮度适当调整，如图 5-70 所示，示波器显示如图 5-71 所示。

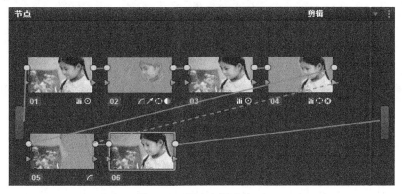

图 5-69　新建串行节点 06

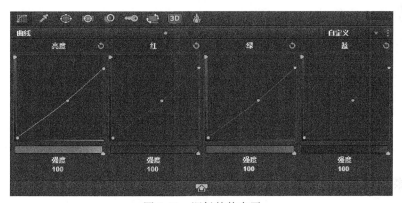

图 5-70　调低整体电平

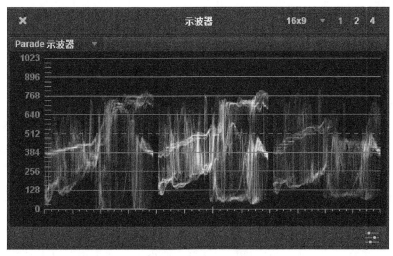

图 5-71　示波器显示

调色前后的画面，分别如图 5-72 所示。

图 5-72　调色前后效果对比

6. 项目效果总结

本项目介绍了人物肤色的调色案例，注意调色流程和关键技术的把握。

7. 课业

在人物肤色调色过程中，有哪些基本的调色原则和注意事项？

5.2.3　项目 3　回忆风格画面调色案例

1. 学习目标

通过对回忆风格的画面进行调色制作，掌握达芬奇调色的基本工作过程，提升基本技能和综合素质。

2. 项目描述

本项目以回忆风格画面的调色为例，介绍达芬奇调色的基本流程和技术。回忆风格又称为复古风格，是一种呈现美好回忆、过往时光的风格，往往充满令人温暖、感动的情节，如《广岛之恋》《入殓师》《老男孩》等，具有打动人心的旧时氛围，让人想起久违的青春记忆。

3. 项目分析

达芬奇调色不仅是对画面的色彩进行校正，更重要的是塑造影片的风格。调色风格是影片整体审美的突出表现，代表着导演和摄像师的审美倾向和趣味，是电影美学发展水平的集中反映和体现。每个人的青春都不一样，但每个人心中的青春却都是一样的。青春、爱情、成长是每一个人都会经历的，也是大家会有共鸣的。回忆风格的画面让观众产生浓重的怀旧心理，提供一个怀旧情绪的出口，借此抒发对青春的无限怀念。

4. 知识与技能准备

对影片风格进行分析，做好调色的准备工作；示波器作为重要分析工具的使用技巧；各种调色工具的使用和操作方法，以及使用选区和柔化的技巧。

5. 方案实施

1）项目材料与工作状态说明

如图 5-73 所示，为原画面效果，本实例中做一个回忆画面效果。

图 5-73　原始画面效果

2）案例制作：回忆风格画面调色案例

首先，分析示波器，可以看出此场景光比较大，示波器显示电平信号较满，如图 5-74 所示。加载 LUT 容易把暗部信号大量压缩损失，所以不适宜加载 CineStyle LUT。

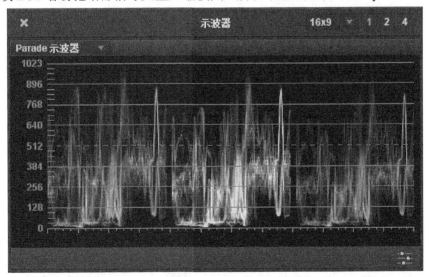

图 5-74　原始画面示波器分析

图 5-75 所示为加载 LUT 之后的示波器，可以看出暗部有许多信号被挤压损失。

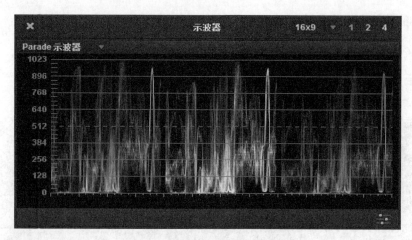

图 5-75　加载 LUT 后的示波器

　　使用一级调色工具面板将画面电平信号调节到正常程度，调节"偏移"选项使电平信号整体提升即可，如图 5-76 和图 5-77 所示。

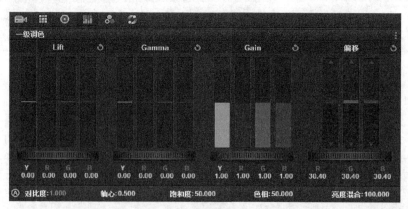

图 5-76　一级调色工具

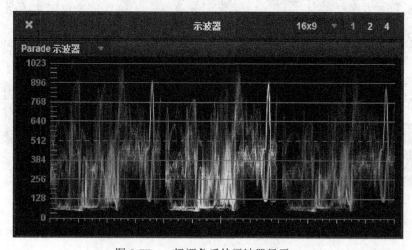

图 5-77　一级调色后的示波器显示

　　由于画面较平，继续对画面进行调节。增强对比度，在亮度曲线上添加锚点，并适量拉高，直至画面清晰，亮度适宜，如图 5-78 和图 5-79 所示。

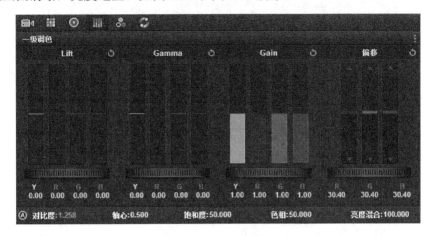

图 5-78　增加对比度

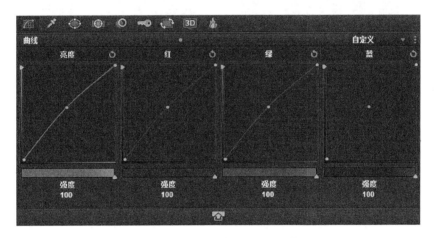

图 5-79　亮度曲线增加锚点，适当提升

　　接下来，对人物进行突出操作。添加串行节点，如图 5-80 所示，在窗口面板中打开曲线路径工具，并在合适的帧为人物绘制轮廓，如图 5-81 和图 5-82 所示。

图 5-80　添加串行节点 02

图 5-81　添加曲线路径工具

图 5-82　绘制人物轮廓

　　使用跟踪器面板跟踪人物边缘，如图 5-83 所示。在此镜头的跟踪中可能有部分的偏离，但是偏离程度不是很大，依然能够保证大部分人物处于跟踪范围内，可不予置理。

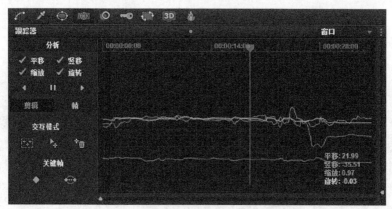

图 5-83　跟踪器可跟踪人物边缘

给当前节点添加外部节点,如图 5-84 所示。

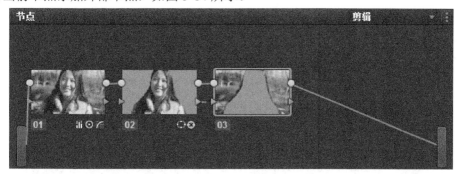

图 5-84 添加外部节点 03

使用亮度曲线适当拉低背景亮度,如图 5-85 所示,效果预览如图 5-86 所示。

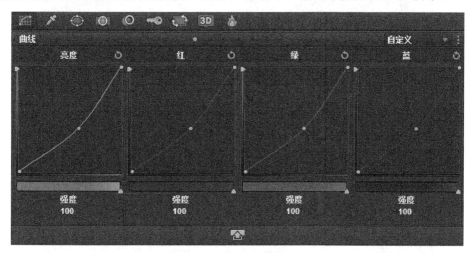

图 5-85 降低背景亮度

图 5-86 降低背景亮度效果预览

此时播放镜头可发现边缘生硬，没有过渡，如图 5-87 所示。返回节点 02，调节窗口面板中"柔化参数"，如图 5-88 所示。需要注意的是：找到最不准确的一帧画面，在这一帧画面上将柔化参数调整好之后，别的画面上基本不会出现问题，如图 5-89 所示，即是找到的跟踪效果最差的一帧画面。边缘柔和的柔化效果如图 5-90 所示。

图 5-87　边缘生硬的柔化效果

图 5-88　柔化参数设置

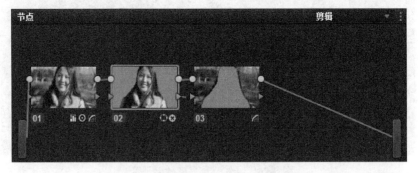

图 5-89　找到对比最明显的画面调柔化

图 5-90　边缘柔和的柔化效果

接下来，继续给画面增加风格化。新建串行节点，如图 5-91 所示。

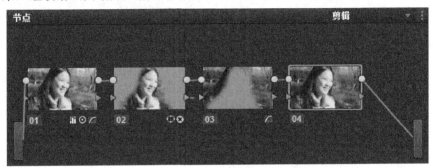

图 5-91　新建串行节点 04

从以上两个例子中可以找到规律，想要使画面偏什么色调，则需在色轮面板中的一级调色模式下调整，并使用 Log 模式中和画面。在此案例中，要做回忆效果，而偏暖色调的回忆镜头风格最适合这个镜头。先在色轮面板中调整 Gamma 偏暖，然后调整阴影偏冷中和画面，如图 5-92~图 5-94 所示。

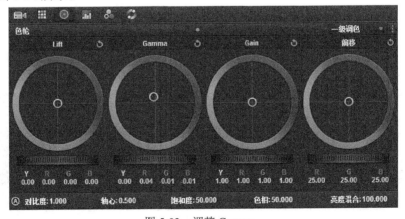

图 5-92　调整 Gamma

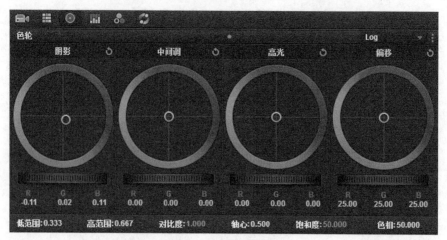

图 5-93 调整阴影

图 5-94 效果预览

这个画面还有一个问题，就是色彩感太强，不能很好地表现回忆的效果。若不想整个画面都灰蒙蒙的，可以将背景画面的饱和度降低。双击节点 03，并适当降低饱和度，使画面整体色彩感减弱，如图 5-95 和图 5-96 所示。

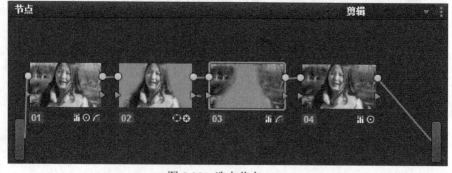

图 5-95 选中节点 03

图 5-96　降低背景饱和度的效果预览

调色前后的画面对比效果，如图 5-97 所示。

图 5-97　前后效果对比

6. 项目效果总结

本项目介绍了回忆风格画面的调色案例，注意调色流程和关键技术的把握。

7. 课业

在回忆风格画面的调色过程中，有哪些基本的调色原则和注意事项？

5.2.4　项目 4　经典冷色调风格调色案例

1. 学习目标

通过对经典冷色调风格画面进行调色制作，掌握达芬奇调色的基本工作过程，提升基本技能和综合素质。

2. 项目描述

本项目以经典冷色调风格画面的调色为例，介绍达芬奇调色的基本流程和技术。色调，是指画面上表现思想、感情所使用色彩的浓淡。通常人们用各种红色或黄色构成的色调属于暖色调，用来表现兴奋、快乐等感情；各种蓝色或绿色构成的色调属于寒色调（也叫冷色调），用来表现忧郁、悲哀等情感。冷色调画面充满寂寞而敏感的气氛，如《蝙蝠侠》《黑夜传说系列》《黑客帝国系列》等，时常反映出异常悬疑、惊悚和迷离的心理体验，充满着对复杂人性的反思，直指人物的内心世界。

3. 项目分析

冷色调是指从蓝绿色过渡到蓝紫色甚至是灰色的色调区域，它通常能给人放松、冷静和慎重的视觉感，又体现出明快清透、清新舒爽的总体风格。一般情况下，冷色调往往适合气氛较为紧张、悬疑感较强的场景，可以看到很多冲突明显的好莱坞大片、商业广告片都在使用冷色调，体现出冷峻的审美趣味和现代特色。

4. 知识与技能准备

对影片风格进行分析，做好调色的准备工作；示波器作为重要的分析工具的使用技巧；各种调色工具的使用和操作方法，以及使用选区和柔化的技巧。

5. 方案实施

1）项目材料与工作状态说明

下面，对 4.2.1 节的跳切案例进行调色。由于音乐氛围和冷色调不协调，为了实验目的，删除原来的音乐，并使用素材光盘中提供的音乐作为背景音乐。同时为了和音乐相适应，把个别镜头剪短，形成一段悬疑风格的镜头。将素材 "跳切剪辑（改）.mxf" 使用 "场景剪切探测工具" 剪切成片段，并新建时间线将镜头片段导入，形成剪辑，如图 5-98 所示。

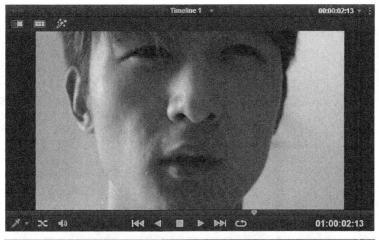

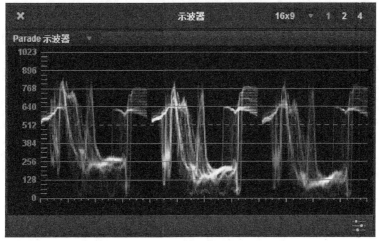

图 5-98　影片拍摄风格（背景亮、主体暗）

可以看到，与一般情况不一样的是，这个视频的大部分镜头背景要比人物主体亮一些，而"暗偏冷、亮偏暖"的调色思路在这个情况下容易调出暖背景下的"大青脸"，就不适用了。这种背景较亮而主体较暗的情况会给后期制作带来一定的困扰，是前期拍摄过程中要尽量避免的。不过在本案例中由于背景比较简单，容易选出，可以手动选出背景和主体部分，分别进行调整。

2）案例制作：回忆风格画面调色案例

首先，需要使用限定器选出背景，在限定器面板中选择拾取器工具 并打开 Highlight 开关 ，在背景区域拖动，即可在视频预览画面中显示出选取的视频范围，而其他区域的视频画面则被 50%的灰色填充。若选取的区域不合适，可随时使用选区增加、减少工具 对选区进行修改，甚至可以单击限定器面板右上角的按钮，执行"重置"命令重置限定器的操作并重新选取范围。选区完成之后，适当提高"蒙版技巧"选项中"去噪"的数值，柔化选区边缘，得到限定器的参数如图 5-99 所示，仅作参考，读者可自行尝试合适的设置。

其次，使用限定器选出背景，并适当柔化选区，如图 5-100 所示。

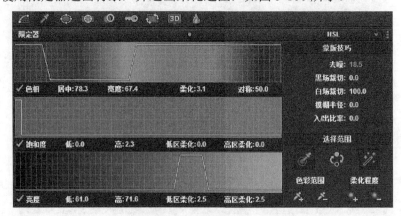

图 5-99　限定器设置

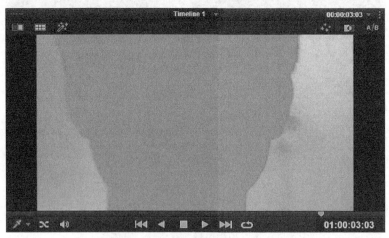

图 5-100　背景与主体的界限

容易判断，背景区域的画面较亮，在色轮面板的一级调色模式下，将 Gain 信号向蓝色方向拖动，将背景部分调冷，如图 5-101、图 5-102 所示。

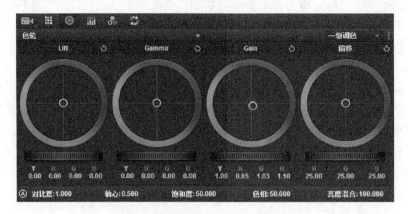

图 5-101　Gain 信号偏向蓝色

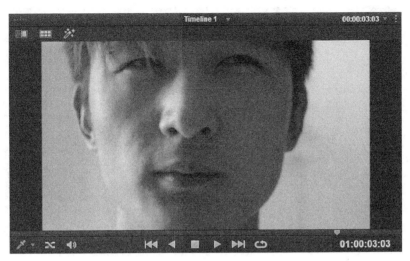

图 5-102　背景过分偏蓝的效果

　　此时背景和人物主体部分颜色反差较大，对比过于强烈。为了减弱这种差别，新建串行节点，并将整体画面的 Gamma 向蓝色方向适当拖动，如图 5-103~图 5-105 所示。

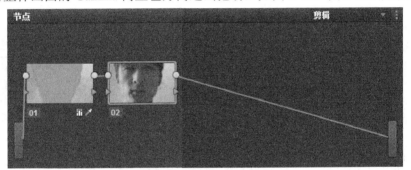

图 5-103　新建串行节点 02

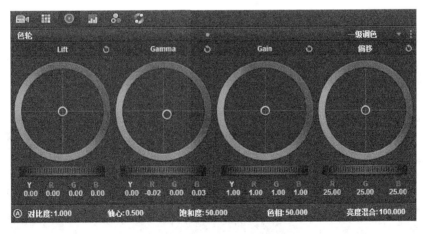

图 5-104　调整 Gamma 偏向蓝色

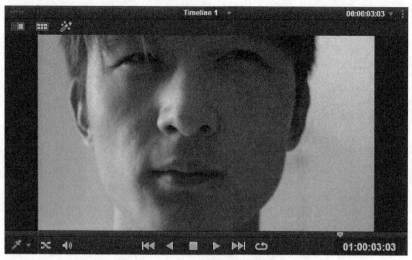

图 5-105　背景偏蓝改善的效果

　　整体画面风格确定之后，就需要一点点的暖色来反冲这种冷的色调，同时达到吸引观众注意力的目的。在此选择将人脸上高光位置调暖，也就是将外面照射进来的光线调暖。新建串行节点，将高光色轮向红色方向适当拖动，如图 5-106~图 5-108 所示。

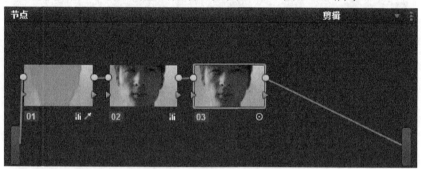

图 5-106　新建串行节点 03

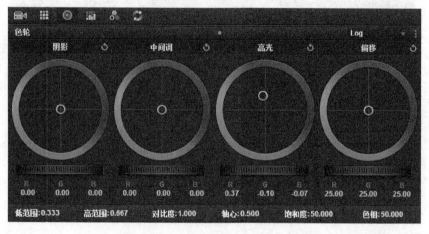

图 5-107　将高光偏向红色

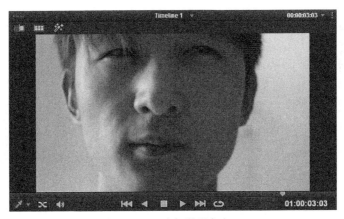

图 5-108　肤色增强高光

接下来，调整下一个镜头，如图 5-109 所示。

图 5-109　待调整画面

遵循上一个镜头的思路，首先选出背景，使用限定器中的拾取器 ![] 并打开 Highlight 开关 ![]，在瓷砖区域拖动，除了瓷砖以外的部分被 50%的灰色填充，根据需要使用 ![] ![] 工具对选区进行增添或者减少，并适当调整"去噪选项"柔化选区边缘，如图 5-110 和图 5-111 所示。选区完成之后将 Gain 色轮适当地向蓝色方向拖动，调冷背景，如图 5-112 和图 5-113 所示。

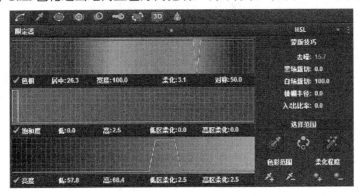

图 5-110　使用限定器选出背景

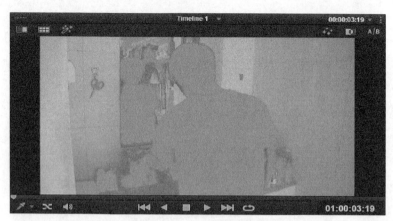

图 5-111　选择背景

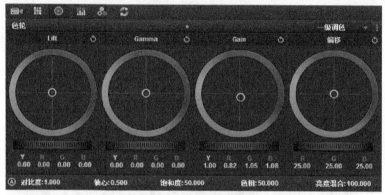

图 5-112　Gain 信号偏向蓝

图 5-113　背景偏蓝的色调

　　观察调整之后的画面，由于镜头主体人物穿了蓝色的衣服，同时我们又将背景调冷了，此时人物和背景画面的反差非常小，甚至还不如调色之前。这也是在前期拍摄中需要注意的一个小技巧，如果想制造冷色调风格的场景，尽量不要让主体人物穿冷色系的衣服，这将给调色带来非常大的麻烦。经过多次的尝试，决定将主体人物穿的衣服调成紫色，反冲背景的蓝色加强对比，同时达到突出主体的目的。

因为经过调色的画面在做选区的时候非常容易选到背景，所以执行"节点"→"在当前节点前添加串行节点"命令，如图 5-114 所示。在此节点下，使用限定器工具选出主体人物身上穿的蓝色衣服和镜子中的反射，如图 5-115 和图 5-116 所示。

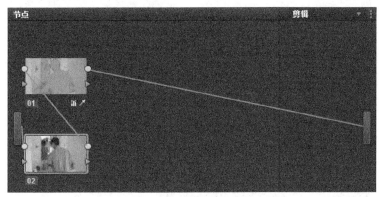

图 5-114　在当前节点前添加串行节点

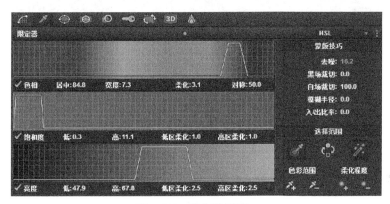

图 5-115　限定器设置

图 5-116　选出主体

使用曲线面板中的"色相 vs 色相"工具，调整蓝色系的色相，将其调整成为紫色，如图 5-117 和图 5-118 所示。

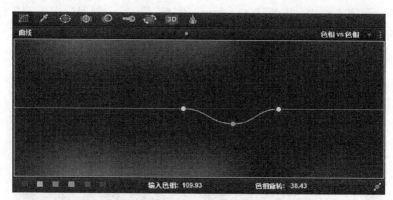

图 5-117　色相 vs 色相

图 5-118　衣服调成紫色的效果

可以看到，画面中有太多的蓝色和紫色，缺少点暖的颜色。在最后新建串行节点，将高光调暖，如图 5-119 和图 5-120 所示。

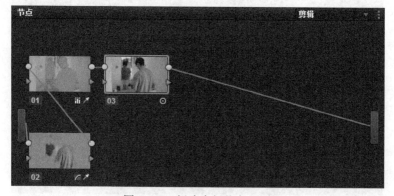

图 5-119　新建串行节点 03

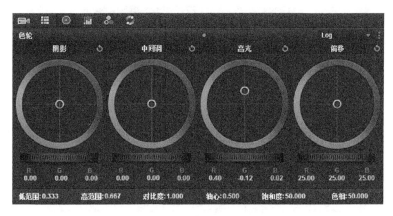

图 5-120　将高光部分调暖

由于左侧瓷砖有部分反射的光线，造成此部分也跟着偏暖了。打开窗口面板中的椭圆遮罩工具开关，选出镜子，将偏色的瓷砖部分隔绝在椭圆外，问题解决，如图 5-121~图 5-123 所示。

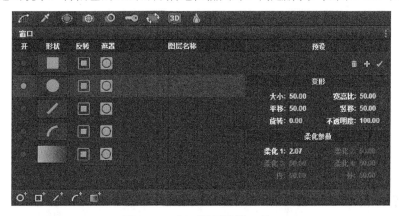

图 5-121　打开椭圆遮罩工具

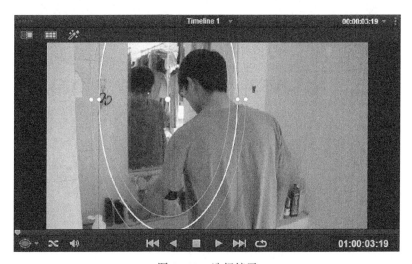

图 5-122　选择镜子

图 5-123　调整瓷砖偏色

　　因为后面有多个相似的镜头，可以使用相同的调色效果。在视频预览面板中右击，选择"抓取静帧"选项，并依次打开相似的镜头，在画廊面板中该静帧上右击，选择"添加校正"选项，即可将所有的调色节点全部添加到该镜头上（也可多选相似镜头，并添加校正）。

　　接下来，调整挤牙膏的特写画面。基本思路是将 Lift 调冷，中间调调暖，如图 5-124~图 5-127 所示。

图 5-124　挤牙膏画面

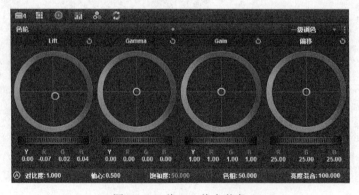

图 5-125　将 Lift 偏向蓝色

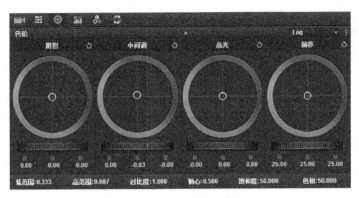

图 5-126 将中间调向暖色

图 5-127 初调后的效果

可以看到，简单调色过后的画面尚可，继续抓取静帧，对挤洗面奶镜头、关水龙头镜头、开剃须刀镜头、刮胡子镜头使用该静帧执行"添加校正"命令。

还有一个刮胡子的特写镜头，因为画面中存在大量的人物皮肤，不能和其他特写画面一概而论。经过添加校正之后的人物皮肤发蓝，缺少人皮肤的红润。在此基础上添加串行节点，将中间调调暖，如图 5-128~图 5-131 所示。

图 5-128 校正后的画面偏蓝

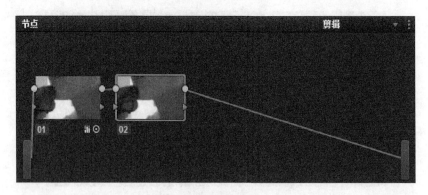

图 5-129　新建串行节点 02

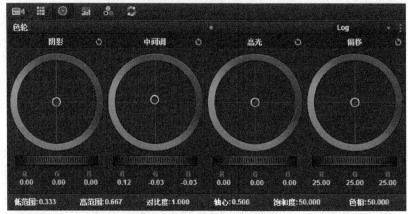

图 5-130　将中间调调暖

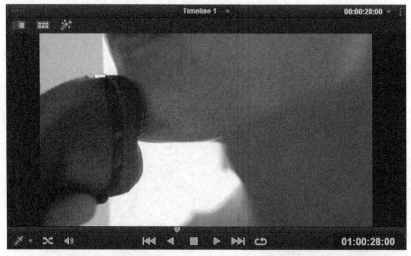

图 5-131　调暖后的画面

　　现在调整最后一个镜头。因为这个镜头整体和第一个镜头类似，首先尝试将第一个镜头抓取的静帧应用到此镜头上，如图 5-132~图 5-134 所示。

图 5-132　原始画面

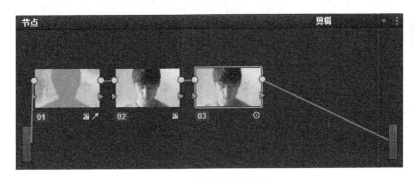

图 5-133　再新建串行节点 03

图 5-134　校正后的画面

经过添加校正之后的镜头颜色尚可，但是整体感觉画面太亮，而且人脸的高光位置有部分的细节丢失。继续添加串行节点，使用曲线面板将画面整体压暗，如图 5-135~图 5-138 所示。

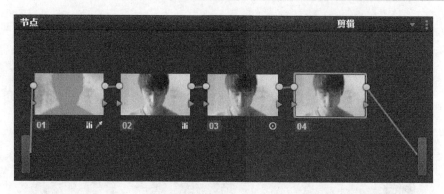

图 5-135　新建串行节点 04

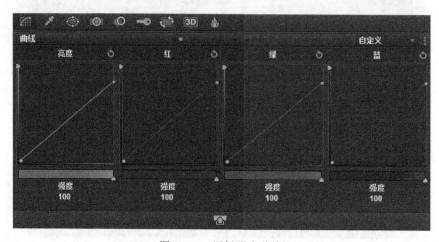

图 5-136　调低强度曲线

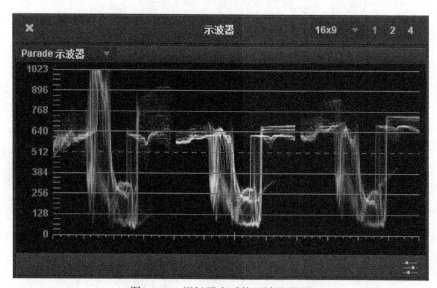

图 5-137　调低强度后的示波器显示

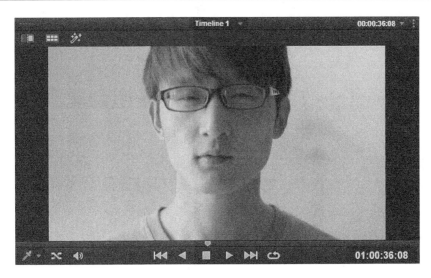

图 5-138 最终画面输出

这一个片段的调色到此就完成了。

6. 项目效果总结

本项目介绍了经典冷色调风格画面的调色案例，注意调色流程和关键技术的把握。

7. 课业

在经典冷色调风格画面的调色过程中，有哪些基本的调色原则和注意事项？

第6章 数字视频短片的后期合成案例

6.1 影视后期基本技术

6.1.1 项目1 影视后期处理的流程

1. 学习目标

本项目的主要任务是了解视频制作过程中涉及的专业术语和概念，学会 After Effects 软件的使用方法；培养运用 After Effects 软件开展后期合成处理的学习意识，形成实际动手操作、独立设计作品等的初步能力。

2. 项目描述

能对该软件熟练掌握操作方法，灵活应用知识技巧，掌握 After Effects 软件的使用方法，提高自主完成影视后期制作的能力。要学习 After Effects，不能不知道它的基础概念，如什么是窗口、什么是合成、如何能让图像在 After Effects 中显示等，当大致了解这些与实际操作相关的概念以后，才能清楚地知道每一步操作的目的和意义，否则即使能跟着步骤学习操作，仍然有可能会出现找不到相应操作区的烦心事。

3. 项目分析

After Effects 不是一个非线性编辑软件，它主要用于影视后期合成与制作，是制作动态影像设计不可或缺的辅助工具。在影视剪辑的基础之上，要善于利用各种设计素材，能够针对作品主题，良好地完成视频设计与合成，培养创新意识、审美观念、敬业精神，并且能够激发学生的无穷创造力，拓展想象空间和社会责任感。

4. 知识与技能准备

After Effects 的基本操作、基本概念，以及影视合成与特效制作的基本概念；After Effects 中基础工具如窗口、合成、特效、时间线等的使用方法。

5. 方案实施

详细内容略，请扫封底二维码（AE 后期流程）观看微课视频。

6. 项目效果总结

通过本项目的学习，应具备 After Effects 软件的初步知识，了解它在影视后期制作的基本流程。熟悉 After Effects 的工作界面，认识 After Effects 的基本窗口，如合成窗口、项目窗口、时间线窗口、特效窗口等，知道各个工具栏的命令，学习影片输出的基本方法，为后面内容的学习打下一定的基础。

7. 课业

（1）术语解释：如场、制式、帧与帧速率、画面宽高比等。
（2）After Effects 中基本窗口有哪些组成部分，其主要功能是什么？
（3）After Effects 中输出系统有哪些基本参数，如何设置？

6.1.2　项目 2　层的概念、分类和属性

1. 学习目标

通过本项目的学习，了解 After Effects 中层的概念、分类和属性。掌握 After Effects 的基本参数配置，基本动画如运动动画、遮罩动画、表达式动画等的基本概念和方法。

2. 项目描述

在 After Effects 中建立项目合成后，它以时间轴和图层的方式进行工作。它可以拥有多个图层，还可以将一个合成拖到另一个合成中作为图层使用。也可以说，After Effects 允许一个项目中同时运行多个合成，每个合成独立工作，各个合成之间又可以相互嵌套使用。图层作为十分重要的概念，无论是创作动画还是制作特效，有着举足轻重的作用。After Effects 中的图层就像是互相叠加的透明纸张，相互独立但又有着紧密的联系，主要有八种图层，分别是音频层、文字层、固态层、照明层、摄像机层、空白层、形状层、调节层等。

3. 项目分析

图层是放置元素的载体，改变图层的顺序能呈现不同的结果，图层新建后，也可以删除或复制，改变图层的上下关系或者从属关系，图层的属性也可以随时修改，如变换属性，如定位点、位置、比例、旋转、透明度等。掌握好图层是学好 After Effects 的关键所在。After Effects 中素材的动画由关键帧控制。例如，要实现一个素材由大变小，图像从透明慢慢变为不透明，并最终落在合成中的一个动画效果。想实现这类动画效果，就必须了解 After Effects 可以制作何种动画。

4. 知识与技能准备

关键帧动画的基本原理；After Effects 中图层的不同类型和功能。

5. 方案实施

任务一　"时间轴"面板详解
任务二　几种常见层的认识
任务三　调整并替换模板中的素材
详细内容略，请扫封底二维码（AE 层的应用）观看微课视频。
任务四　用 After Effects 让照片动起来
（1）用 Photoshop 分别抠出运动主体、背景层，背景层会有空白区域，使用图章工具、修补工具进行填充，最终得到两个图层，分别为小女孩和背景，保存为 PSD 文件，如图 6-1~图 6-4 所示。

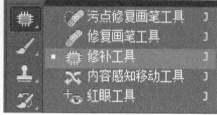

图 6-1　Photoshop 中的抠图工具

图 6-2　Photoshop 处理好的素材

图 6-3　Photoshop 中素材的图层关系

图 6-4　After Effects 中导入 PSD 素材源文件

（2）将素材文件导入 After Effects 中。"图层选项"选择"可编辑的图层样式"选项，单击"确定"按钮，因为后续需要对个别图层进行单独处理，如图 6-5 所示。

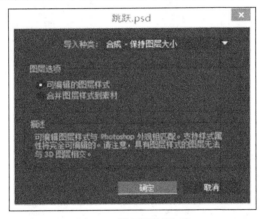

图 6-5　设置图层关系

（3）将文件夹拖动到新建合成按钮上，新建合成，将"静止持续时间"设置为 5s，单击"确定"按钮，如图 6-6 所示。

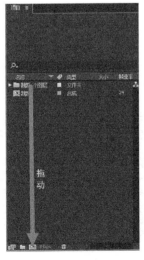

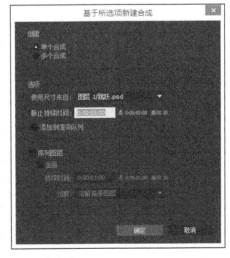

图 6-6　新建合成

（4）新建合成后得到两个图层，和 PS 中一样，但位置可能出现一些问题，需要对图层位置再调整。用鼠标拖动人物到想要到达的位置。图 6-7 为调整前后的对比。

图 6-7　适当调整人物在图层中的位置

（5）将时间轴移动到第一帧，选择操控点工具，在运动主体上打下几个运动锚点，以控制对象各个部位的位置，如图 6-8 和图 6-9 所示。

图 6-8　打开操控点工具

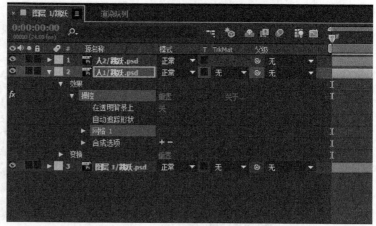

图 6-9　调整操控点，为第一帧设置关键帧

（6）将时间轴移动到最后一帧，按照物体运动规律，调整之前添加的操控点，如图 6-10 所示，调整完成，效果如图 6-11 所示。

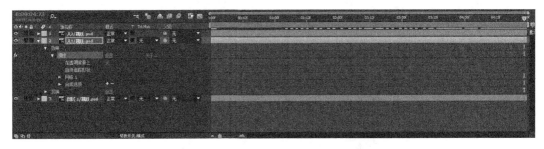

图 6-10　调整操控点，为最后一帧设置关键帧

（7）再将时间轴移动到第一帧，执行"变换"→"缩放"命令，并添加关键帧，如图 6-12 所示，之后将时间轴移动到最后一帧，适当调整缩放大小，如图 6-13 所示，调整完成，其对比效果如图 6-14 所示。

图 6-11　最后一帧关键帧的效果

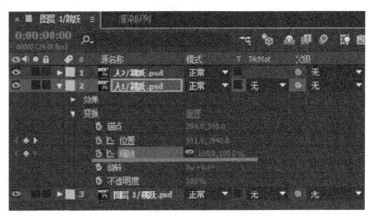

图 6-12　第一帧的缩放效果

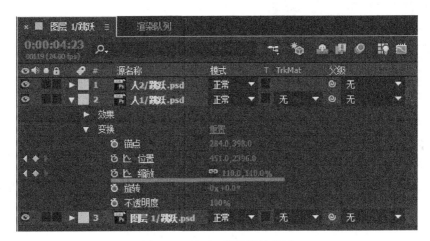

图 6-13　最后一帧的缩放效果

图 6-14　第一帧和最后一帧的效果对比

（8）将另一个图层按照相同的步骤操作第（5）步~第（7）步。

（9）在图层面板的空白处右击，在弹出的菜单中执行"新建"→"摄像机"命令，并在合成面板下方的活动摄像机按钮中选择顶部。调整两个人物主体的前后位置，之后回到活动摄像机，如图 6-15~图 6-18 所示。

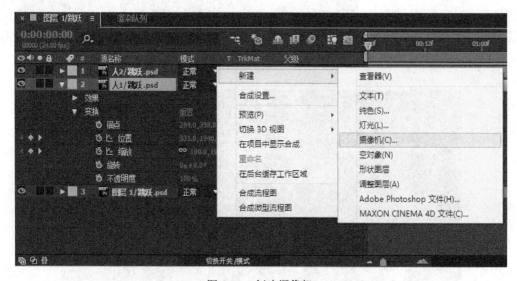

图 6-15　创建摄像机

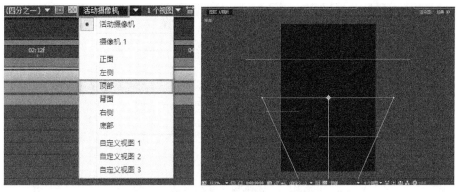

图 6-16　切换到摄像机的顶视图

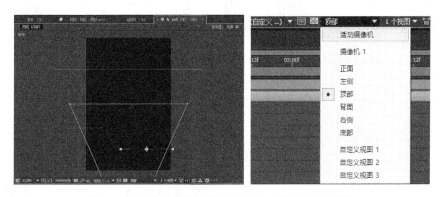

图 6-17　调整人物的前后位置关系，回到活动摄像机

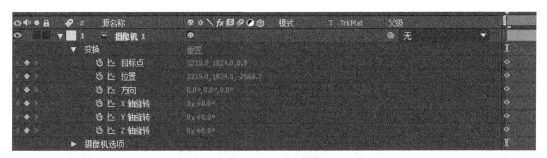

图 6-18　调整人物的前后位

（10）将时间轴移动到最后一帧，选择菜单栏中的统一摄像机工具，在合成面板中，按住鼠标右键向上拖动，可实现镜头向前推动的效果；释放右键，按住鼠标中键拖动，可实现改变镜头指向的效果，如图 6-19 和图 6-20 所示。

图 6-19　统一摄像机工具改变镜头指向

图 6-20　效果预览

（11）导出，执行"文件"→"导出"→"添加到渲染队列"命令。设置保存目录，单击"保存"按钮，再单击右上角的"渲染"按钮，如图 6-21~图 6-23 所示。

图 6-21　导出到渲染队列

图 6-22　输出到文件

图 6-23 执行渲染

6. 项目效果总结

通过本项目的学习，能很快地掌握对"时间线"窗口的认识，在后期制作视频中游刃有余，操作熟练，而且还会进一步掌握几种常见的图层，对它们有更深入的了解。

7. 课业

（1）After Effects 中有哪几种常见的图层，有何功能？
（2）在 After Effects 中让静态图像中的人物动起来，有哪些主要的技术要领？

6.1.3 项目 3 层的剪辑

1. 学习目标

通过本项目的学习，掌握文字图层和图像图层的基本技术，学会制作带有炫光效果的片头。

2. 项目描述

文字与图像是 After Effects 中最基本的视觉元素，充分利用这些元素，能制作具有丰富效果的视觉奇观，在一个素材上可以重复添加多个特效。但需要指出的是，特效的添加顺序会影响最后的结果。如需更改顺序，只需要在特效控制台上拖动特效的位置即可。

3. 项目分析

本项目是文字层与图像层的综合练习，可以制作文字的片头效果，也可以将文字与图像相结合，制作带有炫光效果的片头。

4. 知识与技能准备

After Effects 中关键帧动画的基本原理；文字图层和图像图层的基本功能和参数。

5. 方案实施

任务一 用 Adobe After Effects 制作文字效果
1）新建合成
打开 Adobe After Effects 软件，弹出如图 6-24 所示的工作界面。

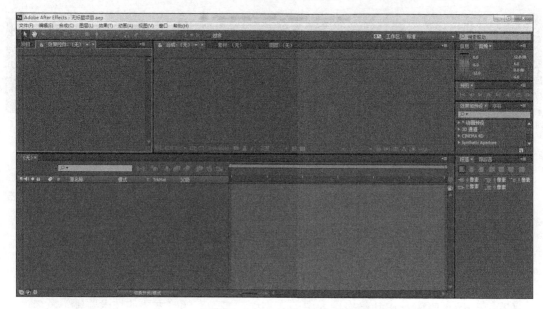

图 6-24　After Effects 的工作界面

　　执行菜单中的"合成"→"新建合成"命令，在弹出的"合成设置"对话框中设置相应的参数，如图 6-25 所示，单击"确定"按钮，就会创建一个新的合成项目。

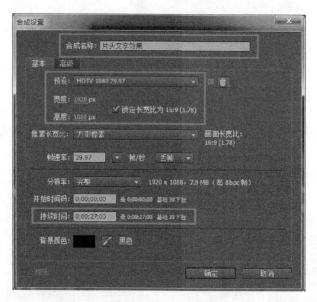

图 6-25　新建合成项目图

　　2）创建文字
　　单击时间轴面板或合成面板，执行菜单中的"图层"→"新建"→"文本"命令，然后在字符面板中设置如图 6-26 所示的参数，接着在合成图像中输入白色文字"导演　周大伟"，然后分别新建文本图层，设置参数，输入如图 6-27 所示的文字。

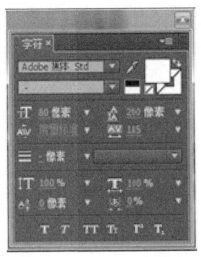

图 6-26　在字符面板中设置参数

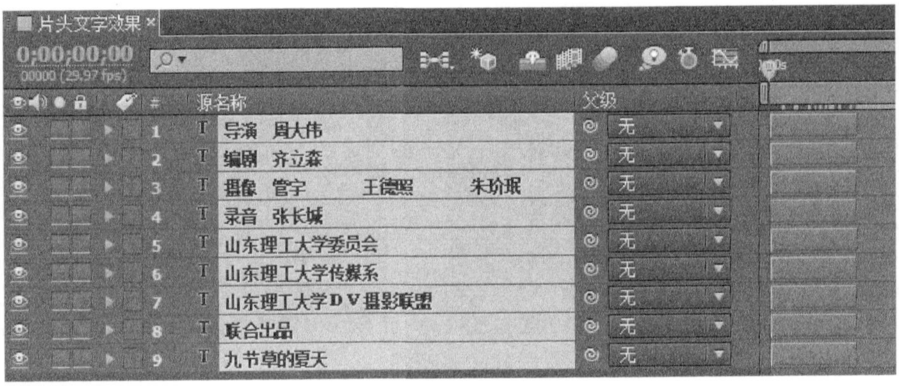

图 6-27　片头文字图层效果

3）排序文本图层

按住键盘上的 Shift 键，分别单击图层 1 和图层 9，选择所有文字图层，然后执行菜单中的"动画"→"关键帧辅助"→"序列图层"命令，在弹出的如图 6-28 所示的对话框中单击"确定"按钮。

图 6-28　将图层序列化

在时间轴上，将会看到如图 6-29 所示的文字图层依次展开并首尾相连。

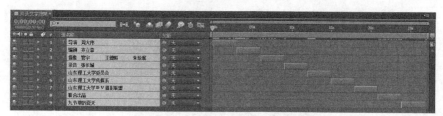

图 6-29 片头文字图层序列化效果

4）制作文字动画

（1）选中图层 1，在右侧的效果和预设面板中，找到"动画预设/Presents/Text/Animate In/Smooth Move In"效果，选中后将该效果拖到图层1上，单击预览面板上的 RAW 按钮进行渲染预览，便可得到如图 6-30 所示的效果。

（2）选中图层 2，在右侧效果和预设面板中，找到"动画预设/Presents/Text/Blurs/Foggy"效果，选中后将该效果拖到图层 2 上，单击预览面板上的 RAW 按钮进行渲染预览，便可得到如图 6-31 所示的效果。

图 6-30 为图层 1 添加动画效果

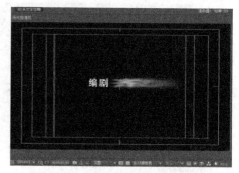

图 6-31 为图层 2 添加动画效果

（3）选中图层 3，在右侧的效果和预设面板中，找到"动画预设/Presents/Text/Blurs/Transporter"效果，选中后将该效果拖到图层 3 上，单击预览面板上的 RAW 按钮进行渲染预览，便可得到如图 6-32 所示的效果。

（4）选中图层 4，在右侧的效果和预设面板中，找到"动画预设/Presents/Text/Animate/Raining Characters In"效果，选中后将该效果拖到图层 4 上，单击预览面板上的 RAW 按钮进行渲染预览，便可得到如图 6-33 所示的效果。

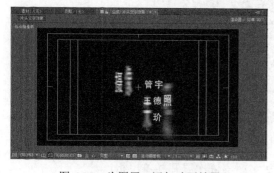

图 6-32 为图层 3 添加动画效果

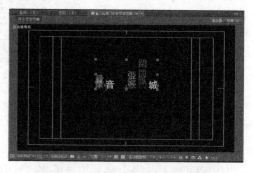

图 6-33 为图层 4 添加动画效果

（5）选中图层 5，在右侧的效果和预设面板中，找到"动画预设/Presents/Text/Animate In/Slow Fade On"效果，选中后将该效果拖到图层 5 上，单击预览面板上的 RAW 按钮进行渲染预览，便可得到如图 6-34 所示的效果。

（6）选中图层 6，在右侧的效果和预设面板中，找到"动画预设/Presents/Text/Animate In/Stretch In Each Line"效果，选中后将该效果拖到图层 6 上，单击预览面板上的 RAW 按钮进行渲染预览，便可得到如图 6-35 所示的效果。

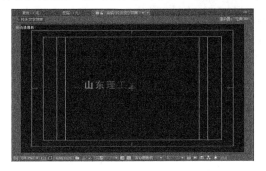
图 6-34 为图层 5 添加动画效果

图 6-35 为图层 6 添加动画效果

（7）选中图层 7，在右侧的效果和预设面板中，找到"动画预设/Presents/Text/Animate In/Wipe In To Center"效果，选中后将该效果拖到图层 7 上，单击预览面板上的 RAW 按钮进行渲染预览，便可得到如图 6-36 所示的效果。

（8）选中图层 8，在右侧的效果和预设面板中，找到"动画预设/Presents/Text/Light and Optical/Office Light"效果，选中后将该效果拖到图层 8 上，单击预览面板上的 RAW 按钮进行渲染预览，便可得到如图 6-37 所示的效果。

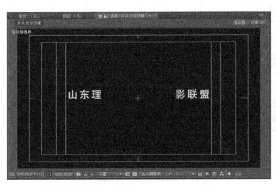
图 6-36 为图层 7 添加动画效果

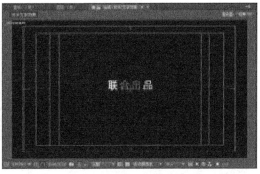
图 6-37 为图层 8 添加动画效果

任务二 用 Adobe After Effects 制作炫光效果

1）制作炫光效果

（1）执行菜单中的"合成"→"新建合成"命令，在弹出的"合成设置"对话框中设置相应的参数，如图 6-38 所示。

图 6-38　新建合成项目"烟雾"

（2）在项目窗口中将"烟雾素材"拖入"烟雾"合成中放置于适合位置，如图 6-39 所示，并按快捷键 Ctrl+D 复制一层，将底层的轨道蒙版设置为"亮度反转遮罩"模式，如图 6-39 所示。

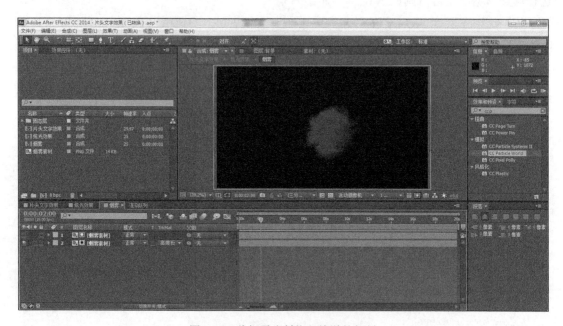

图 6-39　将烟雾素材拖入轨道并复制

（3）新建合成命名为"炫光效果"，持续时间设置为 7s，如图 6-40 所示。

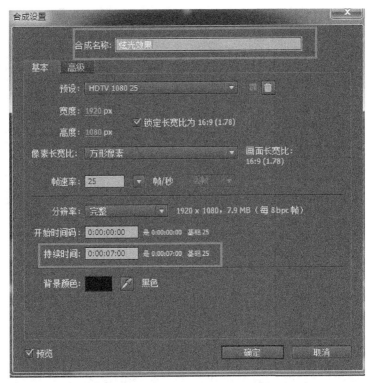

图 6-40　新建合成项目"炫光效果"

（4）新建固态层命名为"背景"，添加"四色渐变"特效，设置参数如图 6-41 所示。

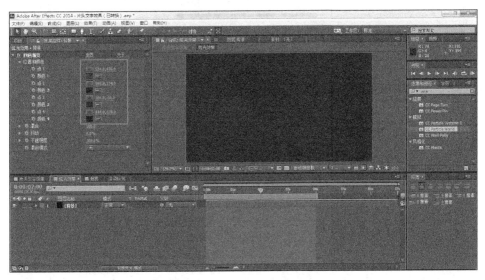

图 6-41　为背景层添加四色渐变

（5）在项目窗口中将"烟雾"合成拖入"炫光效果"中，将层叠加模式设置为"相加"模式，为"烟雾"素材层添加 CC Particle World 特效，参数设置如图 6-42 和图 6-43 所示，得到的效果如图 6-44 所示。

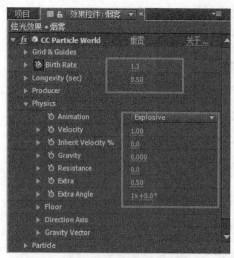

图 6-42　为烟雾层添加特效 1

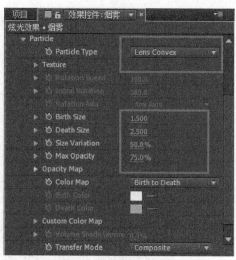

图 6-43　为烟雾层添加特效 2

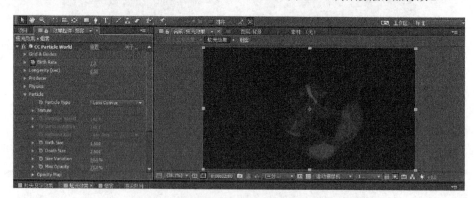

图 6-44　"烟雾"层与"炫光效果"合并效果

（6）为"烟雾"层的 CC Particle World 特效添加关键帧动画，在 3 帧处设置 Birth Rate 属性值为 0，在 2 秒处设置值为 1.3，在 2 秒 22 帧处设置值为 0，如图 6-45 所示。

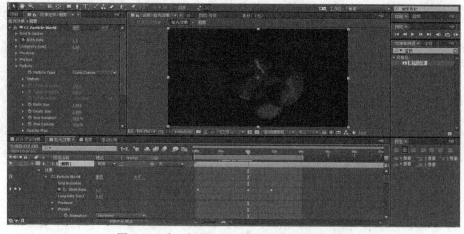

图 6-45　为"烟雾"层的特效添加关键帧动画

（7）选择"烟雾"层，为此层添加"色光"特效，设置参数如图 6-46 所示。

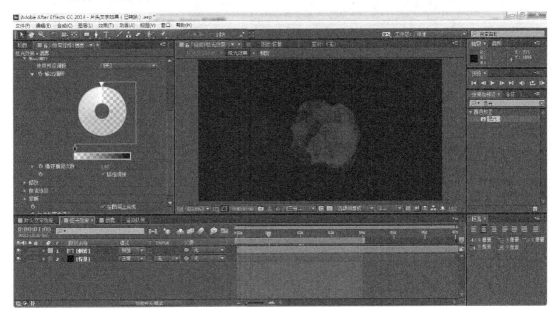

图 6-46　　"烟雾"层添加"色光"特效

（8）选择"烟雾"层，为此层添加"色相/饱和度"特效和"曲线"特效调整画面色彩，参数设置如图 6-47 所示。

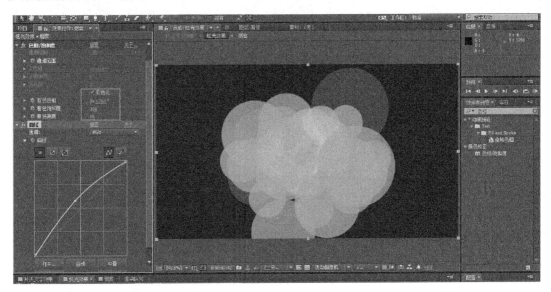

图 6-47　　"烟雾"层添加"色相/饱和度"和"曲线"特效

（9）选择"烟雾"层，为此层添加"发光"特效，如图 6-48 所示。

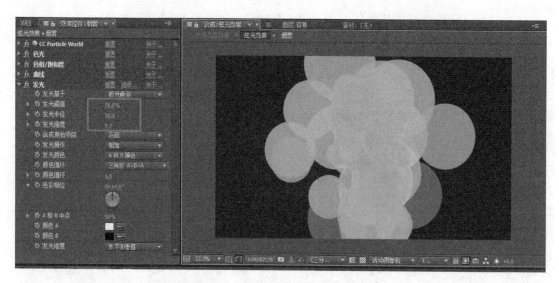

图 6-48　　"烟雾"层添加"发光"特效

　　（10）选择"烟雾"层，为此层添加 CC Vector Blur 特效及"查找边缘"特效，参数设置如图 6-49 所示。

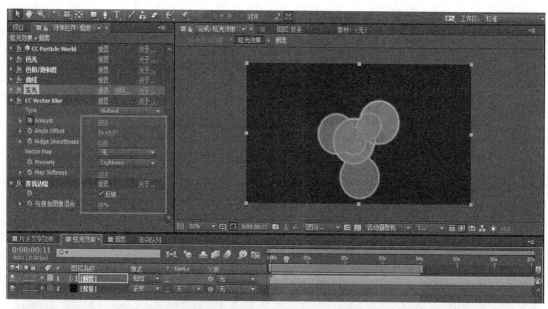

图 6-49　　"烟雾"层添加 CC Vector Blur 和"查找边缘"特效

　　（11）为 CC Vector Blur 特效的 Amount 属性添加关键帧动画,在 1 秒 10 帧处设置 Amount 属性值为 20，在 2 秒处设置 Amount 属性值为 0，如图 6-50 所示。

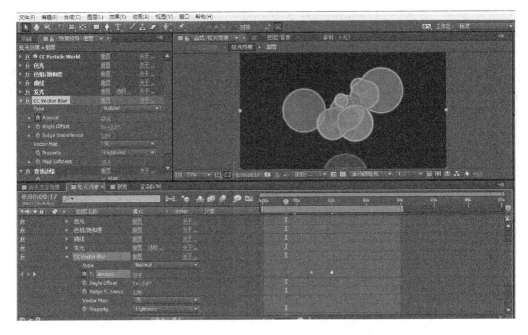

图 6-50　Amount 属性添加关键帧动画

（12）选择"烟雾"层，按快捷键 Ctrl+D 复制一层命名为"烟雾 2"，将"烟雾 2"层的层叠加模式设置为"颜色减淡"模式，并修改"烟雾 2"层的 CC Particle World 特效属性和删除 CC Vector Blur 特效 Amount 属性的关键帧设置为 40，其他参数和效果如图 6-51和图 6-52 所示。

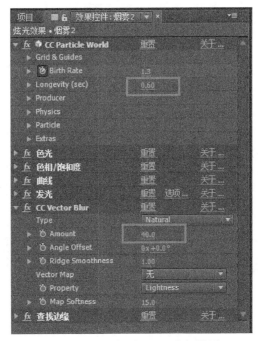

图 6-51　对"烟雾 2"层进行设置

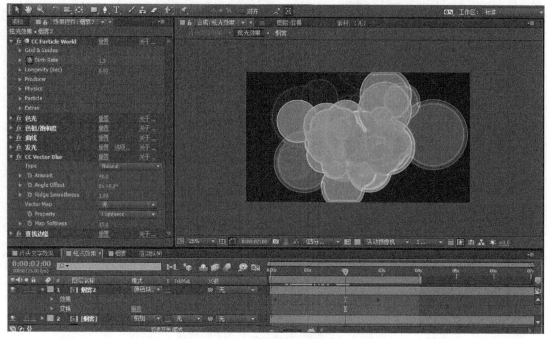

图 6-52 "烟雾 2"层的效果

（13）使用文字工具创建一个文字层，输入文字"九节草的夏天"，设置字体、颜色、大小及位置等，将文字层起点设置在 2 秒 06 帧处，并为文字层制作缩放动画，在 2 秒 06 帧处设置 Scale 属性值为 55%，在 3 秒 14 帧处设置值为 100%，如图 6-53 所示。

图 6-53 为文字层制作缩放动画

（14）选择文字层，按快捷键 Ctrl+D 复制文字层得到新的文字层"九节草的夏天 2"，为"九节草的夏天 2"层添加 CC Vector Blur 特效，并为 Amount 属性添加关键帧动画，在 2

秒 06 帧处设置 Amount 属性值为 72，在 3 秒 14 帧处设置值为 0，其他参数设置如图 6-54 所示。

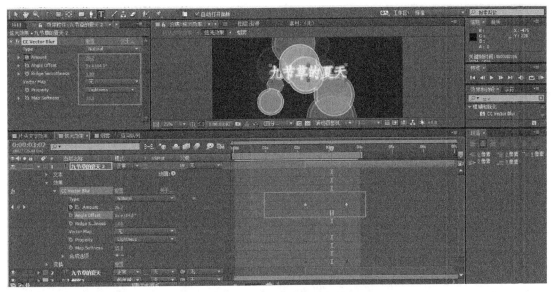

图 6-54　为"九节草的夏天 2"层添加特效和设置

（15）新建黑色固态层命名为"灯光"，设置层叠加模式为"线性减淡"模式，为"灯光"层添加"镜头光晕"及"曲线"特效，详细参数设置如图 6-55 所示。

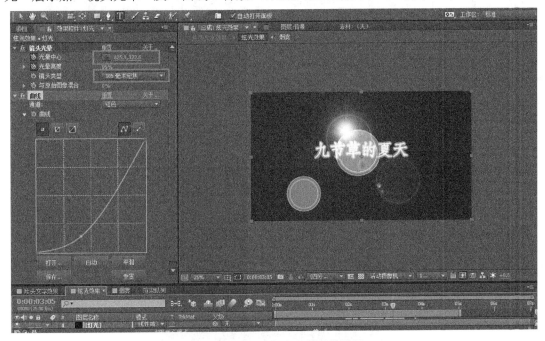

图 6-55　添加"灯光"图层并设置

（16）为"灯光"层的"镜头光晕"特效制作关键帧动画，在 1 秒处为"镜头光晕"属

性设置关键帧值为"447.3，319.3"，在 01 秒 10 帧处为"镜头光晕"属性设置关键帧值为
"533.3，319.3"，在 4 秒处为"镜头光晕"属性设置关键帧值为"882.7，323.3"；为"光
晕亮度"属性添加关键帧动画，在 2 秒处设置属性值为 0%，在 2 秒 05 帧处设置值为 180%，
在 3 秒 09 帧处设置值为 90%，在 4 秒处设置值为 0%，选择"光晕亮度"属性的后三个关键
帧，按快捷键 F9，将线性关键帧插值转换成贝塞尔关键帧插值方式，如图 6-56 所示。

图 6-56　为"灯光"层添加特效并制作动画

（17）将项目中的"炫光效果"合成拖入片头文字效果上，将其放到时间轴的最后面，
将之前创建的文字图层 9"九节草的夏天"删除，并修改合成的持续时间为 30s，如图 6-57
所示。

图 6-57　修改合成设置

（18）最后单击预览面板上的 RAW 按钮进行渲染预览，便出现想要的片头文字效果。

2）保存输出文件

（1）执行"文件"→"保存"命令，在弹出的对话框中设置保存的位置，如图 6-58 所示。

图 6-58　设置保存位置

（2）执行"合成"→"添加到渲染队列"命令，如图 6-59 所示进行视频输出。

图 6-59　渲染队列

（3）单击"渲染队列"面板中"输出模块"右侧的"无损"按钮，在弹出的窗口中设置参数，如图 6-60 所示，并单击"确定"按钮。

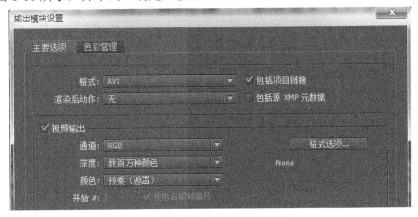

图 6-60　输出模块设置

图 6-61　输出文件

（4）单击"渲染队列"面板中"输出到"右侧的合成名称"片头文字效果"，在弹出的窗口中设置输出视频的位置，如图 6-61 所示，并单击"保存"按钮。

（5）单击"渲染对列"面板中的"渲染"按钮，进行渲染输出，等待渲染完成，所做视频便输出到设置的输出位置，打开查看所做的视频。

6. 项目效果总结

本项目通过实例的方式，展示了文字图层和图像图层的用处，通过设置合理的关键帧动画，表现出酷炫的片头视频效果。需要指出的是，特效的使用尽量完整统一，一旦滥用就会出现反效果。

7. 课业

（1）文字图层上经常用到哪些典型的动画效果？

（2）如何制作带有眩光效果的片头视频，其关键技术有哪些？

6.1.4　项目4　轨道蒙版

1. 学习目标

通过本项目的学习，理解轨道蒙版的意义和主要类型，并通过修改带有水墨效果的蒙版实例，体会其主要用途和表现方式。

2. 项目描述

通过轨道蒙版的设置，掌握 Alpha 蒙版、Alpha 反转蒙版、亮度蒙版、亮度反转蒙版等的用处，学会利用实例分析蒙版的设置技巧。

3. 项目分析

在使用轨道蒙版时，至少需要两个图层，并设置上层为下层的蒙版，其中上层是选区，下层是想要显示的内容。在用轨道蒙版时，先在上层设置好选区的轮廓，以显示下层内容。在轨道蒙版中，可以根据一个层的亮度得到选区，也可以根据一个层的透明度得到选区。

4. 知识与技能准备

轨道的基本概念；蒙版的主要类型；轨道蒙版的应用范畴。

5. 方案实施

任务一　轨道蒙版的基础知识

轨道蒙版的类型有以下几种。

（1）Alpha 蒙版。Alpha 蒙版根据图层的不透明度来显示下层的内容，在上层设置不透明的地方下层也不透明，上层设置透明的地方下层也透明，如图 6-62 和图 6-63 所示。

图 6-62　图层蒙版

图 6-63　Alpha 蒙版

（2）Alpha 反转蒙版。这也是根据图层的不透明度来显示下层的内容的，但是它和 Alpha 蒙版的区别是：在上层设置不透明的地方下层透明，上层设置透明的地方下层不透明，如图 6-64 所示。

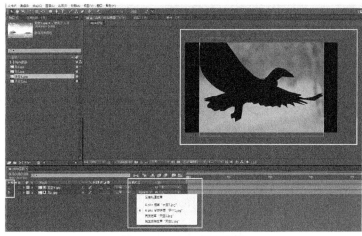

图 6-64　Alpha 反转蒙版

（3）亮度蒙版。根据图层的亮度来显示下层的内容，上层设置为纯白色的地方下层不透明，上层设置为纯黑色的地方下层透明，如图 6-65 所示。

图 6-65　亮度蒙版

（4）亮度反转蒙版。根据图层的亮度来显示下层的内容，但是它和亮度蒙版的区别是：上层设置为纯白色的地方下层透明，上层设置为纯黑色的地方下层不透明，如图 6-66 所示。

图 6-66　亮度反转蒙版

任务二　轨道蒙版实例制作

（1）打开 After Effects，新建一个合成，命名为"水墨动画"，设置如图 6-67 所示。

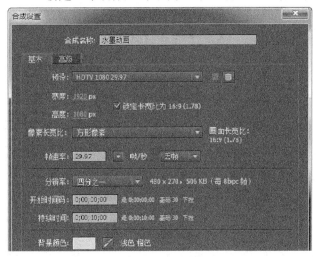

图 6-67　新建合成"水墨动画"

（2）导入素材文件，并分类放到不同的文件夹里，如图 6-68 所示。

图 6-68　导入素材

（3）新建一个合成，命名为 Film Burn，合成设置如图 6-69 所示。

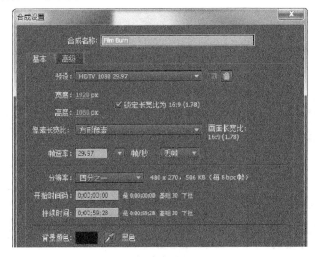

图 6-69　新建合成 Film Burn

（4）打开合成 Film Burn，新建一个固态图层，命名为 Black Solid，参数设置如图 6-70 所示。

（5）选择该固态层，在"效果与预设"面板中找到"镜头光晕""快速模糊"和"三色调"效果，添加到该固态层上，参数如图 6-71 所示。

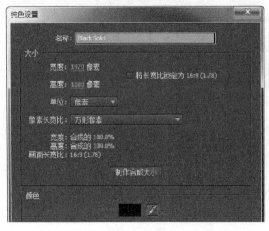

图 6-70　新建固态层　　　　　　　　　　图 6-71　为固态层添加效果

（6）添加后的效果如图 6-72 所示。

图 6-72　效果预览

（7）选择该固态层，按住键盘上的 Ctrl+D 键将图层再复制两层，选择图层 2，将刚才添加的效果参数修改为如图 6-73 所示。

（8）选择图层 3，将效果参数设置修改为如图 6-74 所示。

图 6-73　修改图层 2 的参数　　　　　　　图 6-74　修改图层 3 的参数

（9）最终在合成面板中的效果如图 6-75 所示。

（10）新建一个合成，命名为 Reveal 01，合成设置如图 6-76 所示，并将素材 Reveal 01.mov 拖到时间轴上。

（11）新建一个合成，合成设置如图 6-77 所示，并将项目模板中的 Paint Splat 19.jpg 素材拖到时间轴上。

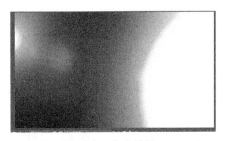

图 6-75　合成效果

图 6-76　新建合成 Reveal 01

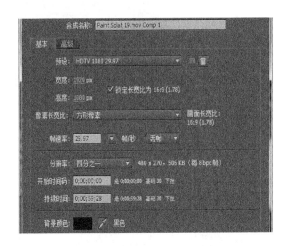

图 6-77　新建合成 Paint Splat 19.mov Comp 1 并设置

（12）新建一个合成，合成设置如图 6-78 所示，并将项目模板中的 Paint Splat 20.jpg 素材拖到时间轴上。

（13）新建一个合成，合成设置如图 6-79 所示，并将项目模板中的 1.MTS 素材拖到时间轴上。

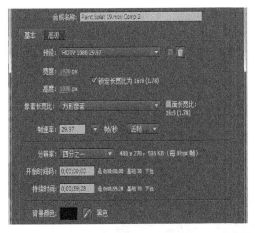

图 6-78　新建合成 Paint Splat 19.mov Comp 2 并设置

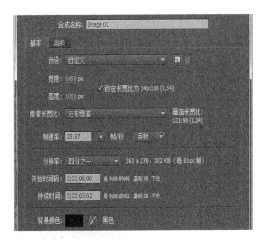

图 6-79　新建合成 Image 01 并设置

（14）新建一个合成，合成设置如图 6-80 所示。

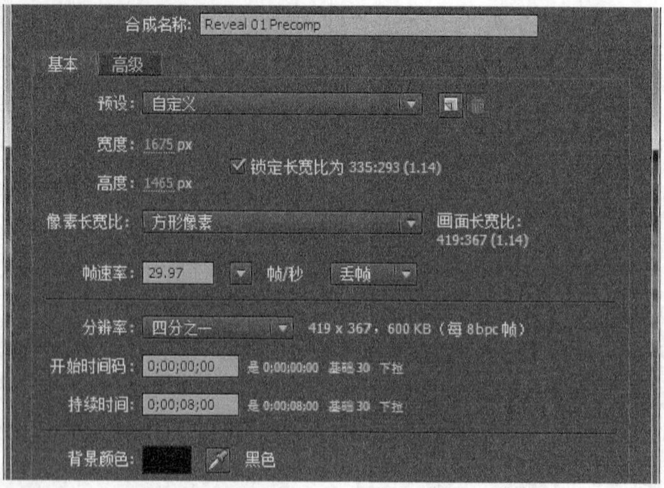

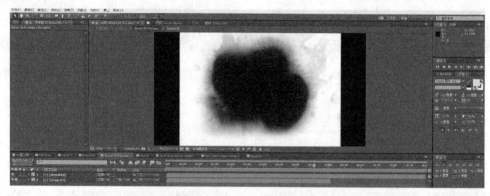

图 6-80　新建合成 Reveal 01 Precomp 并设置

（15）在项目面板中选择 Reveal 01 和 Image 01 合成，并拖到新建合成的时间轴上，效果如图 6-81 所示。

图 6-81　拖动合成到时间轴

（16）选择图层 2，将其蒙版开关打开，选择"亮度反遮罩"选项，为其添加轨道蒙版，效果如图 6-82 所示。

图 6-82　添加轨道蒙版

（17）新建一个文字合成，合成设置如图 6-83 所示。

（18）打开该合成，新建一个文本图层，输入"山东理工大学"。

（19）新建一个合成，合成设置如图 6-84 所示。

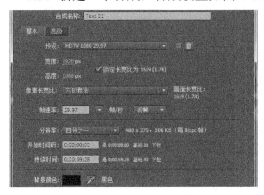

图 6-83　新建合成 Text 01 并设置

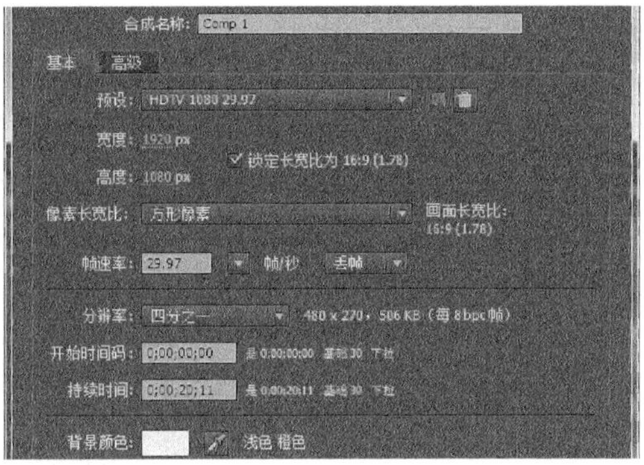

图 6-84　新建合成并 Comp 1 设置

（20）打开该合成，新建一个固态图层，参数设置如图 6-85 所示，并打开图层的 3D 开关。

（21）新建一个固态图层，参数设置如图 6-86 所示，并打开图层的 3D 开关。

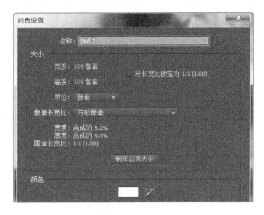

图 6-85　新建固态层 Black Solid 6

图 6-86　新建固态层 Null 2

（22）新建一个摄像机图层，参数设置如图 6-87 所示。

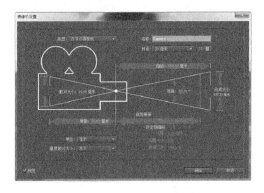

图 6-87　新建摄像机

（23）将项目面板中的图片素材 Fiber Paper 005.jpg 拖到时间轴上，展开属性选项，设置参数，并为其添加"色调"效果，参数设置分别如图 6-88 和图 6-89 所示，并打开图层的 3D 开关。

图 6-88　添加色调参数

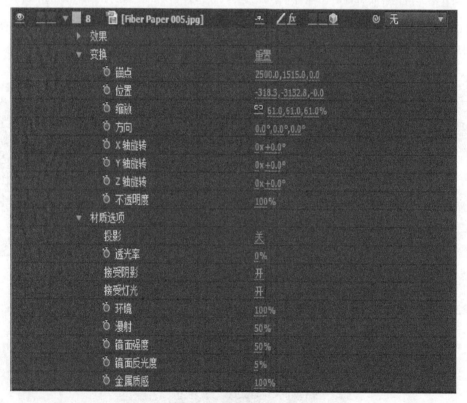

图 6-89　设置其他参数

（24）选择该图层，按快捷键 Ctrl+D 将图层再复制六层，不改变效果参数。

（25）打开项目面板，选择之前建的合成 Reveal 01、Reveal 01 Precomp、Paint Splat 19.mov Comp 1、Paint Splat 19.mov Comp 2 和 Text 01，全部拖到 Comp 1 的合成的时间轴上，效果如图 6-90 所示，并打开图层的 3D 开关。

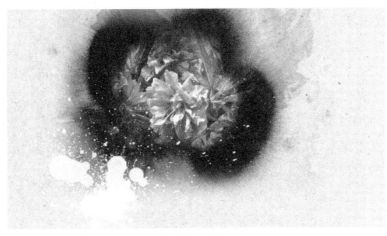

图 6-90　效果预览

（26）分别为合成 Paint Splat 19.mov Comp 1 和 Paint Splat 19.mov Comp 2 添加"色阶"效果，参数分别如图 6-91 和图 6-92 所示。

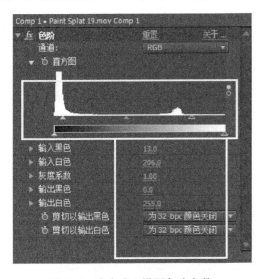

图 6-91　为合成 1 设置色阶参数

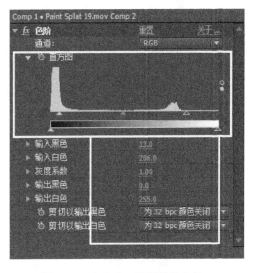

图 6-92　为合成 2 设置色阶参数

（27）选择图层 4，右击，然后执行"时间"→"时间重映射"命令，为其添加关键帧，数值设置如图 6-93 所示。

图 6-93　图层 4 关键帧参数

（28）展开图层 4 的属性选项，并调节各参数，参数设置如图 6-94 所示。

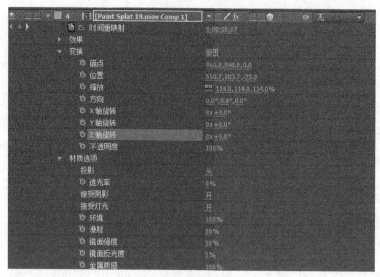

图 6-94　调节参数

（29）选择图层 3，右击，然后执行"时间"→"时间重映射"命令，为其添加关键帧，数值设置如图 6-95 所示。

图 6-95　图层 3 关键帧参数

（30）展开图层 4 的属性选项，并调节各参数，参数设置如图 6-96 所示。

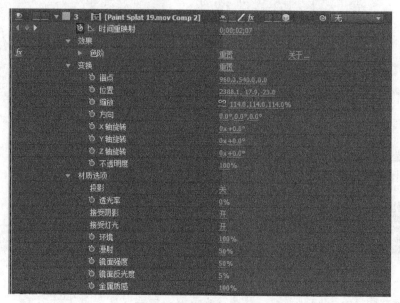

图 6-96　调节图层 4 参数

（31）选择图层 7，设置属性参数，如图 6-97 所示。

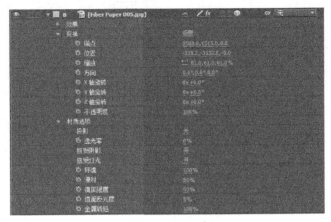

图 6-97　设置图层 7 参数

（32）选择图层 6，设置属性参数，如图 6-98 所示。

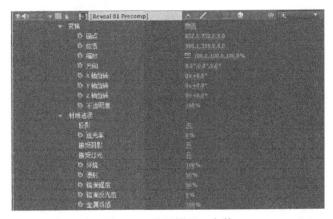

图 6-98　设置图层 6 参数

（33）选择图层 5，设置属性参数，如图 6-99 所示。

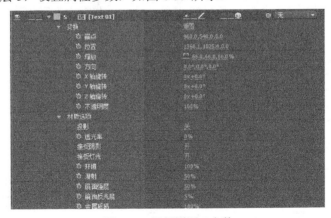

图 6-99　设置图层 5 参数

（34）选择图层 1，展开"材质"属性，参数设置如图 6-100 所示。

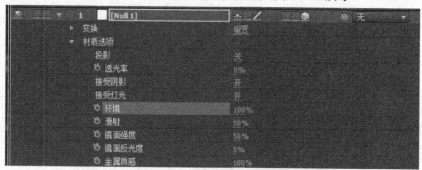

图 6-100　设置图层 1 参数

（35）然后选择"位置"属性，为其添加关键帧，在 0;00;00;00 处数值设置为 960.0,540.0,1133.8，在 0;00;00;19 处数值设置为 960.0,540.0,-300.0，在 0;00;02;29 处数值设置为 960.0,540.0,-480.0，在 0;00;03;02 处数值设置为 1034.0,540.0,-480.0，在 0;00;03;06 处数值设置为 1034.0,540.0,-480.0，在 0;00;03;11 处数值设置为 1241.0,540.0,-480.0，在 0;00;03;12 处数值设置为 1241.0,540.0,-480.0，在 0;00;04;28 处数值设置为 1288.0,540.0,-480.0，在 0;00;05;15 处数值设置为 1588.0,140.0,1030.0。效果如图 6-101 所示。

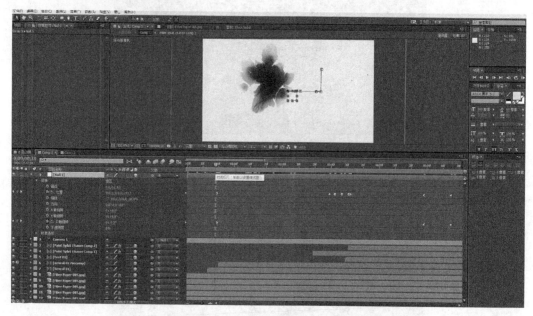

图 6-101　为"位置"属性添加关键帧

（36）选择"Z 轴旋转"属性，为其添加关键帧，在 0;00;00;00 处数值设置为 0x-50.9°，在 0;00;00;19 处数值设置为 0x+0.0°，在 0;00;04;28 处数值设置为 0x+0.0°，在 0;00;05;15 处数值设置为 0x+132.0°，效果如图 6-102 所示。

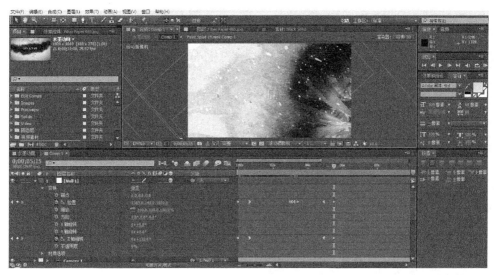

图 6-102　为旋转属性添加关键帧

（37）打开"水墨动画"合成，将 Comp 1 和 Film Burn 合成拖到时间轴上，如图 6-103 所示。

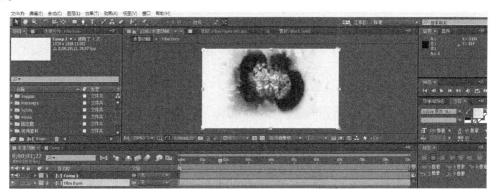

图 6-103　将合成拖入时间轴

（38）展开图层 2 的变换属性，找到"不透明度"属性，在 0;00;00;00 处数值设置为 **0%**，在 0;00;02;28 处数值设置为 **0%**，在 0;00;03;10 处数值设置为 **100%**，在 0;00;03;18 处数值设置为 **0%**，在 0;00;08;16 处数值设置为 **0%**，在 0;00;08;28 处数值设置为 **100%**，在 0;00;09;10 处数值设置为 **0%**。

（39）选择图层 2 的"蒙版属性"，设置为"相减"模式，如图 6-104 所示。

图 6-104　设置蒙版属性

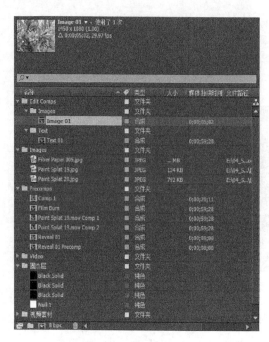

图 6-105　将文件进行分类

（40）最后在项目面板中将文件分类放到不同的文件夹里，如图 6-105 所示。

（41）最后保存输出即可。

6. 项目效果总结

创建轨道蒙版是为了创建符合需要的选区，轨道蒙版必须在两个层的基础上才能设置，而且一个轨道蒙版与一个图层是一一对应的关系。

7. 课业

轨道蒙版在 After Effects 中的主要用途是什么？有哪些技术实现要求？

6.1.5　项目 5　三维图层

1. 学习目标

学习 After Effects 中的三维空间；掌握 After Effects 软件中三维空间场景搭建的方法，掌握基本的视图操作与摄像机动画。

2. 项目描述

After Effects 是一款非常优秀的后期合成与特效软件，它主要为场景的合成与特效来服务。不了解三维空间模块，就无法在 After Effects 中搭建场景，创建合成。

3. 项目分析

在本项目的学习中，要注意体会 After Effects 的三维空间究竟是如何构成的，了解其实际使用意义。After Effects 的三维空间比较复杂，并不只是层中多了一个 Z 轴那么简单，而要涉及复杂的视图操作与摄影机动画。

4. 知识与技能准备

三维坐标轴的基本概念；摄像机的基本使用；各种视图的切换方式和意义。

5. 方案实施

任务一　三维图层基础

1）三维合成概念

二维图层只有一个 X 轴和一个 Y 轴，X 轴用来定义图像的宽度，Y 轴用来定义图像的高度。而三维图层中比二维图层多了一个 Z 轴，Z 轴与 X、Y 轴形成的平面垂直，Z 轴可以使这个平面图像在深度的空间中进行位置的移动，也可以使这个图像在三维的空间中旋转任意角度。

2）三维图层属性

（1）二/三维图层的转换方法。

在时间线窗口中选择一个图层，执行"图层"→"3D 图层"命令，即可将选择的图层定义为三维图层；取消该命令，该图层将会恢复成原先的图层。此外，在时间线窗口中单击图层三维开关按钮⬛，便可以将一个二维图层转换为三维图层。当再次单击该按钮时，便可以再次把三维图层转换为二维图层。

（2）三维图层的变换属性。

当将一个图层定义为一个三维图层后，在时间轴窗口中便可以看到该图层添加了三维属性的参数设置。转换前后的属性参数，如图 6-106 和图 6-107 所示。

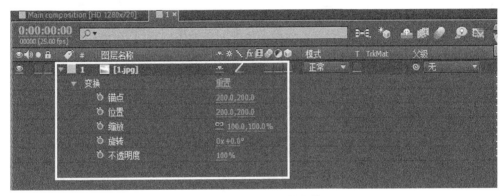

图 6-106　二维图层的参数

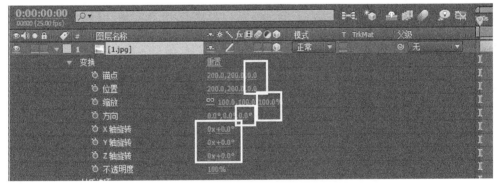

图 6-107　三维图层的参数

锚点的 Z 轴向：用于将轴心点在图像平面的前后移动。位置中的 Z 轴向：用于将图层画面在深度空间前后移动。缩放中的 Z 轴向：改变此值时，会对图层与轴心点的距离大小产生影响。方向：用于在 X、Y、Z 轴三个轴向设置选择方向，取值范围为 0～360。X 轴旋转：用于设置 X 轴向的旋转角度。Y 轴旋转：用于设置 Y 轴向的旋转角度。Z 轴旋转：用于设置

Z轴向的旋转角度。

（3）三维图层的质感属性。

当将一个图层定义为一个三维图层后，在时间轴窗口中便可以看到该图层添加了三维属性的参数设置。

投射阴影：用于打开或关闭投影效果，即有灯光照射时，在其他图层上产生的投射阴影。照明传输：用于设置灯光穿过图层的百分数值，通过这个参数可以模拟灯光穿过毛玻璃的效果。接受阴影：用于设置打开或关闭接受其他图层投射的阴影。接受照明：用于设置打开或关闭接受灯光的照射。环境：用于设置图层对环境灯光的反射率，数值越大，反射率越大；数值越小，反射率越小，数字为100%时反射率最大；数值为0%时，反射率最小。扩散：用于设置图层上光的漫射率，数值越大，反射率越大；数值越小，反射率越小，数值为100%时漫射率最大，数值为0%时，漫射率最小。镜面高光：用于设置图层上镜面反射高光的强度，数值越大，高光的反射强度越大；数值越小，高光的反射强度越小，数值为100%时，高光的反射强度最大；数值为0%时，高光的反射强度最小。光泽：用于设置图层上高光的大小，数值越大，发光越小；数值越小，发光越大，数值为100%时，高光的反射强度最小；数值为0%时，高光的反射强度最大。质感：用于设置图层上镜面高光的颜色，当数值为100%时为图层的颜色，当数值为0%时为光源的颜色。

任务二　三维文字案例

详细内容略，请扫封底二维码（AE三维图层）观看微课视频。

6. 项目效果总结

本项目主要讲解了三维图层的基础、相关属性以及相关实例的演示，在后面的学习中应进一步加强本节的学习，让自己的能力进一步提升。

7. 课业

如何制作三维文字运动的片头视频，应掌握哪些技术要领？

6.1.6　项目6　图层效果

1. 学习目标

通过本项目的学习，掌握图层的混合模式、图标编辑器的基本使用，掌握图层效果添加和编辑的技术。

2. 项目描述

本项目通过对图层混合模式的讲解，阐述混合选项对输出效果的影响，通过图层效果的添加和编辑，体现内置特效的丰富表现力，而使用图表编辑器可以用图表的方式操纵动画曲线。

3. 项目分析

混合模式是 After Effects 中较为易懂，却不好掌握的内容。在大多数情况下，设计师并不满足于层与层之间简单的遮挡关系（上层遮挡下层），有时需要在一个位置上同时显示上层和下层的内容，此时就需要用到混合模式。

4. 知识与技能准备

图层的基本概念；图表编辑器的意义；图层效果的添加和修改。

5. 方案实施

任务一　图层的混合模式

After Effects 中混合模式都是定义在相关图层上的，而不能定义到置入的素材上，即必须先把素材拖入合成的时间轴面板上，才能定义它的混合模式。定义混合模式有两种方式，一种是在时间轴面板中，选择要定义混合模式的图层，然后在其后的"混合模式"栏中直接指定相应的混合模式。或者，执行菜单栏中的"图层"→"混合模式"命令，在弹出的下拉菜单中选择相应的选项即可。

After Effects 中提供许多混合模式，下面举例进行具体的介绍。

（1）正常模式。这是常用的混合模式，当不透明度为 100%时，此模式将根据 Alpha 通道正常显示当前层，并且不会受到其他层的影响，使用时用当前图层像素的颜色覆盖下层颜色。

（2）溶解模式。该模式用于控制层与层之间的融合显示，因此该模式对于有羽化边界的层会起到较大的影响作用。溶解模式产生的像素颜色来源于上下混合颜色的一个随机置换值，与像素的不透明度有关。定义"溶解"混合模式的前后效果对比图，如图 6-108 所示。

图 6-108　"溶解"模式的前后效果对比

（3）变暗模式。该模式是在混合两图层像素的颜色时，对这二者的 RGB 值（即 RGB 通道中的颜色亮度值）分别进行比较，取二者中低的值再组合成为混合后的颜色，总的颜色灰度级降低，造成变暗的效果。选择该模式后，软件将会查看每个通道中的颜色信息，并选择基色或者混合色中较暗的颜色作为结果色，即替换比混合色亮的像素，而混合色暗的像素保持不变，如图 6-109 所示。

图 6-109　　"变暗"混合模式的前后效果对比

（4）相乘。选择该模式后，软件将会查看每个通道中的颜色信息，并将基色和混色进行整片叠底，结果总是较暗的颜色。任何颜色和黑色相乘会显示为黑色，与白色相乘颜色保持不变，如图 6-110 所示。

图 6-110　　"相乘"混合模式的前后效果对比

（5）颜色加深。用这种模式时，会加暗图层的颜色值，加上的颜色越亮，效果越细腻，这种模式下与白色混合不会发生变化，如图 6-111 所示。

图 6-111　　"颜色加深"混合模式的前后效果对比

其他混合模式，不再详细展示。

任务二　图表编辑器的基本使用

使用图表编辑器可以用图表的方式操纵动画曲线。动画曲线上的点表示关键帧；关键帧之间的跨度是曲线段；切线描述了曲线段进入和退出关键帧的方式。单击时间轴上的 按钮，打开图表编辑器，如图 6-112 所示。下面以风筝在空中的小动画，讲解"图表编辑器"的使用。

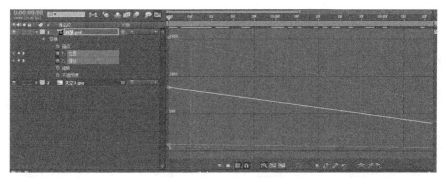

图 6-112　图表编辑器

（1）在合成开始的地方，为"风筝"图层添加属性关键帧，参数如图 6-113 所示。

图 6-113　添加属性关键帧

（2）在时间轴上 4 秒的位置上再添加属性关键帧，如图 6-114 所示。

图 6-114　再添加属性关键帧

（3）单击时间轴上的图表编辑器按钮![button]，弹出如图 6-115 所示的图表。

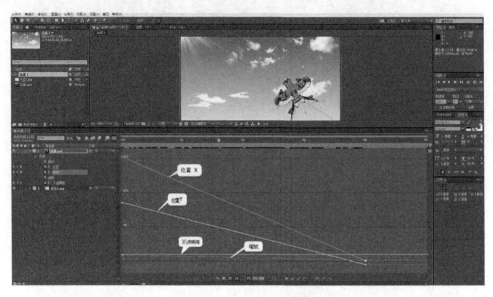

图 6-115　打开图表管理器

（4）在这里，可以调节图表编辑器上的相应的图层属性，来进行动画的制作，通过调节位置属性来更改其属性，效果如图 6-116 所示。

（5）在图表编辑器面板上右击，会弹出如图 6-117 所示的菜单。

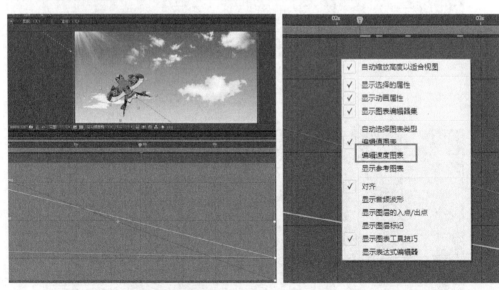

图 6-116　位置属性曲线　　　　　　　　　　图 6-117　编辑速度图表

（6）在弹出的菜单中选择"编辑速度图表"选项，将会弹出调节速度快慢的图表面板，如图 6-118 所示。

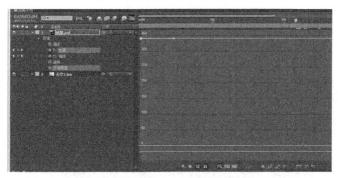

图 6-118　调节速度快慢

（7）在编辑速度图表中，可以对运动中的速度快慢进行调节，调节效果如图 6-119 所示。

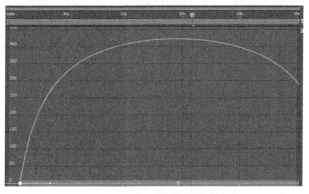

图 6-119　编辑速度曲线

注意两点：速度曲线的斜率越大，其运动速度越快；速度曲线的斜率越小，其运动速度越慢。

适当调节速度曲线后，便可以得到一个简易的小动画了。这里主要运用图表编辑器来调节图层的运动以及其运动的速度，希望读者能自己多练习一下。

任务三　图层效果的添加和编辑

在 After Effects 软件中，内置了许多图层效果，在菜单栏中选择"效果"菜单，将会弹出许多内置的效果，也可以在"效果与预设"面板中找到所有的效果，如图 6-120 所示。

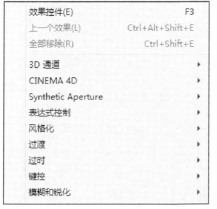

图 6-120　"效果"菜单

可以为某一个图层添加一种效果，得到想要的效果，如制作常见的闪电效果。

（1）首先打开软件，然后新建合成，在合成里新建一个黑色的背景固态层，如图 6-121 所示。

图 6-121　新建背景固态层

（2）在"效果与预设"面板中找到"生成"文件夹下的"高级闪电"效果，将其拖到时间线上的背景层上，便会出现闪电的效果，如图 6-122 所示。

图 6-122　将效果拖到背景层上

（3）在"效果控件"面板中，能看到刚刚加入的效果，以及与该效果有关的相关属性参数，如图 6-123 所示。

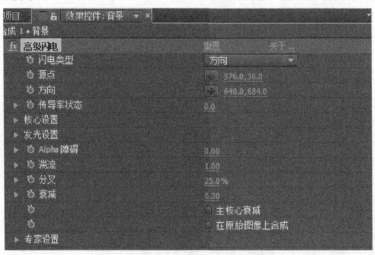

图 6-123　调整效果相关的属性

（4）可以对其中的某些属性参数进行设置，来实现动态的闪电效果。在图层的第 1 秒处添加上闪电效果的关键帧，参数设置如图 6-124 所示。

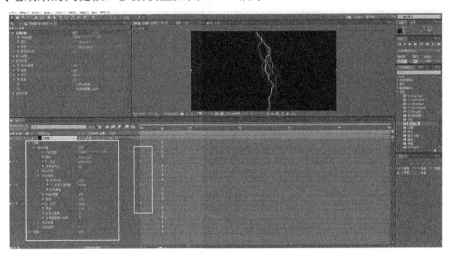

图 6-124　对属性 1 秒处添加关键帧

（5）然后在 4 秒处再次添加属性关键帧，具体设置如图 6-125 所示。

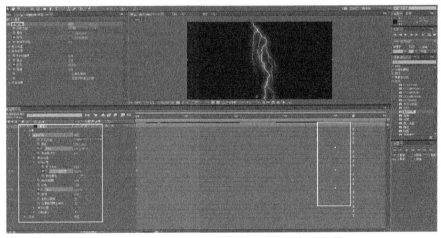

图 6-125　对属性 4 秒处添加关键帧

（6）最后便可以进行渲染预览，看到闪电的动态效果。

6．项目效果总结

本节主要讲解了 After Effects 中图层的混合模式，如何为图层添加效果，以及图表编辑器的应用。

7．课业

（1）利用图表编辑器制作动画与使用关键帧制作动画，各有何优势？

（2）图层的混合模式与轨道蒙版有何联系和区别？

6.2　影视后期高级技术

6.2.1　项目 1　抠像和遮罩

1. 学习目标

通过本项目的学习，了解抠像技术在视频合成处理过程中的应用，了解 After Effects 中通过色彩差异和亮度差异来抠像的方法；学习并掌握利用遮罩工具来抠像的技术。

2. 项目描述

抠像也称"键控"，英文为 keying，就是选取一种关键色彩使其透明，从而将主体从背景中提取出来。抠像是合成的基础，可以说没有抠像就没有合成。通过色彩差异或亮度差异来抠像，是最经典的两种抠像方式。其中，选用 Keylight 作为色彩抠像的工具，选用 Matte 作为亮度抠像的工具。然而，并不是所有的场景都有那么纯色的天空，也不是所有的镜头都可以使用蓝色背景或绿色背景。例如，一个日落的场景，天空有比较复杂的云层，有些像素已经纯白，不可以再使用 Keylight 等通过色彩差异抠像的特效，而需要使用一种综合的抠像方法，即亮度差异来抠像。

3. 项目分析

合成主要划分为抠像、调色和追踪（或称为匹配运动）三大部分，而抠像主要通过 Mask、Matter 和 Keying 三种技术来实现。所以，Mask 是抠像中非常重要的一项技术。然而，很少将 Mask 直接翻译为遮罩，甚至比较忌讳这么做，因为它除了作为遮罩，还有很多其他的用途，如描边，或被特效调用（如变脸特效）。Mask 又称遮罩，属于抠像的范畴。Mask 主要有以下四种用途。

（1）用于在 After Effects 中进行矢量绘图，这个功能在 CS4 版本中更为强大。

（2）封闭的 Mask 能对层产生遮罩作用，即可以抠取画面中需要的部分。

（3）与 Stroke 特效结合使用，制作描边效果，对封闭或非封闭 Mask 同样适用。

（4）与其他特效结合使用，很多特效需要调用 Mask 才能产生效果（后面的内容会陆续涉及，如变脸特效、文字沿 Mask 运动等）。

4. 知识与技能准备

抠像的概念和技术实现方式；遮罩的概念及其用途。

5. 方案实施

任务一　抠像

详细内容略，请扫封底二维码（AE 抠像）观看微课视频。

任务二　遮罩

遮罩，简单来说，就是将视频画面中的一部分显示出来，其余的部分隐藏掉。在实际运用中遮罩工具有许许多多的作用，甚至制作出不可思议的特效。在本任务中，分别展示遮罩工具在并行叙事当中的作用和在特效制作当中的作用。并行叙事或平行剪辑，在剪辑中经常会用到，两个事件同时发生，可以这样做：讲述一会 A 事件，然后再讲述 B 事件，如此往复。同时，还有一个更加优秀的办法，就是使用矩形遮罩工具。图形遮罩工具在工具栏上，长按图形遮罩工具按钮，则弹出图形遮罩工具选择菜单，如图 6-126 所示。选择"矩形工具"，在"合成"面板中拖动，即可创建矩形遮罩选区。

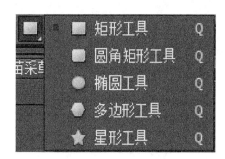

图 6-126　图形遮罩工具

《九节草的夏天》开头有一段支教队进山，苗苗采草药的一组镜头，以此为例，展示使用遮罩工具进行平行叙事的做法。首先，打开 After Effects 并将素材光盘中提供的"苗苗采草药.MOV"和"支教队进山.MOV"导入项目面板。为了保证合成和源素材的参数一致，以源素材为标准新建合成。方法为：右击其中一个源素材，在弹出的菜单中执行"基于所选项新建合成"命令，即可创建和源素材参数一致的合成，且源素材被自动添加到时间线上。

为了保证两个蒙版的对称，可以打开标尺，并绘出参考线。在菜单栏中选择"菜单"→"显示标尺"选项，并从标尺位置拖出两条参考线，如图 6-127 所示。

图 6-127　建立参考线

选择矩形遮罩工具，并在时间线上选择本层，在合成面板的一侧拖出一个矩形，即可创建矩形遮罩，如图 6-128 所示。若绘制的矩形不合适，也可长按工具栏中的钢笔工具，在弹出的菜单中选择"转换顶点工具"选项，拖动选择出刚才绘制的矩形遮罩并移动。或者在时间线中打开该图层下的蒙版，重新绘制，如图 6-129 所示。

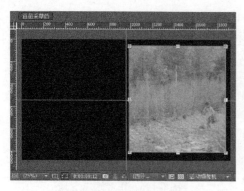

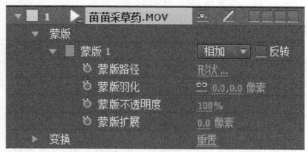

图 6-128　创建矩形遮罩　　　　　　图 6-129　创建矩形遮罩后，该图层下即出现一个"蒙版"

　　将另一个素材添加到时间线中，为了保证两个图层的遮罩大小一样，单击刚才图层下的"蒙版 1"，按快捷键 Ctrl+C 复制蒙版，并单击新添加的图层，用快捷键 Ctrl+V 粘贴蒙版，即可在新图层下创建位置、大小等参数一样的蒙版。继续使用"转换顶点工具"将蒙版向另一边移到合适的位置（可使用键盘上的上、下、左、右键精确调整），如图 6-130所示。

图 6-130　复制蒙版并移动到左侧

　　最后，使用图层的"变换"属性调整图层的位置，使人物主体都在矩形遮罩内，如图 6-131 所示。到此，使用矩形遮罩对平行叙事进行的剪辑完成。

图 6-131　并行叙事的画面效果

任务三　利用遮罩实现撞车效果

在实际应用中，遮罩功能是一个非常强大的制作电影特效的工具，利用遮罩可以做出许许多多匪夷所思的效果。甚至在一定程度上可以说，绿幕抠像也算是一种遮罩。

请找到素材光盘中提供的撞车特效文件夹，里面包含了特效制作中所需的源素材。也可以自己拍摄所需的素材，只需要固定机位，拍摄一段车开过的镜头，拍摄一段"人走过马路时被撞倒"的镜头即可。

首先，打开 After Effects 软件，并将素材"车开过.MOV""过马路.MOV""人倒地.MOV"导入项目面板，新建合成。

将"车开过.MOV"添加到时间线上，并将"过马路.MOV"添加到该图层上层，透明度适当降低，可以同时看清上下层，如图 6-132 所示。由于车移动的速度太慢，给"车开过"图层添加"效果"→"时间"→"时间扭曲"特效，并将"速度"调整为 200，使车开过的速度更快。

图 6-132　添加素材并排序

调整上下图层的相对位置关系，使车头碰人和人被撞飞时间对齐，如图 6-133 所示。其瞬间画面如图 6-134 所示。

图 6-133　对齐素材，找准碰撞时间点

图 6-134　车头碰人的瞬间画面

为了加强被撞的效果，使画面更突然，需要删去人被撞时间点后的原始素材画面。复制"过马路"图层，置于最上方的图层，并将素材块适当向前拖几帧，使之出现延时拖影的效果，并分别改变上下"过马路"图层的入、出点，将两个图层接起来，如图 6-135 所示。其预览效果如图 6-136 所示。

图 6-135　连接三个图层

图 6-136　被撞瞬间的拖影效果

接下来，使用钢笔工具将上层"过马路"图层中的人抠出来。单击工具菜单中的钢笔工具 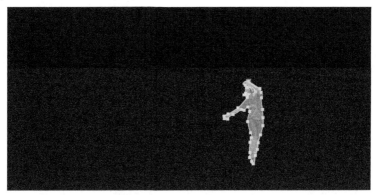，在上层"过马路"图层的第一帧使用钢笔工具将人物选出，并将其他图层隐藏，如图 6-137 所示。

图 6-137　钢笔工具选出人物

打开上层"过马路"图层菜单，逐帧修改画面的遮罩并逐帧添加"蒙版路径"关键帧，帧数根据车开过的速度决定，如图 6-138 所示。

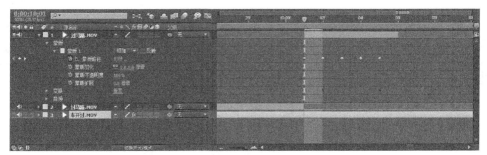

图 6-138　添加蒙版路径关键帧

显示"车开过"图层，并根据车的位置给上层"过马路"图层的"位置"属性做关键帧，如图 6-139 所示。

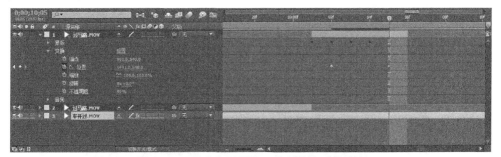

图 6-139　修改位置属性，绘制被撞后的轨迹

预览视频，人被车撞飞的效果就完成了，如图 6-140 所示。但是由于在撞击之前下层"过马路"图层一直在上方（叠加在"车开过"的图层之上），发现车是瞬间出现在画面中的，所以就需要用同样的方式为画面中添加一辆车，形成更连贯的行驶轨迹。首先复制合成项目

文件，得到另一个合成，重命名为"车开过 合成"，将新合成中，除"车开过"的其他图层删除，并将新合成"车开过 合成"作为图层添加进原来的合成，改变图层的出、入点，仅保留从车开进来到车撞倒人的几帧画面，如图 6-141 所示。

图 6-140　被撞后的位置变化

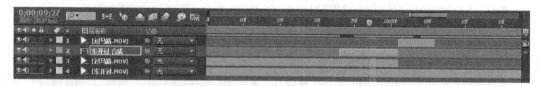

图 6-141　新合成项目添加进原合成项目，并修改出入点

　　由于汽车具有半透明的效果，显得不太真实，如图 6-142 所示。因此，使用同样的办法，在"车开过 合成"图层上，逐帧给开进画面的车做遮罩。在这段视频中，为了节省时间，可以从最后一帧开始做，每一帧的变化只需要将遮罩整体向左移动，如图 6-143 和图 6-144 所示。

图 6-142　连贯汽车轨迹效果

图 6-143　制作遮罩（最右侧）

图 6-144　制作遮罩（最左侧）

　　预览视频，特效制作基本完成。但是，细心的读者会发现在车撞飞人的一瞬间，画面会突然变亮，这是因为在前期拍摄过程中，两次拍摄时由于相机设置和天气变化等原因，导致画面亮度不一样。这也是需要注意的问题，拍摄过程中尽量在天气变化不明显的时候一个镜头拍摄完，就可以避免这个问题。

　　继续使用剪辑软件和调色软件进行剪辑和调色，完成最终效果。

6．项目效果总结

　　本项目介绍了抠像和遮罩的基本用法，特别是利用色彩差异实现人物抠像，并将它用于新的背景中的效果，注意 Keylight 的基本参数设置。此外，本项目结合两个实例介绍了一个画面分为左右两部分单独叙事的效果，以及利用遮罩实现撞车特效的用法，应掌握其主要的技术要领。

7. 课业

（1）影视作品中抠像的实现方法主要有哪些？

（2）何为遮罩？在 After Effects 中遮罩的用途有哪些？

6.2.2　项目2　运动跟踪

1. 学习目标

通过本项目的学习，主要了解 After Effects 软件中的跟踪技术；应能熟练掌握两点跟踪与四点跟踪的技术区别，并学会运动跟踪用于稳定画面。

2. 项目描述

两点跟踪：制作目标是要使佛像跟随石壁运动，但是石像上的跟踪点总是在某个时间移出画面，无法在一次跟踪操作中得到完整的跟踪点，解决办法就是将这一个时间点前后的运动分为两个部分进行跟踪，从而得到两段跟踪数据。

（1）建立两个空物体 Null 1 和 Null 2，目的在于通过在不同时间段进行不同的跟踪操作，然后分别将两次跟踪结果转换为关键帧并赋予 Null 1 和 Null 2，这两个空物体的运动路径综合起来相当于记录了整个跟踪过程。

（2）将佛像的父层设置为 Null 2，佛像自 00:00:09:09 到影片结束会跟随空物体运动（子层继承父层运动），但从 00:00:00:00 到 00:00:09:09 时间段内佛像是不运动的，因为 Null 2 在该时间段内没有产生运动。

（3）将 Null 2 的父层设置为 Null 1，Null 2 在 00:00:00:00 到 00:00:09:09 时间段内跟随 Null 1 运动，同时 Null 2 还会带动佛像运动，所以佛像在影片的开始和结束之间都会跟随石壁运动，这就是本例制作的关键点所在。

要制作出四点跟踪的效果，至少需要解决以下四个问题。

（1）视频画面如何跟随播放器运动，并随着播放器的透视变化而变化。

（2）视频的边缘部分如何与播放器屏幕的边缘部分完美融合。

（3）由于浅景深的作用，播放器有近实远虚的变化，如何让视频匹配这种虚实变化。

（4）如何将播放器屏幕上的高光赋予跟踪后的视频，使视频与播放器有统一的照射光源。

3. 项目分析

在一个图片场景中，可以使用如 Photoshop 这种平面合成软件通过抠像和调色完成合成；然而在一个视频场景中，背景经常是运动的，这样需要使用追踪技术跟随背景运动，这也是 After Effects 和 Photoshop 在合成方面非常大的一个区别。

4. 知识与技能准备

After Effects 跟踪的几种类型，比较有代表性的为四点跟踪与两点跟踪，能同时解决跟踪点出画面的问题。

5. 方案实施

任务一　跟踪功能与面板详解

After Effects 有一个很实用的功能便是跟踪。框选出来一个区域，After Effects 便能够一帧一帧地跟踪该区域所在的位置，并自动在每一帧上记录关键帧。利用跟踪功能，可以在画面中添加跟随元素运动的物体，可以根据某一点或某两点稳定画面，甚至可以给一段平原的镜头添加一座山。在本任务中，将做一段有意思的人物介绍和对一段晃动的镜头做稳定。

在菜单栏中执行"窗口"→"跟踪器"命令，即可打开跟踪器面板，如图 6-145 所示。

可以看到，面板上方一共有四个跟踪器功能，分别为"跟踪摄像机""变形稳定器""跟踪运动"和"稳定运动"。在本任务中，只讲解"跟踪运动"和"稳定运动"功能。

运动源：选择欲跟踪的图层。

当前跟踪：一个图层可以有多个跟踪器，此选项选择当前的跟踪器。

跟踪类型：有"稳定""变换""平行边角定位""透视边角定位"和"原始"等选项，建议保持默认。"位置""旋转""缩放"选项：至少选择一个，若同时选择多个选项则会出现两个跟踪点，需要同时跟踪两个点才能实现相应的跟踪功能。

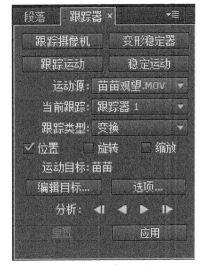

图 6-145　跟踪器面板

编辑目标：单击打开运动目标窗口，选择跟踪器所要应用的图层。

分析：分别为"向后分析一帧""向后分析""向前分析""向前分析一帧"。

重置：删除已跟踪的数据，重置面板。

应用：应用跟踪效果。

任务介绍如下。

首先，打开 After Effects 软件，将素材"苗苗观望.MOV"添加到项目面板，并新建合成将素材添加到时间线中。使用工具栏中的文字工具 T，在合成窗口中单击，输入文字"于苗苗 Yu Miaomiao"，如图 6-146 所示。

在时间线中单击选中"苗苗观望.MOV"图层，并打开跟踪器面板，单击"跟踪运动"按钮，如图 6-147 所示。

图 6-146　合成窗口中输入文字　　　　　　图 6-147　单击"跟踪运动"按钮

　　此时，合成面板中出现了跟踪点 1，且有一大一小两个外框。内框是特征框，当跟踪开始时，跟踪器会自动查找和定义的特征框相似的区域。外框是搜索框，定义的是下一帧搜索的范围，视频运动越剧烈，则外框需要定义的范围越大。在定义特征框的时候，一般选择与外界差异较大的范围。当然，定义的特征框和搜索框越大，跟踪速度越慢。在此案例中，最好的地方就是苗苗的眼睛。但是，中间苗苗的手遮盖住了眼睛（这种情况也可以在发生遮盖的帧上手动调跟踪点的位置），所以选择苗苗头发的中缝来跟踪（最好露出部分的头发边），如图 6-148 所示。

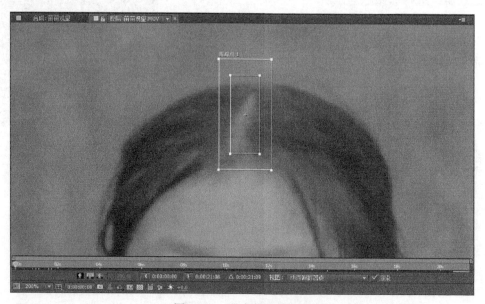

图 6-148　跟踪点和跟踪框

　　单击"向前分析" ![图标] 图标，跟踪器即自动对视频进行跟踪。跟踪完成之后，即显示跟踪的轨迹，如图 6-149 所示。

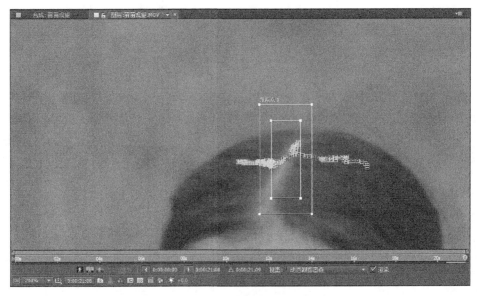

图 6-149　跟踪轨迹

　　单击"编辑目标"按钮，在弹出的窗口中选择欲跟随跟踪的图层。在本实例中选择刚才编辑的"于苗苗"文字层，单击"应用"按钮，弹出"动态跟踪器应用选项"对话框，如图 6-150 所示。选择"X 和 Y"选项，单击"确定"按钮，即可将"苗苗观望"图层的跟踪数据应用到"于苗苗 Yu Miaomiao"文字层上，"于苗苗 Yu Miaomiao"文字层的"位置"属性也在每一帧添加了关键帧，如图 6-151 所示。此时，若要在此基础上调整文字的位置，可改变"于苗苗 Yu Miaomiao"文字层的"锚点"属性。

图 6-150　选择跟踪对象后的弹出选项

图 6-151　被跟踪对象的"位置"属性

任务二　为一段晃动的视频做稳定效果

　　和跟踪运动类似，稳定运动的原理也是跟踪某一特征区域，并利用跟踪的轨迹对视频做稳定。从素材光盘上找到"苗苗写信.MOV"，打开 After Effects 将素材导入项目面板中，新建合成并将素材拖到时间线上。可以看到，由于前期拍摄原因，这段苗苗写信的环型摇镜头非常不流畅。打开跟踪器面板，单击"稳定运动"按钮。这次，选择发光的台灯作为跟踪点，如图 6-152 所示。

图 6-152　单击"稳定运动"按钮

单击"向前分析"　![icon]　图标，跟踪器自动对视频进行跟踪。跟踪完成之后，显示跟踪的轨迹，如图 6-153 所示。在本实例中，由于特征框范围较大，跟踪速度相对较慢。

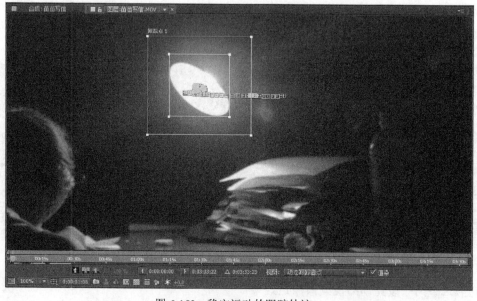

图 6-153　稳定运动的跟踪轨迹

在跟踪器面板中单击"应用"按钮，弹出"动态跟踪器应用选项"对话框，如图 6-154 所示。选择"X 和 Y"选项，单击"确定"按钮，即可以台灯为基准稳定视频。

此时，又出现了新的问题，将台灯稳定在视频中之后画面边缘会抖动，如图 6-155 所示。此时，将图层的"缩放"属性提高，适当调节图层的"位置"属性，将抖动的边缘控制在画面之外，即可消除画面边缘的抖动，如图 6-156 所示。

图 6-154　应用跟踪后的弹出选项

图 6-155　画面边缘会抖动

图 6-156　提高"缩放"属性，消除抖动边缘

6. 项目效果总结

本项目介绍了运动跟踪面板的基本使用技术，通过为一段晃动的视频做稳定效果，讲解了"跟踪运动"和"稳定运动"功能。

7. 课业

两点跟踪和四点跟踪的主要技术区别是什么？

6.2.3 项目3 第三方插件的安装与使用

1. 学习目标

通过本项目的学习，了解 After Effects 中色彩基础知识，如色彩原理、色深、RGB 模式等；曲线工具处理图像；图像偏色处理；视频皮肤处理等内容。

2. 项目描述

本项目主要学习插件的安装和使用，学会 After Effects 调色插件 Color Suite 的基本设置步骤。

3. 项目分析

使用 After Effects 中自带的特效和第三方插件，来完成一些综合合成案例。插件是 After Effects 的重要组成部分，插件并非 After Effects 自带的特效，而是由其他公司设计的一些功能模块，可以导入 After Effects 中使用。这些模块通常实现 After Effects 无法实现或不容易实现的效果。

插件的英文为 Plug-ins，是为了弥补软件的功能不足而开发的特效程序。每一个插件都有一个特定的功能，在制作某些特殊的效果时使用。成功安装插件后，可以在 After Effects 软件中直接调用，使用方法与软件自带的特效相同。After Effects 的插件安装在 After Effects 安装目录下的 Support files\Plug-ins 文件夹中。

4. 知识与技能准备

色彩原理：调色是影片创作中非常重要的内容，是合成必不可少的基本步骤之一。如果有谁曾经展开过 After Effects 的调色特效菜单，可能会惊讶于该菜单竟然集合了如此之多的调色命令。繁多的调色特效参数，往往令很多初学者望而却步。

色阶颜色调整：得到素材的时候，首先要处理的不是画面的色彩，而是画面的亮度。试想，一个灰蒙蒙的画面，是没有办法调整出强烈的色彩感觉的。画面的明度好比黑白画，越亮的部分越趋向于白色，越暗的部分越趋向于黑色。一幅好的黑白画应该是黑白灰层次丰富，过渡自然，那么对于彩色图像，道理也是相通的。因此在处理一幅彩图的时候，通常会先调整画面的亮度和对比度，保证画面应有的层次后再处理画面的色彩。

曲线颜色调整：Curves 曲线工具具有无可替代的重要性，它存在于任何一个调色软件中，可以说是色彩调整最稳固的一块基石。每次介绍这个工具的时候，笔者总喜欢用一个音频处理特效来比喻。在音频处理中有一个最重要的工具称为均衡器，可以分别调整不同频率段的音量。而曲线的用法与均衡器基本一致，就是可以分别调整某个明度段的明度。

　　偏色调整：在很多情况下，后期人员拿到的素材会有不同程度的偏色，这些偏色有的是由于摄像人员没有调整好白平衡造成的，也有的是由于在室内比较极端的光线下拍摄所造成的。

　　人物肤色调整：美貌，永远是女人永不停息的追求，当看到荧屏上那些光彩照人的美女时，是否觉得生命的奇妙，竟然存在如此完美的肌肤。其实，影视中的完美皮肤通常是后期制作人员努力的结果。

　　5. 方案实施

任务一　慢速特效插件的安装与使用

　　慢速特效视频效果，是将正常速度播放的视频，使其在 1~5s 的时间内以原速度播放，5s 以后速度降为原来的 10%。这里并非简单的慢速播放，而是在不改变视频播放帧速率的情况下改变视频的播放速度，因此降低播放速度后视频不会出现卡顿的现象。

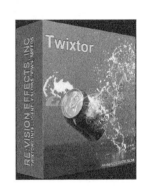

　　前期准备：Adobe After Effects，帧速率为 500 的视频素材，REVisionFX.Twixtor 插件，如图 6-157 所示，最新的版本是 2015 年 6 月发布的 6.2.1。

图 6-157　慢动作变速插件 Twixtor

　　（1）安装 REVisionFX.Twixtor，安装目录为 Adobe After Effects CC 2014\Support Files\Plug-ins。

　　（2）打开 Adobe After Effects CC 2014 版。

　　（3）按快捷键 Ctrl+N 新建合成，分辨率为 1920×1080 像素，更改帧速率为 50（取决于原始视频的参数），持续时间需要设置为 15s，再单击"确定"按钮，如图 6-158 所示。

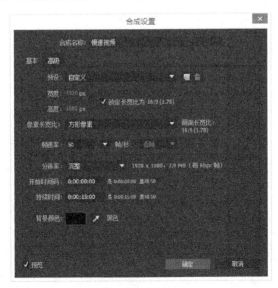

图 6-158　新建合成项目

（4）按快捷键 Ctrl+I 导入文件，选定需要的视频文件，单击"导入"按钮即可将素材导入素材库，如图 6-159 所示。

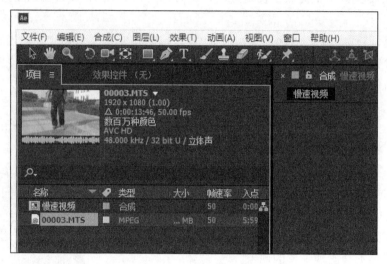

图 6-159　导入素材进素材库

（5）将导入的素材拖动到右边的黑色面板里，黑色面板会变成视频中的画面，相应地在左下角也会出现相应的文件，如图 6-160 和图 6-161 所示。

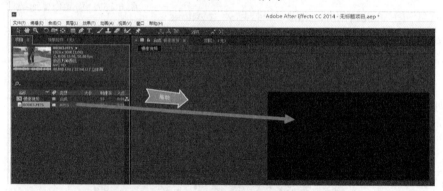

图 6-160　将素材拖进合成窗口

图 6-161　视频预览窗口

（6）制作慢速效果：在屏幕的右边找到效果和预设面板，在搜索框输入 Twixtor，选择 Twixtor 插件，将其拖动到相应的图层上，屏幕的左上角将会出现效果控件面板，如图 6-162~ 图 6-164 所示。

图 6-162　Twixtor 插件

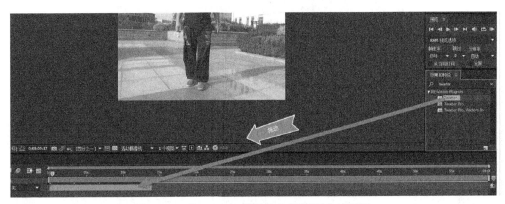

图 6-163　将 Twixtor 效果拖入视频所在的图层

图 6-164　Twixtor 的面板布置

（7）在效果控件中找到 Source Control Input: Frame Rate，将其设置为 50，如图 6-165 所示。

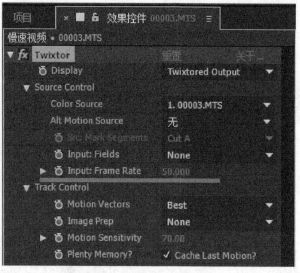

图 6-165　Twixtor 的参数设置

（8）打开图层面板，如图 6-166 所示，并将时间控制器放在第一帧上；打开该图层的效果面板，将 Output Control Speed % 的参数调为 100，并单击前面的秒表生成关键帧。

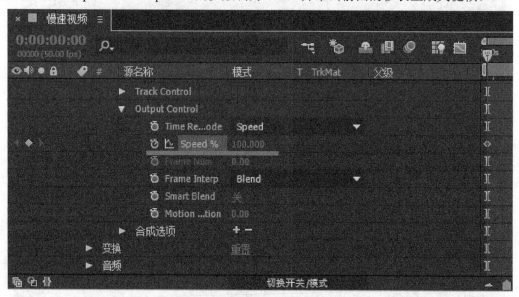

图 6-166　调节第一帧的关键属性

（9）根据需要将时间指示器向后拖动，在这里停留在第 5s，将效果控件中 Output Control Speed % 的参数调为 100。这样，第 1~5s 中间所有的视频将以 100% 的速度播放，如图 6-167 所示。

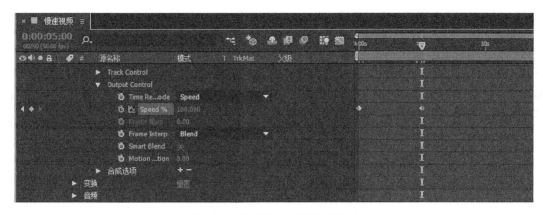

图 6-167　调节第 5s 的关键属性

（10）在第 5s 的基础上将视频往后拖动一帧，Output Control Speed %的参数调为 10，此时会自动生成关键帧。这样一来，从第 5s 后开始，所有的视频都会以原来速度的 10%进行播放，如图 6-168 所示。

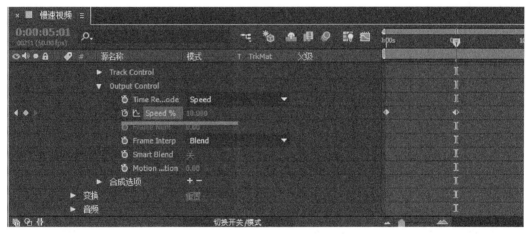

图 6-168　调节第 5s 后一帧的关键属性

（11）导出。执行"文件"→"导出"→"添加到渲染队列"命令，单击"渲染"按钮，渲染后的文件可在相应的文件夹中找到，如图 6-169 和图 6-170 所示。

图 6-169　添加到渲染队列

图 6-170　渲染设置

6. 项目效果总结

本项目介绍了 After Effects 中调色插件、慢速插件等的安装和使用，应注意其基本设置步骤。

7. 课业

（1）After Effects 调色插件 Color Suite 的主要功能是什么？
（2）After Effects 中慢速插件 Twixtor 的主要用途是什么？

6.3　影视后期综合案例

6.3.1　项目 1　MG 创意图形动画制作

1. 学习目标

通过本项目的学习，利用 After Effects 制作动态图形动画。了解动态图形的基本表现形式，掌握 MG 动画的基本运动规律。作为一种介于平面设计与动画片之间的产物，动态图形在视觉表现上使用的是基于平面设计的规则，在技术上使用的是动画制作手段。

2. 项目描述

After Effects 是优秀的电视片头包装软件，带有流畅图形线条元素的图形动画在当前十分流行。它一般采用多个形状层和一些表达式进行制作，其视觉效果快速流畅，具有简约直率的表达风格。本项目在于利用丰富的土星元素，制作简洁效果的视频动画，并用于个人简介等创意设计作品。

3. 项目分析

Motion Graphic，简写为 MG 或者 Mograph，通常翻译为动态图形或者运动图形，指的是视频设计、计算机图形（CG）设计、电视包装等。动态图形指的是"随时间流动而改变形态的图形"，简单来说动态图形可以解释为会动的图形设计，是影像艺术的一种。动态图形融合了平面设计、动画设计和电影语言，它的表现形式丰富多样，具有极强的包容性，总能和各种表现形式以及艺术风格混搭。

4.　知识与技能准备

关键帧动画的基本制作流程；形状动画的风格表现和制作方法。

5.　方案实施

（1）打开 After Effects 软件，新建一个合成"个人简介"，如图 6-171 所示。

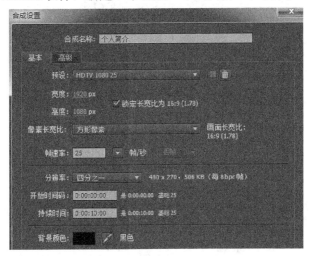

图 6-171　新建合成"个人简介"

（2）导入素材，将"手动画"和"背景"素材拖到"个人简介"合成的时间轴上，并将"手动画"复制一层，如图 6-172 所示。

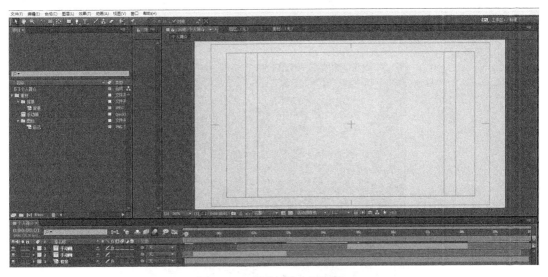

图 6-172　将素材拖入时间轴

（3）再新建一个合成"开始按钮合成"，如图 6-173 所示。

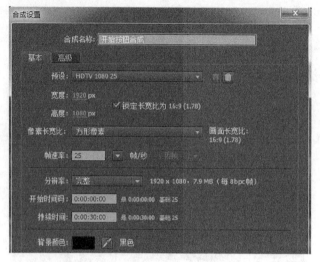

图 6-173　新建合成"开始按钮合成"

（4）双击打开"开始按钮合成"，在项目面板中新建一个固态层文件夹，如图 6-174 所示。

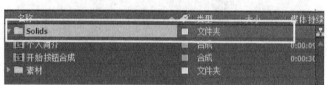

图 6-174　新建固态层

（5）在时间轴上，打开固态层 Null 1 的参数属性，在 0:00:00:00 时将"位置"属性的数值设置为（960，-84），在 0:00:00:07 时将其参数设置为（960，540）。分别选择两个关键帧，右击，执行"关键帧辅助"→"缓动"命令修改关键帧运动方式，如图 6-175 和图 6-176 所示。

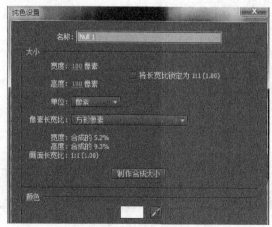

图 6-175　固态层参数中的纯色设置

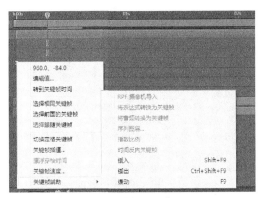

图 6-176　修改关键帧运动方式

　　（6）在 0:00:02:07 时将"缩放"属性的数值设置为（100%，100%），在 0:00:02:10 时将其参数设置为（128%，128%），在 0:00:02:16 时将其参数设置为（0%，0%）。

　　（7）新建一个合成"我的名字"，参数如图 6-177 所示。

图 6-177　新建合成"我的名字"

　　（8）双击打开"我的名字"合成，在时间轴上新建一个文本图层，在合成窗口中输入名字"林枫"，如图 6-178 所示。

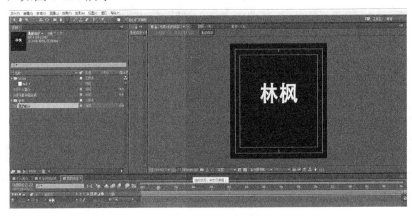

图 6-178　新建文本图层

（9）新建一个合成"主页按钮"，参数设置如图 6-179 所示。

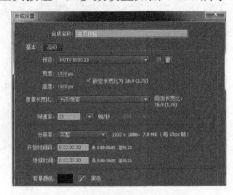

图 6-179　新建合成"主页按钮"

（10）双击打开"主页按钮"合成，在时间轴上新建一个形状图层，并用圆角矩形工具绘制一个圆角矩形，如图 6-180 所示。

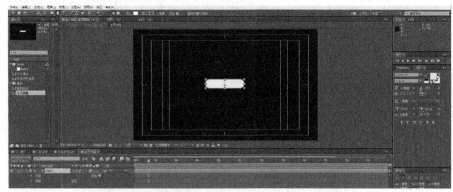

图 6-180　新建形状图层

（11）"主页按钮"合成中，在时间轴上再新建一个形状图层，用椭圆工具绘制一个圆形，如图 6-181 所示。

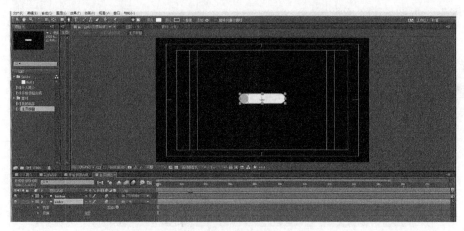

图 6-181　再次新建形状图层

（12）将"主页按钮"合成中的 button 图层中的父级关系设置为如图 6-182 所示的关系。

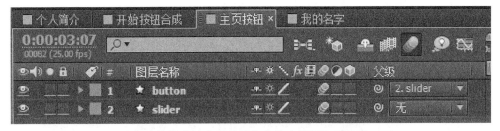

图 6-182　在"主页按钮"合成中设置父级关系

（13）展开 button 图层的变换参数，在 0:00:02:13 处将"位置"数值设置为（-1，0），在 0:00:02:22 处设置其数值为（314.5，0），并将这两个关键帧转换为"缓动关键帧"。

（14）双击打开"开始按钮合成"，将"我的名字"和"主页按钮"合成拖入时间轴上，并将三个图层的父级关系设置为如图 6-183 所示的效果。

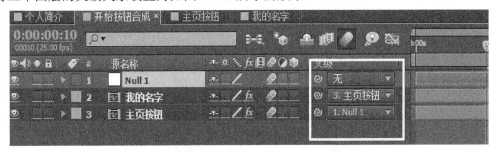

图 6-183　在"开始按钮合成"中设置父级关系

（15）为"我的名字"添加"投影"效果，并进行参数设置，如图 6-184 所示。

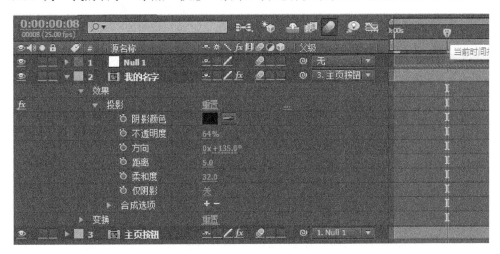

图 6-184　添加投影效果

（16）接着为"主页按钮"合成添加"操控"效果，设置相应参数，在 0:00:00:06 处设置 Puppet Pin 2 的数值为（966，74.9），在 0:00:00:10 处设置数值为（960,571.9），在 0:00:00:14

处设置数值为（960,504.9），在 0:00:00:18 处设置数值为（960,545.9），在 0:00:00:22 处设置数值为（960,522.9）。其他参数属性设置如图 6-185 所示。

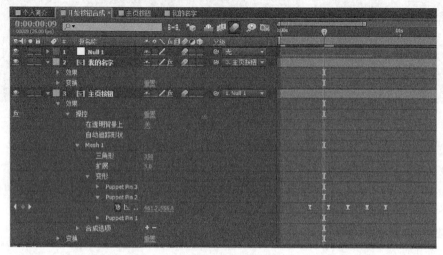

图 6-185　添加操控效果

（17）新建一个新的合成，参数设置如图 6-186 所示。

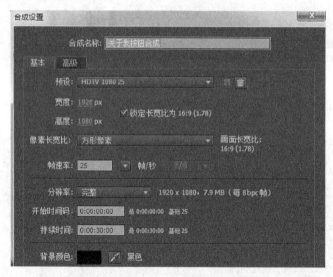

图 6-186　新建合成"关于我按钮合成"

（18）双击打开"关于我按钮合成"，将背景图片拖到时间轴上，新建一个固态层，并为其设置变换关键帧。选择"位置"属性，在 0:00:00:00 处设置数值为（604,−308），在 0:00:00:10 处设置数值为（604,647），在 0:00:00:17 处设置数值为（604,432），在 0:00:00:23 处设置数值为（604,561），在 0:00:01:03 处设置数值为（604,527）。选择"缩放"属性，在 0:00:02:12 处设置数值为（75.4%,75.4%），在 0:00:02:20 处设置数值为（127%,127%），在 0:00:02:23 处设置数值为（107%,107%），在 0:00:06:10 处设置数值为（107%,107%），在 0:00:06:12 处设置数值为（121%,121%），在 0:00:06:18 处设置数值为（0%,0%），其他

参数属性设置，如图 6-187 所示。

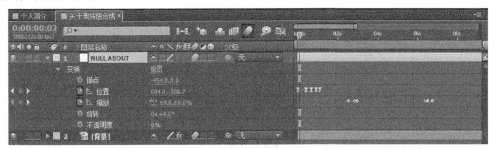

图 6-187　在"关于我按钮合成"中设置动画参数

（19）选择背景图层，在变换属性中找到"位置"属性，在 0:00:00:00 处设置数值为（950,1760），在 0:00:00:06 处设置数值为（950,1318.1），在 0:00:00:09 处设置数值为（950,1455），在 0:00:02:15 处设置数值为（950,1455），在 0:00:02:22 处设置数值为（950,617），在 0:00:06:15 处设置数值为（950,617），在 0:00:06:24 处设置数值为（950,1780），其他参数属性设置，如图 6-188 所示。

图 6-188　在"位置"属性中设置动画参数

（20）选择背景图层，为其添加"色相/饱和度"效果，参数如图 6-189 所示.

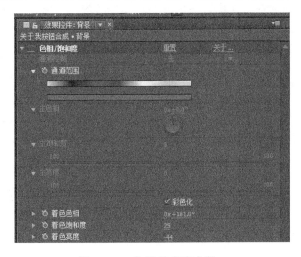

图 6-189　色相/饱和度参数

（21）将素材"自己"拖入到时间轴上，并为其添加"色相/饱和度"效果，在 0:00:02:12
处参数设置如图 6-190 所示，在 0:00:02:21 处参数设置如图 6-191 所示。

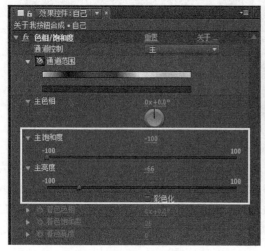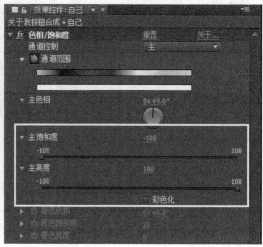

图 6-190　02:12 处的参数设置　　　　　　　　图 6-191　02:21 处的参数设置

（22）然后添加文本图层，输入文字 about me，展开其参数属性，选择"首字边距"属
性，在不同时间关键点处，分别设置数值为"-666""1257""2640"，其他参数属性设置，
如图 6-192 所示。

图 6-192　添加文本图层并添加效果

（23）新建一个 stroke 形状图层，用椭圆工具在"合成"窗口中绘制一个环形，如图 6-193
所示，然后选择该图层，展开其参数属性，找到"颜色"属性，在 0:00:02:12 处设置颜色为
"浅橙色"，在 0:00:02:24 处设置颜色为"深红色"。

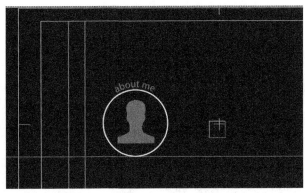

图 6-193　创建环形并添加颜色动画

（24）新建一个 shape about 形状图层，用椭圆工具在"合成"窗口中绘制一个圆形填充形状，如图 6-194 所示。

图 6-194　绘制圆形填充

（25）展开其参数属性，找到"结束点"属性，在 0:00:02:13 处设置数值为（9,0），在 0:00:02:21 处设置数值为（441,0）。找到"不透明度"属性，在 0:00:02:13 处设置数值为 0%，在 0:00:02:21 处设置数值为 100%。其他参数属性设置，如图 6-195 所示。

图 6-195　添加结束点和不同透明度的动画参数

（26）再新建一个 circles 形状图层，用椭圆工具绘制一个无填充的圆形，如图 6-196 所示。

图 6-196　新建圆环形状图册

（27）选择 circles 图层，展开其参数属性，找到"内容"→Ellipse1→Repeatr 1→"变换"目录下的"比例"属性，在 0:00:02:04 处设置数值为（0%，0%），在 0:00:02:22 处设置数值为（161%，161%），在 0:00:04:05 处设置数值为（146%，146%），在 0:00:05:05 处设置数值为（150%，150%），在 0:00:05:10 处设置数值为（186%，186%），在 0:00:06:17 处设置数值为（0%，0%），其他参数属性设置，如图 6-197 所示。

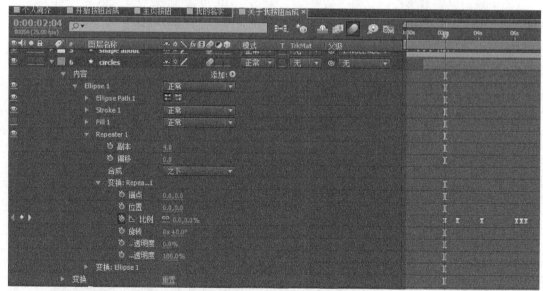

图 6-197　添加比例的动画参数

（28）新建两个合成，合成设置如图 6-198 和图 6-199 所示。

图 6-198 新建"云彩合成"合成

图 6-199 新建"关于我的信息"合成

（29）双击打开"关于我的信息"合成，在时间轴上新建一个文本图层，输入文字"I am a man! I am from China! I love video and music! I love the world! And you?"，如图 6-200 所示。

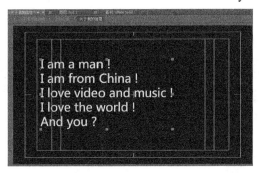
图 6-200 输入文字

（30）双击打开"云彩合成"，在时间轴上新建一个形状图层，用椭圆工具在合成窗口中绘制出如图 6-201 所示的云彩形状。

图 6-201 新建云彩形状图层

（31）选择 cloud 图层，展开其"变换"属性，找到"缩放"属性，在 0:00:00:00 处设置数值为（0%，0%），在 0:00:00:09 处设置数值为（150%，150%），在 0:00:00:11 处设置数值为（140%，140%）。其他参数属性设置，如图 6-202 所示。

图 6-202　修改"缩放"属性

（32）再新建一个形状图层，用"圆角矩形"工具绘制出如图 6-203 所示的蒙版。

图 6-203　绘制蒙版

（33）选择新建的 line stroke 形状图层，展开其"变换"属性，找到"内容"→Shape 1→Path 1→"虚线"目录下的"偏移"属性，在 0:00:00:00 处设置数值为 710，在 0:00:07:00 处设置数值为 346。再找到"内容"→"蒙版"→"Mask 1"目录下的"蒙版扩展"属性，在 0:00:00:00 处设置数值为 1，在 0:00:00:09 处设置数值为-311，其他参数属性设置，如图 6-204 所示。

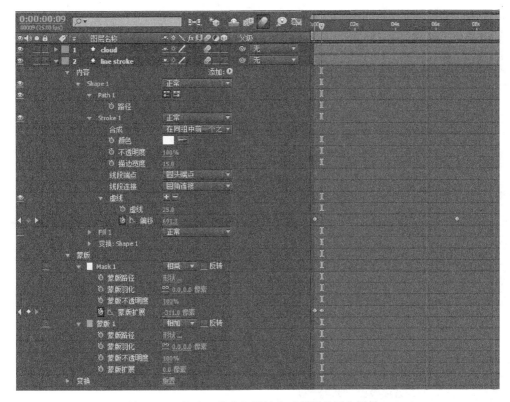

图 6-204　修改"偏移"属性和"蒙版扩展"属性

（34）将项目面板中的"关于我的信息"合成拖到"云彩合成"中，如图 6-205 所示。

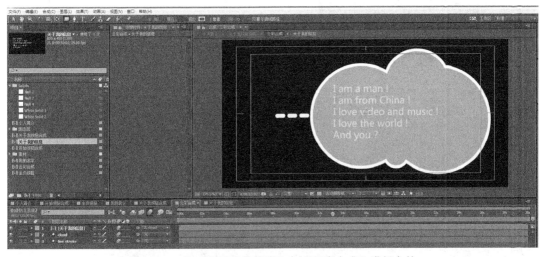

图 6-205　将"关于我的信息"与"云彩合成"进行合并

（35）将项目面板中的"云彩合成"拖入到"关于我按钮合成"，并将它出现的位置放在 0:00:02:23 处，如图 6-206 所示。

图 6-206　将"云彩合成"与"关于我按钮合成"进行合并

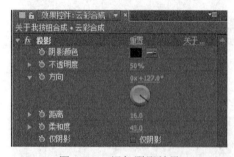

图 6-207　添加阴影效果

（36）选择"云彩合成"，为其添加一个"投影"效果，参数如图 6-207 所示。

（37）在"效果与预设"面板中找到"百叶窗"过渡效果，添加到"云彩合成"中，展开其参数属性，找到"过渡完成"属性，在 0:00:09:09 处设置数值为 0%，在 0:00:09:15 处设置数值为 100%，其他参数属性设置，如图 6-208 所示。

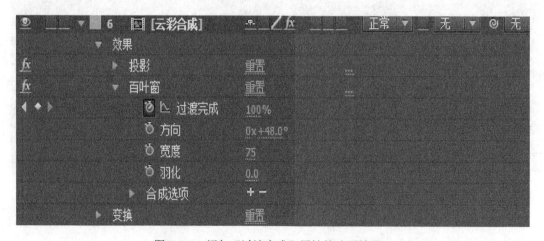

图 6-208　添加"过渡完成"属性的动画效果

（38）将项目面板中的"关于我按钮合成"拖入到"个人简介"合成中，并调整图层位置，如图 6-209 所示。

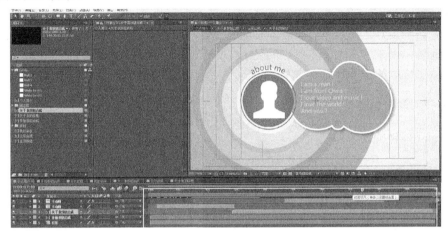

图 6-209　将合成进行合并

（39）最后渲染输出视频，即可得到想要制作的个人简介 MG 动画。

6. 项目效果总结

动态图形的特点是用叙事性的运动图像来为内容服务。本项目介绍了 After Effects 中制作创意图形动画的主要步骤，需要指出的是，动态图形设计对技术和设计能力要求较高，需要经过专业的训练才能具备从业要求。

7. 课业

（1）什么是 MG 创意图形动画？它在 After Effects 视频制作中有哪些用途？
（2）After Effects 制作 MG 图形动画有哪些注意事项？

6.3.2　项目 2　数字视频特效实例制作

1. 学习目标

通过本项目的学习，掌握 After Effects 中 Particular 插件的基本设置方法，学会文字特效粒子的创意和设计要点，提高综合分析和解决问题的能力。

2. 项目描述

在本案例中，事先准备好拍摄完成的视频素材，而需要做的是在源素材的基础上进行发挥。参阅素材可以看到，所有的素材都是使用航空飞行器拍摄的，并且视频素材并不丰富，大部分的视频素材都是建筑的远景或者全景，这样的素材只适合做成恢宏大气的影片。由于视频素材的单一性，缺乏景别的变化，且只有单一的建筑，所以每个地点的镜头尽量简练。同时，为了让影片内容更加丰富，防止观众有影片内容匮乏、枯燥的感觉，在影片中每组镜头加上地点的名称，利用地理名称出现的快慢来提升影片节奏。

3. 项目分析

基本思路确定好之后，还需要的是影片的包装。为了符合恢宏大气的基调，给影片起了"齐淄圣地——山东理工大学览胜"的名字，并使用 After Effects 软件中的 Particular 插件来制作带有粒子特效的片头片尾和字幕。

4. 知识与技能准备

Particular 插件的安装和使用。

5. 方案实施

首先，使用 After Effects 中的 Particular 插件来制作影片中需要出现的字幕。在 Particular 插件中，可以通过改变特效的发射器、粒子、物理学参数来控制特效实现的方式。

在本项目中，显而易见，可以将文字标题作为发射器，增大粒子的数量，并将文字沿 X 轴旋转 90°，物理学参数中的重力值升高，并将摄像机放在文字标题下方，方向正对文字标题，即可制造出文字碎片扑面而来的效果。

首先，新建合成，命名为"文字合成"，并在合成中输入文字，如图 6-210 所示，制作文字慢慢放大的缓动效果，如图 6-211 所示。

图 6-210 在新建合成中输入文字

图 6-211 为"缩放"属性制作关键帧

新建一个新的合成 Main，并将"文字合成"作为图层添加到"特效合成"中。为了制作碎片效果，新建一个纯色合成"粒子特效"，并给该图层添加"Trapcode"→"Particular"效果，如图 6-212 所示。

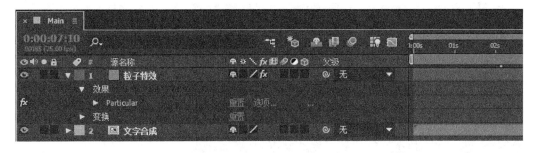

图 6-212　新建合成 Main 和粒子特效

从示例中可以看到，文字发射出来的粒子数量非常多，所以暂将粒子发射速度"粒子/秒"设置为 5000，并将"发射器类型"设置为"图层"。然后打开"发射图层"下拉菜单，将"图层"设置为"文字合成"。若此时弹出"Layer Emitter must be a 3D layer......"意为发射器图层必须是 3D 图层。打开"文字合成"图层的 3D 开关，并将"图层"改为"无"后重新设置为"文字合成"图层即可，如图 6-213 所示。

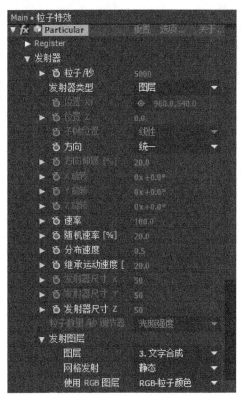

图 6-213　设置文字特效

在"合成"窗口中将视图方式设置为"4 个视图",即可看到场景的三视图和摄像机效果图,如图 6-214 所示。通过四个视图可以看到发射出来的粒子朝着四面八方运动,并没有朝着一个方向运动,如图 6-215 所示。

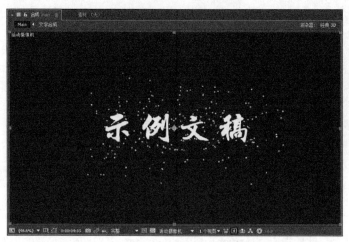

图 6-214　摄影机视图与四视图切换

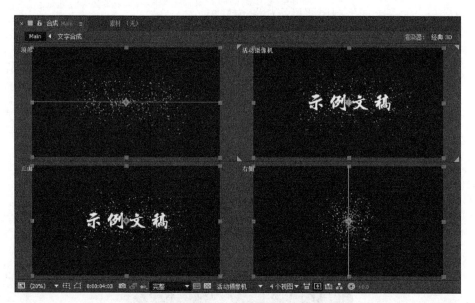

图 6-215　四视图预览效果

那么,怎么实现粒子像被风吹散迎面而来的效果呢?在 Particular 的"物理学"下拉菜单中有一个 Air 下拉菜单,能够模拟粒子被风吹散的效果。将其中的"风向 Z"设置为 -2000,粒子即被"风"从远处逆向吹来。同时为了增强画面动感,打开"粒子特效"图层的运动模糊开关 ,并打开时间轴面板上方的运动模糊总开关 ,产生如图 6-216 所示的效果。

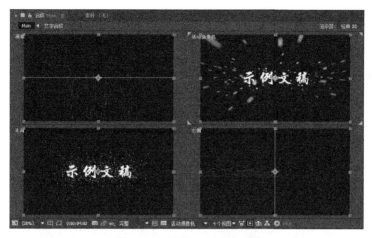

图 6-216　模拟风吹散效果

　　显而易见，设置的粒子数量过少，效果不明显。适当增加粒子数量，在本实例中，笔者经过实验主观认为粒子数在 "200000 粒子/秒" 为宜，各位读者也可以自己实验找到自己满意的效果。

　　此时粒子的效果还存在一个问题，粒子都是从远方直线飞过来的，就像子弹一样，轨迹都是一条直线，丝毫没有被风吹散的粒子那样杂乱的感觉。在 Air 下拉菜单中有一个 "扰乱场" 下拉菜单，可以通过调整此菜单中的参数来控制粒子的 "杂乱程度"。在本实例中将 "影响大小" 设置为 25，将 "影响位置" 设置为 400，如图 6-217 所示创造出如图 6-218 所示的效果。

图 6-217　扰乱场参数

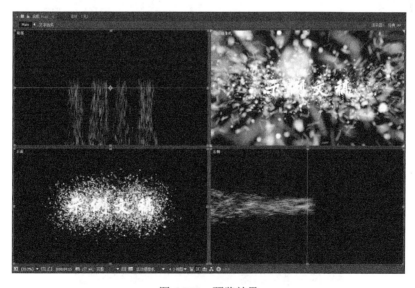

图 6-218　预览效果

特效做好了，但是怎么才能实现文字一点一点破碎被风吹散的效果呢？在这里，使用三层合并形成此效果。最下面一层是"文字合成"层，在这一层制作文字慢慢抹除的效果，如图 6-219 所示。在这里只需要给"文字合成"图层添加蒙版，给蒙版路径添加关键帧和蒙版羽化，使其慢慢抹掉文字即可，如图 6-220 所示。

图 6-219　添加蒙版

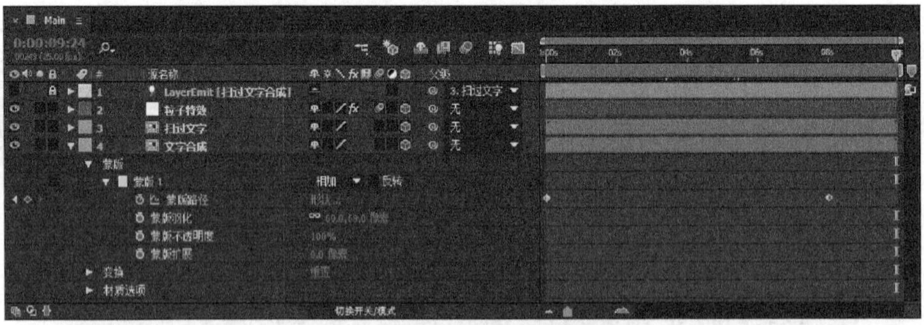

图 6-220　为蒙版路径添加关键帧

中间一层是文字扫光样式的图层"扫过文字"（并非真的扫光，两个图层颜色应该都是一样的），同时为了增强文字破碎时的真实感，在扫光的后面添加"高斯模糊"特效，如图 6-221 所示。

图 6-221　为"扫过文字"添加模糊

文字扫光效果的制作类似于文字抹除效果的制作，区别仅是蒙版较窄，如图 6-222 所示。

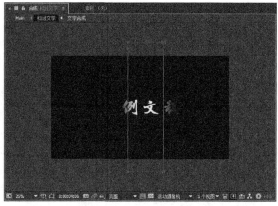

图 6-222 文字扫光效果

然而，一个图层只能添加一个蒙版，怎么实现对画面的一部分区域制作高斯模糊效果呢？在时间轴面板空白处右击，执行"新建"→"调整图层"命令，并在新添加的"调整图层"上添加高斯模糊特效和蒙版，如图 6-223 所示，对"调整图层"所应用的效果就被应用到了其下层"文字合成"层上（调整图层是不会显示的，其作用相当于图层调整效果的载体），如图 6-224 所示。

图 6-223 新建调整图层

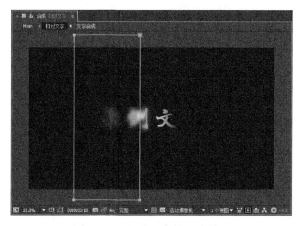

图 6-224 扫过文字的最终效果

最上面一层则是"粒子特效"层，不同的是将发射器图层改为"扫过文字"，这样，就制作出了文字标题化为粒子被风吹散的效果，如图 6-225 所示。

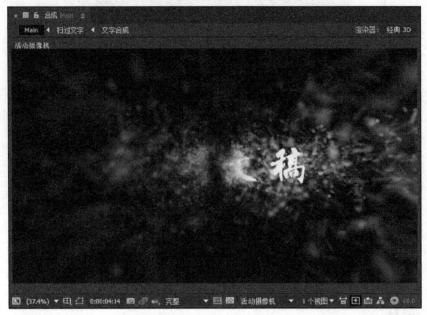

图 6-225　最终效果预览

注意：制作完成之后，效果往往不尽如人意。这时，就需要对蒙版的移动、粒子数量等参数进行调整，使效果更加逼真。

6.　项目效果总结

在特效的学习过程当中，每一步都有相应的作用，仔细回顾与反思全过程，脱离本书自己进行制作的时候，就能明白每一步的作用和必要性。

7.　课业

将粒子特效应用于视频创意中，主要的技术流程是什么？

后 记

　　当前时代，传媒与生活的关系变得须臾不可分离。现代传媒技术的发展正在给人们开辟一个又一个的"美丽新世界"，即时聊天、手机短信、闪客、网游、博客、播客……新的名词被不断创造出来，人们被技术裹挟着飞速前行。可以说，信息化已经成为一种大势所趋，而技术的革新往往带给人们新奇的体验。当比特从指尖流过，信息从异域传来，人们的生活环境、教育环境、学习环境正经历前所未有的巨大变迁。

　　传媒技术的历史已经绵延数千年，其发展程度往往被视为人类文明的象征。近二百年来，传媒技术革新的速度日益加快，并且从未出现过停滞不前的迹象。从电报到电话，从广播到电视，从互联网到移动通信，现代传媒技术的发展可谓日新月异。本书立足于现代传媒技术的起源、演变过程和应用领域，探讨其基本原理、实现过程和技术要点，从宏观上把握其当前现状和未来发展趋势。

　　陶铸大器，造就人才，是大学的理想、信念和使命。"数字媒体实践与开发"作为职教师资素养培养课程开发中的一门专业课程，适合计算机科学与技术、数字媒体技术、广播电视工程等专业的学生作为专业入门必修课程。本书在写作过程中注重学科前瞻性与实用性的统一，注重理论知识与实践技能的并重，力求在深入浅出地介绍数字媒体技术关键技术和开发流程的同时，为有志于从事数字媒体相关工作的各位老师和同学，提供可以借鉴的思维意识和学习方法。

　　职业教育是强调职业精神和职业素养的教育。2014 年 3 月，国务院常务会议提出了构建新型国家职业教育体系的新路径，即 600 多所普通高等院校将转向职业教育，实施技能型和学习型两种高考模式。专业核心课程群或者专业方向模块的选定，主要是依据各自的办学条件与特点。同时，也要照顾学生的内在发展需求、自身定位与未来取向，既贴近不同地域的社会生产实际，也充分体现应用型人才培养的教育规律。这从根本上对职业教育师资人才提出了更高的需求，要充分依托数字媒体行业各类资源，引入行业标准与规范，使得专业课真正做到不可或缺，强化其与岗位能力培养的紧密结合。

　　当前时代，数字媒体是技术手段与艺术形式相结合，信息学科与文化传播相贯穿的新型学科，不仅体现信息技术（IT）在娱乐、通信和教育等领域的广泛应用，也为高品质的生活、现代化的内容生产和消费，提供技术支持和创意源泉。数字媒体的专业人才主要掌握数字媒体及相关领域的基础理论、基本知识与专业技能，通过多媒体作品的素材获取、创意构思、设计加工、技术开发、最终发布等环节的训练；通过多种课程设计和综合实训，强化应用设计分析、加强综合实践训练，使学生具备以艺术设计理论、音频剪辑、影视制作等为主线的核心应用能力，具有现代设计观念、综合人文素质、较强的创新意识和实践能力。

长风破浪会有时，直挂云帆济沧海。职业教育即将迎来发展的春天，加快职业教育发展已成为必然趋势。值此大好时机，每个职业教育工作者当有所作为。在本书编写的过程中，得到了山东理工大学计算机学院领导及同仁的大力支持，在此向所有关心、支持、帮助本书出版的老师和朋友表示感谢！

因作者视野与能力的局限性，不足之处在所难免，敬请批评指正。